自然资源调查概论

ZIRAN ZIYUAN DIAOCHA GAILUN

杨木壮　宋榕潮　刘　洋　林　彤
马佩芳　曾紫琪　张颖诗　　　编著

图书在版编目(CIP)数据

自然资源调查概论/杨木壮等编著. —武汉:中国地质大学出版社,2021.12
ISBN 978-7-5625-5215-4

Ⅰ.①自…
Ⅱ.①杨…
Ⅲ.①自然资源-资源调查-研究
Ⅳ.①P962

中国版本图书馆 CIP 数据核字(2021)第 271193 号

自然资源调查概论		杨木壮　等编著
责任编辑:舒立霞	选题策划:张晓红	责任校对:徐蕾蕾
出版发行:中国地质大学出版社(武汉市洪山区鲁磨路 388 号)		邮编:430074
电　　话:(027)67883511	传　　真:(027)67883580	E-mail:cbb@cug.edu.cn
经　　销:全国新华书店		http://cugp.cug.edu.cn
开本:787 毫米×1092 毫米　1/16	字数:378 千字	印张:14.75
版次:2021 年 12 月第 1 版	印次:2021 年 12 月第 1 次印刷	
印刷:湖北睿智印务有限公司		
ISBN 978-7-5625-5215-4		定价:46.00 元

如有印装质量问题请与印刷厂联系调换

前　言

本书在充分吸收现有相关教材基本理论和知识的基础上，系统介绍了自然资源调查的目标与任务，重点阐述了土地、水、草地、森林、湿地、矿产和海洋等七大类自然资源的调查目的、任务、内容与主要技术方法。

目前，国内有关自然资源的教材主要有：《自然资源学原理（第二版）》（蔡运龙，2007）；《自然资源学基本原理（第二版）》（张丽萍，2017）；《资源科学导论》（史培军等，2009）。该类教材围绕自然资源与人类发展的关系，重点对自然资源学研究的基本原理和分析方法进行系统阐述，体现了自然资源学研究的综合性特征。有关各类自然资源调查的教材主要有：《土地资源调查与评价》（吴次芳，2008）；《草地资源调查规划学》（许鹏，2000）；《森林资源经营管理（第三版）》（管健，2021）；《海洋调查方法》（侍茂崇等，2016），该类教材主要系统阐述了单一类自然资源调查与评价的基本概念、程序和方法。

自然资源主要涉及土地资源、水资源、草地资源、森林资源、湿地资源、矿产资源和海洋资源等。长期以来，自然资源调查监测工作分散在不同部门，缺乏统一的组织协调。当前整合、系统介绍上述各类自然资源调查的目标与任务、内容与主要技术方法的教材尚属空白。为切实支撑自然资源统一管理和国家生态文明建设，急需改变以往各自为政的调查监测工作方式，构建自然资源调查监测体系，统一自然资源分类标准，开展自然资源的统一调查监测，全面摸清各类自然资源家底和变化情况，为逐步实现山水林田湖草的整体保护、系统修复和综合治理，为保障国家生态安全提供基础支撑，为实现国家治理体系和治理能力现代化提供服务保障。因此，编著一本适应新时代发展、有利于提高土地资源管理相关专业认识、有助于提升自然资源管理工作水平等的自然资源调查与管理教材已是当务之急。

本书的出版具有较好的教学、科研与实际工作基础。主要笔者有多年教学实践经验，近年来主持了多项与自然资源调查相关的科研课题，也承担了土地调查与规划、海洋资源调查评价等技术咨询服务项目，发表了相关学术论文，可作为现有教材的重要补充和实证案例。编写组主要成员宋榕潮、刘洋等在耕地后备资源调查评价、第三次全国国土调查等工作中积累了丰富的经验与成果，为本书提供了丰富的素材与案例。

本书面向自然资源统一管理的政策要求，在深度和广度上力求体现学科专业发展前沿，着重在基础理论和实践应用两方面进行系统论述。通过课程教学，使读者树立自然资源可持续利用理念，掌握自然资源调查与管理的基础理论及方法，具有分析与解决自然资源管理实际问题的基本能力。本书可作为本科"国土资源管理学"和研究生"国土资源管理前沿与实践"课程的配套教材，也为自然资源调查与研究领域的技术人员及管理工作者提供了比较系统的参考资料。同时可作为资源工程、土地资源管理、地理科学、城乡规划等资源科学类相关专业的本科教材和参考书，也可供自然资源主管部门和相关工作部门的科技和管理人员参阅。

本书在编写过程中,参阅了大量相关著作、论文及资料,已将引用的主要文献标注于文中及列于相关章节后面,如有遗漏,恳请谅解。在此对文献作者表示衷心的感谢!

本书得到广州大学教材出版基金项目的资助,也得到广东省研究生教育创新计划项目(2020JGXM085)以及广州大学国家级一流本科专业(人文地理与城乡规划)建设经费资助。

本书由杨木壮、宋榕潮、刘洋等编著,参与编写者还有林彤、马佩芳、曾紫琪、张颖诗等。由于作者水平和资料所限,书中不妥之处在所难免,敬请同行专家、学者及读者朋友批评指正。

编著者
2021 年 10 月

目 录

第一章 自然资源概况 (1)
第一节 自然资源含义与特点 (1)
一、自然资源含义与内涵 (1)
二、自然资源性质与特点 (1)
第二节 主要自然资源类型 (2)
一、自然资源分类 (2)
二、自然资源主要类型 (13)
第三节 自然资源调查的原则与目标任务 (15)
一、自然资源调查原则 (15)
二、自然资源调查目标 (16)
三、自然资源调查任务 (16)
参考文献 (23)

第二章 土地资源调查 (24)
第一节 历次全国土地调查概况 (24)
一、第一次全国土地调查 (24)
二、第二次全国土地调查 (27)
三、第三次全国国土调查 (32)
第二节 常规土地资源调查 (53)
一、土地利用现状调查 (53)
二、土地类型调查 (57)
三、土地条件调查 (59)
四、土地权属调查 (60)
五、调查技术方法 (62)
第三节 土地等级调查 (63)
一、土地分等定级 (63)
二、城镇土地分等定级 (64)
三、农村土地分等定级 (66)
第四节 富硒土地划定调查 (71)
一、富硒土地的定义 (71)
二、富硒土地调查的目的和任务 (72)
三、富硒土地分类 (72)
四、富硒土地的划定方法与流程 (73)

第五节　土地生态调查 …………………………………………………………………… (74)
  一、土地生态调查的意义 ………………………………………………………………… (74)
  二、土地生态调查与监测的内容与方法 ………………………………………………… (74)
第六节　农村宅基地房地一体化确权调查 ……………………………………………… (75)
  一、农村宅基地房地一体化确权调查的意义 …………………………………………… (75)
  二、农村宅基地房地一体化确权调查任务 ……………………………………………… (76)
  三、农村宅基地房地一体化确权调查技术路线和方法 ………………………………… (77)
  四、农村宅基地房地一体化确权调查工作程序和内容 ………………………………… (77)
参考文献 …………………………………………………………………………………… (80)

第三章　水资源调查 …………………………………………………………………… (81)
第一节　水资源概述 ……………………………………………………………………… (81)
  一、水资源概念与特性 …………………………………………………………………… (81)
  二、地表水资源优化配置 ………………………………………………………………… (83)
  三、我国水资源利用与保护概况 ………………………………………………………… (85)
第二节　地表水资源调查 ………………………………………………………………… (88)
  一、调查内容 ……………………………………………………………………………… (88)
  二、调查技术方法 ………………………………………………………………………… (88)
第三节　地下水资源调查 ………………………………………………………………… (90)
  一、地下水资源调查的目的与任务 ……………………………………………………… (90)
  二、地下水资源调查的工作步骤 ………………………………………………………… (90)
  三、地下水资源调查的方法 ……………………………………………………………… (91)
参考文献 …………………………………………………………………………………… (92)

第四章　草地资源调查 ………………………………………………………………… (93)
第一节　草地资源类型 …………………………………………………………………… (93)
  一、天然草地 ……………………………………………………………………………… (93)
  二、人工草地 ……………………………………………………………………………… (98)
第二节　草地资源概述 …………………………………………………………………… (102)
  一、草地资源的功能 ……………………………………………………………………… (102)
  二、我国草地资源概况 …………………………………………………………………… (104)
  三、我国天然草地概况 …………………………………………………………………… (105)
  四、我国人工草地概况 …………………………………………………………………… (108)
第三节　草地资源调查 …………………………………………………………………… (110)
  一、调查目的与意义 ……………………………………………………………………… (110)
  二、调查内容 ……………………………………………………………………………… (110)
  三、调查方法与程序 ……………………………………………………………………… (115)
参考文献 …………………………………………………………………………………… (119)

第五章　森林资源调查 ………………………………………………………………… (122)
第一节　森林资源概述 …………………………………………………………………… (122)
  一、我国森林类型的划分 ………………………………………………………………… (122)

  二、世界森林地理分布 …………………………………………………………………… (124)
  三、森林的主要特性 ………………………………………………………………………… (124)
  四、森林资源的效益与作用 ………………………………………………………………… (125)
  五、我国森林资源存在的问题 ……………………………………………………………… (127)
 第二节 全国森林资源清查 …………………………………………………………………… (127)
  一、历次全国森林资源清查概况 …………………………………………………………… (128)
  二、全国森林资源清查内容 ………………………………………………………………… (132)
  三、全国森林资源清查的方法与程序 ……………………………………………………… (136)
 第三节 森林规划设计调查 …………………………………………………………………… (146)
  一、森林规划设计调查概述 ………………………………………………………………… (146)
  二、森林规划设计调查的内容 ……………………………………………………………… (148)
  三、森林规划设计调查的方法与程序 ……………………………………………………… (148)
 第四节 作业设计调查 ………………………………………………………………………… (151)
  一、作业设计调查概述 ……………………………………………………………………… (151)
  二、作业设计调查的方法 …………………………………………………………………… (151)
 参考文献 ……………………………………………………………………………………… (152)

第六章 湿地资源调查 …………………………………………………………………………… (154)
 第一节 湿地资源含义及其类型 ……………………………………………………………… (154)
  一、湿地资源的含义 ………………………………………………………………………… (154)
  二、湿地类型 ………………………………………………………………………………… (154)
 第二节 湿地资源调查内容与程序 …………………………………………………………… (157)
  一、一般调查 ………………………………………………………………………………… (157)
  二、重点调查 ………………………………………………………………………………… (157)
 第三节 湿地资源调查方法 …………………………………………………………………… (158)
  一、一般调查 ………………………………………………………………………………… (158)
  二、重点调查 ………………………………………………………………………………… (160)
 参考文献 ……………………………………………………………………………………… (167)

第七章 矿产资源国情调查 ……………………………………………………………………… (168)
 第一节 矿产资源概述 ………………………………………………………………………… (168)
  一、矿产资源的含义 ………………………………………………………………………… (168)
  二、我国矿产资源现状 ……………………………………………………………………… (168)
 第二节 矿产资源的主要类型 ………………………………………………………………… (170)
  一、矿产资源分类体系 ……………………………………………………………………… (170)
  二、矿产资源分类细目 ……………………………………………………………………… (170)
 第三节 矿产资源的特征 ……………………………………………………………………… (173)
  一、矿产资源的特性 ………………………………………………………………………… (173)
  二、我国矿产资源的基本特征 ……………………………………………………………… (173)
 第四节 矿产资源国情调查的内容 …………………………………………………………… (174)
  一、矿产资源国情调查的目标 ……………………………………………………………… (174)

二、矿产资源国情调查的主要任务 …………………………………………………… (175)
　　三、矿产资源国情调查的基本依据 …………………………………………………… (175)
　　四、调查矿区应遵循的原则 …………………………………………………………… (176)
　第五节　查明矿产资源调查 ……………………………………………………………… (177)
　　一、主要调查内容 ……………………………………………………………………… (177)
　　二、工作流程 …………………………………………………………………………… (177)
　　三、调查技术与方法 …………………………………………………………………… (180)
　　四、成果编制 …………………………………………………………………………… (184)
　　五、质量控制 …………………………………………………………………………… (184)
　　六、省级及全国统计汇总 ……………………………………………………………… (185)
　第六节　潜在矿产资源调查 ……………………………………………………………… (186)
　　一、主要调查内容 ……………………………………………………………………… (186)
　　二、调查流程 …………………………………………………………………………… (186)
　　三、调查基本依据 ……………………………………………………………………… (186)
　　四、调查技术与方法 …………………………………………………………………… (187)
　　五、省级潜在矿产资源调查成果编制 ………………………………………………… (192)
　　六、提交成果 …………………………………………………………………………… (193)
　参考文献 …………………………………………………………………………………… (200)

第八章　海洋资源调查

　第一节　海洋资源含义、类型及特征 …………………………………………………… (201)
　　一、海洋资源含义及其类型 …………………………………………………………… (201)
　　二、海洋资源的特征 …………………………………………………………………… (201)
　第二节　海洋生物资源调查 ……………………………………………………………… (202)
　　一、海洋生物资源类型 ………………………………………………………………… (202)
　　二、调查技术方法 ……………………………………………………………………… (203)
　第三节　海洋空间资源调查 ……………………………………………………………… (209)
　　一、海洋空间资源类型 ………………………………………………………………… (209)
　　二、调查技术方法 ……………………………………………………………………… (211)
　第四节　海洋油气及大洋矿产资源调查 ………………………………………………… (214)
　　一、海洋油气及大洋矿产资源概况 …………………………………………………… (214)
　　二、调查技术方法 ……………………………………………………………………… (214)
　第五节　海洋能源资源调查 ……………………………………………………………… (218)
　　一、海洋能源资源类型 ………………………………………………………………… (218)
　　二、调查技术方法 ……………………………………………………………………… (218)
　第六节　海洋旅游资源调查 ……………………………………………………………… (226)
　　一、海洋旅游资源类型 ………………………………………………………………… (226)
　　二、调查技术方法 ……………………………………………………………………… (227)
　参考文献 …………………………………………………………………………………… (228)

第一章　自然资源概况

第一节　自然资源含义与特点

一、自然资源含义与内涵

《辞海》对自然资源的定义为：指人类可直接从自然界获得，并用于生产和生活的物质资源。如土地、矿藏、气候、水利、生物、森林、海洋、太阳能等。具有限性、区域性和整体性特点。按其成因与增殖性能可分为可再生自然资源、可更新自然资源及不可再生自然资源。

联合国环境规划署（UNEP，1972）对自然资源的解释为：在一定的时间和技术条件下，能够产生经济价值以提高人类当前和未来福利的自然环境因素的总称。

狭义的自然资源定义只包括实物性资源，即在一定社会经济技术条件下能够产生生态价值或经济价值，而提高人类当前或可预见未来生存质量的天然物质和自然能量的总和。

广义的自然资源则包括实物性自然资源和舒适性自然资源，包含一国主权范围内自然形成的所有空间资源、物质资源和能量资源。

自然资源的范畴随着人类社会和科学技术的发展而变化，并取决于信仰、宗教、风俗习惯等文化因素（孙兴丽等，2020）。

二、自然资源性质与特点

（一）自然资源的性质

自然环境中与人类社会发展有关的、能被利用来产生使用价值并影响劳动生产率的自然诸要素，通常称为自然资源，可分为有形的自然资源（如土地、水体、动植物、矿产等）和无形的自然资源（如光资源、热资源等）。

自然资源具有两重性，既是人类生存和发展的基础，又是环境要素。已经被利用的自然物质和能量称为"资源"，将来可能被利用的物质和能量称为"潜在资源"。

按照自然资源的分布量和被人类利用时间的长短，自然资源可分为有限资源和无限资源两大类，其中有限资源又可分为可更新资源和不可更新资源。自然资源具有可用性、整体性、变化性、空间分布不均匀性和区域性等特点，是人类生存和发展的物质基础和社会物质财富的源泉，是可持续发展的重要依据之一。它同人类社会有着密切联系，既是人类赖以生存的重要基础，又是社会生产的原料、燃料来源和生产布局的必要条件与场所。

自然资源仅为相对概念,随社会生产力水平的提高与科学技术进步,部分潜在资源可转换为自然资源。如随着海水淡化技术的进步,在干旱地区,部分海水和咸湖水有可能成为淡水的来源。

(二)自然资源的特点

(1)变化性,指自然资源的概念不是一成不变的。某种物质和能量能否成为自然资源不是一成不变的,在不同的条件下会有不同的结果,自然资源的形成是一个历史的过程,它的内涵与外延随着科技水平的提高和经济的发展而不断扩展和延伸。

(2)有限性,指自然资源的数量是巨大的,但又是有限的,与人类社会不断增长的需求相矛盾,故必须强调资源的合理开发利用与保护。

(3)地域性,指自然资源存在数量或质量上的显著地域差异。某些可再生资源的分布具有明显的地域分异规律;不可再生的矿产资源分布具有地质规律。自然资源在自然界中的分布并不是均匀的,它随着地域的改变而在种类、数量、质量上产生明显的差异。

(4)整体性,指各种自然资源在生物圈中都是相互依存、互相制约地构成一个自然综合体,故必须强调综合研究与综合开发利用。

(5)利用的发展性,指人类对自然资源的利用范围和利用途径将进一步拓展或对自然资源的利用率将不断提高。各种自然资源从不同的角度都能满足人类的某种需要。

第二节 主要自然资源类型

一、自然资源分类

2018年,国家组建自然资源部,自然资源部统一行使全民所有自然资源资产所有者职责,统一行使所有国土空间用途管制和生态保护修复职责。此前对于自然资源的管理分散在多个部门,形成了相互交叉、重复的自然资源部门分类体系,因此必须建立利于统一行使管理职责的自然资源系统分类体系,统一行使全民所有自然资源资产所有者职责和统一行使所有国土空间用途管制和生态保护修复职责,构建自然资源调查检测体系,统一自然资源分类标准,依法组织开展自然资源调查监测评价,查清我国各类自然资源家底和变化情况,为科学编制国土空间规划,逐步实现山水林田湖草的整体保护、系统修复和综合治理,为保障国家生态安全提供基础支撑,为实现国家治理体系和治理能力现代化提供服务保障(中华人民共和国自然资源部,2020)。

(一)自然资源分层分类模型

自然资源分类是自然资源管理的基础,是开展调查监测工作的前提,应遵循山水林田湖草是一个生命共同体的理念,充分借鉴和吸纳国内外自然资源分类成果,按照"连续、稳定、转换、创新"的要求,重构现有分类体系,着力解决概念不统一、内容有交叉、指标相矛盾等问题,体现科学性和系统性,满足当前管理需要。

根据自然资源产生、发育、演化和利用的全过程,以立体空间位置作为组织和联系所有自然资源体(即由单一自然资源分布所围成的立体空间)的基本纽带,以基础测绘成果为框架,以数字高程模型为基地,以高分辨率遥感影像为背景,按照三维空间位置,对各类自然资源信息进行分层分类,科学组织各个自然资源体有序分布在地球表面(如土壤等)、地表以上(如森林、草原等)以及地表以下(如矿产等),形成一个完整的支撑生产、生活、生态的自然资源立体时空模型(图1-1)。

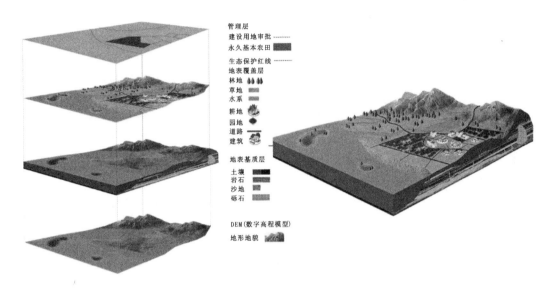

图1-1 自然资源数据空间组织结构图

自然资源立体分层第一层为地表基质层。地表基质是地球表层孕育和支撑森林、草原、水、湿地等各类自然资源的基础物质。海岸线向陆一侧(包括各类海岛)分为岩石、砾石、沙和土壤等,海岸线向海一侧按照海底基质进行细分。结合《岩石分类和命名方案 火成岩岩石分类和命名方案》(GB/T 17412.1—1998)、《岩石分类和命名方案 沉积岩岩石分类和命名方案》(GB/T 17412.2—1998)和《中国土壤分类与代码》(GB/T 17296—2009)等标准,研制地表基质分类。地表基质数据,目前主要通过地质调查、海洋调查、土壤调查等综合获取,下一步择时择机开展系统调查。

第二层是地表覆盖层。在地表基质层上,按照自然资源在地表的实际覆盖情况,将地球表面(含海水覆盖区)划分为作物、林木、草、水等若干覆盖类型,每个大类可再细分到多级类。参考《土地利用现状分类》(GB/T 21010—2017)、《地理国情普查内容与指标》(GDPJ 01—2013)以及《国土空间调查、规划、用途管制用地用海分类指南》(试行)等,制定地表覆盖分类标准。地表覆盖数据,可以通过遥感影像并结合外业调查快速获取。

第三层是管理层。在地表覆盖层上,叠加各类日常管理、实际利用等界线数据(包括行政界线、自然资源权属界线、永久基本农田、生态保护红线、城镇开发边界、自然保护地界线、开发区界线等),从自然资源利用管理的角度进行细分。如按照规划要求,以管理控制区界线,划分各类不同的管控区;按照用地审批备案界线,区分审批情况;按照"三区三线"的管理界线,以及海域管理的"两空间内部一红线"等,区分自然资源的不同管控类型和管控范围;结合行政区界线、地理单元界线等,区分不同的自然资源类型。这层数据主要是规划或管理设定的界线,根据相关管理工作直接进行更新。

为完整表达自然资源的立体空间,在地表基质层下设置地下资源层,主要描述位于地表(含海底)之下的矿产资源,以及城市地下空间为主的地下空间资源。矿产资源参照《中华人民共和国矿产资源法实施细则》,分为能源矿产、金属矿产、非金属矿产、水气矿产(包括地热资源)等类型。现有地质调查及矿产资源数据,满足自然资源管理需求的,可直接利用。对已经发生变化的,需要进行补充和更新。

通过构建自然资源立体时空模型,对地表基质层、地表覆盖层和管理层数据进行统一组织,并进行可视化展示,满足自然资源信息的快速访问、准确统计和分析应用,实现对自然资源的精细化综合管理。同时,通过统一坐标系统与地下资源层建立联系。

(二)建立基于统一管理的自然资源系统分类体系的原则

(1)分类标准统一清晰。遵循山水林田湖草是生命共同体理念,充分考虑资源整体性、系统性等特点,按照"一个部门、一个标准、一个规范、一套制度"等要求重构现有分类体系,着力解决概念不统一、内容有交叉、指标相矛盾等问题,力求形成一个上下联系、逻辑分明、标准统一、分级清晰的分类系统,实现自然资源"一张图"集中统一管理(孙兴丽等,2020)。

(2)新旧分类有效衔接。为确保自然资源分类的延续性,综合考虑各行业管理需求,总结归纳现行自然资源分类特点,充分对接原来分部门管理的各专项资源分类的国家标准、行业标准,充分考虑与现行分类的关系,防止出现混乱。此外,应当尊重地区差异性,充分考虑全国各地资源现状,有效衔接、合理继承,满足新时代统一管理要求。

(3)不同分类有机结合。自然资源系统的复杂性和使用对象、范围、目标的差异性,导致目前的自然资源学理、法理、管理分类方法不能兼容,特别是关于人工改造后的自然资源的界定以及分类等方面存在较大的争议,如建筑用地、人工改造洞穴、人工林草资源、湿地和海岸带资源、未利用的裸地资源、冰川和冻土资源、气候和降雨、辐射资源等。部分资源在法理上能够予以确定,在学理上不好界定;在管理层面意义重大,在学理上则不然。因此,构建新的自然资源分类,要充分考虑不同部门和领域对自然资源的理解与需求,力求达到最大共识。

(4)不重不漏原则。通过分析现存的各类自然资源分类系统,总结找出各自然资源分类体系中的重叠要素,提出统一自然资源分类要素(分类指标体系),做到自然资源分类要素(分类指标体系)不重不漏(张凤荣,2019)。

(5)多层次原则。根据先原生因素、后次生因素,先宏观因素、后微观因素的逻辑,将统一的自然资源分类因素(分类指标体系)放置在不同的分类阶层,形成多阶层的自然资源分类系统。

(6)以空间为基础,属性与功能并重。以科学划分自然空间为基础,防止在同一空间内出现各行其是的现象,本次自然资源空间分类以地表、地下与地上进行划定。在空间划定的基础上,根据自然资源属性或功能进一步划定自然资源,有利于自然资源质量评价,并在质量评价中提出对资源的精准利用与保护政策(陈国光等,2020)。

(7)与国家法律相衔接。各类自然资源的法律条款中对自然资源的分类进行了论述,各专业规范与标准中对自然资源也进行了分类。在自然资源分类过程中,应以各类自然资源法确定的分类为优先原则,保持与国家法律相衔接,同时在来源与功能分类中参考专业规范与标准。

(8)与以往专业调查成果对接。目前,我国已完成了第三次全国国土调查(简称"三调"),对各类土地分布和利用现状、土地权属等进行了详细调查,并建立了国家、省、市、县四级国土调查数据库,形成了完整的地表资源系列资料。以往的森林、水资源、矿产资源调查等均形成了一系列地上、地下资源分布数据。在自然资源调查分类时,要以相关专业调查成果为基础,充分利用以往专业调查成果。

(9)有利于支撑国土空间规划、生态修复、自然资源综合利用等自然资源管理工作。自然资源综合调查的目标应包含以下几方面:一是支撑自然资源的数量、质量、生态现状评价;二是支撑资源环境承载能力与国土空间适宜性评价;三是支撑优质自然资源综合利用与生态系统保护;四是支撑自然资源统一确权登记。在自然资源分类系统建立过程中充分考虑自然资源分类结果有利于目标任务的完成,为自然资源空间规划、生态修复、自然资源综合利用提供基础。

(三)自然资源分类的理论基础

1. 自然资源分类现状

我国以占世界9%的耕地、6%的水资源、4%的森林、1.8%的石油、0.7%的天然气、不足9%的铁矿石、不足5%的铜矿和不足2%的铝土矿,养活着世界18%的人口。大多数矿产资源人均占有量不到世界平均水平的一半,我国的煤、油、天然气人均资源分别为世界人均水平的55%、11%和4%。中国最大的特点是人口众多,最大的劣势是资源不足。

根据自然资源属性、服务对象和使用目的任务不同,现有的自然资源分类主要分为学理、法理和管理3种类型(孙兴丽等,2020)。

(1)以学理为基础。以学理为基础的自然资源分类,服务于自然资源学科发展,主要分类依据包括自然资源的自然属性、分布规律和成因机制等。由于分类依据不同,类型呈现多样化。例如,根据资源存附的空间位置分为陆地资源、海洋资源;根据地球圈层特征分为气候资源、生物资源、土地资源、水资源和矿产资源;根据是否可再生分为可再生(可更新)资源和不可再生(不可更新)资源。基于学理的自然资源分类具有较强的理论性和系统性,但与实际管理的需要衔接不足,不能满足自然资源管理实践的需求。

(2)以法理为基础。法理分类是指我国现行律法关于自然资源的分类。例如《中华人民共和国宪法》将自然资源分为矿藏、水流、森林、山岭、草原、荒地、滩涂7类。法律中涉及的自然资源种类界线并不十分明确,不同法律根据需要作了相应的变更。例如,《中华人民共和国民法通则》增加了水面资源,《中华人民共和国物权法》增加了海域资源和野生动植物资源,《自然资源统一确权登记办法(试行)》则将矿藏资源修改为探明储量的矿产资源。法律中涉及的自然资源种类宽泛,内涵并不十分明确,部分资源类别间存在重叠现象。例如,专项法规中划分的山岭与森林、矿藏等自然资源类型存在交叉重叠。

(3)以管理实践为基础。管理分类是指各资源管理部门根据自己管理实际的需要,对自然资源进行的分类。水、土地、林、草、海洋、国情地理等管理部门都有各自的分类,并在管理的过程中获得了大量分类资源数据。例如,土地部门将陆地自然资源分为建筑用地和非建筑用地,其中非建筑用地又因地表不同的覆盖物被细分为森林、草原、湿地、荒地、水面等,并分属不同的部门进行管理。由于各分管部门的管理需求不同,其分类原则、标准、内涵也不统一,导致据此开展的资源调查统计数据相互间缺乏可比性。例如,分部门调查统计的森林资源、草原资源中林地资源、草地资源与土地资源交叉重叠,且林草管理部门与土地管理部门标准不统一,造成资源家底难以准确掌握。

2. 自然资源分类体系

我国尚未形成统一的自然资源分类体系,第三次全国国土调查工作在2020年底结束。目前国内专家学者、各级管理人员正热切地关注着如何从以土地利用现状调查为主的国土调查顺利过渡至土地、森林、草原、水和湿地等各类自然资源要素的统一调查。从管理层面上首先要尽快建立自然资源统一调查的管理体系和机制;从技术层面上要加快构建自然资源统一的分类体系,逐渐优化各类自然资源调查的技术方法和技术指标(晏磊和吴海平,2021)。

虽然我国已有公认的自然资源定义(是指天然存在、有使用价值、可提高人类当前和未来福利的自然环境因素的总和),但长期以来,我国的自然资源分属多部门分头管理,由于管理职责和管理要素指标内容的差异,产生了多种不同的自然资源分类方式。在自然资源分类体系研究方面,不同学者按空间属性和用途、法理与科学基础、自然资源实际管理需要和自然资源可利用限度等进行分类(郝爱兵等,2020)。

1)国外自然资源管理分类

国外自然资源管理历史较长、类型多元、重点资源差异明显、资源环境与陆海空间统筹考虑。比较典型的有俄罗斯、加拿大等国,根据自身法律和政府部门管理需要,均设立了专门的自然资源部。美国、德国、日本等国家虽未设立专门的自然资源管理部门,但也有一个或多个部门负责自然资源管理。国外关于自然分类的最大特点有两点:一是从实际国情出发,对重点关注的自然资源均单独划分为一级资源类型,如加拿大将森林资源、德国将矿产资源单独划分为一级类型(表1-1);二是一些自然资源类型之间并没有严格的边界,有些是综合体如自然环境、土地资源、农业资源、国家公园等,有些是相对独立的自然资源类型如矿产资源、建筑用地等。

表1-1 国外主要国家自然资源管理分类体系简表

国家名称	自然资源一级分类
俄罗斯	自然环境、能源、农业资源、建筑用地资源、其他资源
加拿大	土地资源、能源、森林资源
美国	土地资源、矿产资源、自然环境、水资源、国家公园、野生动植物
德国	矿产资源、土地资源和自然资源
日本	国土资源、农林水产资源、矿产资源、环境和海洋资源

2)国内自然资源管理分类

统一的自然资源分类标准是开展自然资源统一调查的关键。只有解决我国长期存在的分类不统一、资源类型交叉重叠等诸多问题,才能真正实现自然资源统一调查、统一管理,自然资源部才能有效行使管理职责。统一的自然资源分类标准制定过程中,既要充分借鉴我国各类自然资源既有的分类成果,同时也应该吸纳国外自然资源分类的经验,根据新的管理需求对各类自然资源进行重新定义,该拆分的拆分,该归并的归并。

国家层面组织开展了自然资源统一分类的研究工作,个别省份也开展了分类探索研究并进行了实践应用。如江苏省2019年在如东市和如皋县开展了自然资源调查的试点工作,在"三调"工作分类的基础上,增加了森林、矿产、地形、地下水、海洋等资源分类,编制了包括土地资源全部分类和矿产、森林、草地、湿地、荒地、滩涂、地形、水、海洋资源基本分类的自然资源分类标准,初步建立了自然资源分类体系,并在试点实践的基础上,对分类体系进行了逐步修改完善,形成了《江苏省自然资源调查分类(试行)》,拟在更大区域范围内开展实践应用,旨在解决各类自然资源调查数出多门、概念不统一、内容有交叉、指标相矛盾等问题。《江苏省自然资源调查分类(试行)》的制定总体遵循四方面原则。一是空间覆盖,资源统筹。根据自然资源的社会经济和自然属性,划分国土范围内所有空间资源类型,坚持横向空间陆海统筹,纵向空间地上地下统筹,空间资源不重不漏、空间结构独立完整。二是立体空间,三维导向。从三维立体空间角度对分类进行划分,做到自然资源分类不重叠。三是连续稳定,转换创新。在充分继承各类自然资源已有分类基础上,创新自然资源分类方式。四是便于调查,服务管理。以可操作为导向,以易识别、易统计、易管理为目标,满足自然资源管理各项需求。

《江苏省自然资源调查分类(试行)》主要包括自然资源地表基质层分类、自然资源地表覆盖层分类和湿地资源索引表。地表基质层涵盖地球表层孕育和支撑森林、草原、水、湿地等各类自然资源的基础物质,包括岩石、砾石、砂、土壤、深海黏土和软泥6个一级类,细分27个二级类。地表覆盖层以空间和自然物两个维度分类,共分7个一级类、37个二级类、142个三级类。其中,国土空间分为陆地空间资源、海洋空间资源和地下空间资源3个一级类,从自然物角度,将所有空间内分布的各类自然物从其自然属性角度划分水资源、森林资源、草资源和矿产资源4个一级类。湿地资源索引表通过建立自然资源地表覆盖层分类与《湿地分类》中湿地类型之间索引的方式对湿地资源进行管理。

孙兴丽等(2020)通过深入剖析自然资源统一管理的基本内涵,认为新的自然资源分类应该以满足资源管理为基础,还要与现有法律有效衔接,与现有分类有效融合。基于此,提出了分类标准统一清晰、新旧分类有效衔接以及学理、法理、管理分类有机结合的分类原则,构建了面向自然资源统一管理的包括3个一级类、15个二级类、55个三级类的自然资源分类体系(表1-2)。该分类方案既能满足统一原则、衔接原则和适应性原则,又可满足面向自然资源统一管理的"多规合一"和"一张蓝图"的重大需求,希望能够解决原来不同部门管理下存在的因自然资源分类体系不同而导致的标准不统一、重复交叉等问题。但是,由于资源科学是一门探索性、综合性很强的学科,自然资源概念内涵认识不一、外延过于宽泛等问题客观存在,自然资源分类工作十分重要且有相当大的难度,因此该分类不可避免地还存在一些问题有待修正完善。

陈国光等(2020)对自然资源分类的思路是:根据自然资源空间确定一级分类,地表空间以土地资源、湿地资源、草地资源、海域海岛资源进行划定;地上资源以地表水资源、森林资源进行划定;地下资源以矿产资源、地下水资源进行划定。地下水与地表水因相互存在转化,功能具有一致性,一级分类确定为水资源。自然资源分类确定为土地资源、湿地资源、草地资源、海域海岛资源、水资源、森林资源、矿产资源7类(表1-3)。

表 1-2　自然资源分类体系(据孙兴丽等,2020)

一级类	二级类	三级类	概念/内涵
陆地资源	耕地资源	水田	指用于种植水稻、莲藕等水生农作物的耕地。包括实行水生、旱生农作物轮种的耕地
		水浇地	指有水源保证和灌溉设施,在一般年景能正常灌溉,种植旱生农作物(含蔬菜)的耕地
		旱地	指无灌溉设施,主要靠天然降水种植旱生农作物的耕地
	森林资源	乔木林	指树木郁闭度≥0.2 的林地,不包括森林沼泽
		竹林	指生长竹类植物,郁闭度≥0.2 的林地
		灌木林	指灌木覆盖度≥40%的林地,不包括灌丛沼泽
		其他林地	包括疏林地(0.1≤树木郁闭度<0.2 的林地)、未成林地、迹地、苗圃等林地
	草原资源	牧草地	指在雨水适中、气候适宜的条件下,由多年生丛生禾草及根茎性禾草占优势所组成的草原植被
		灌丛草地	泛指草本植物群落,包括禾草与非禾草
		草甸	指在适中的水分条件下发育起来的以多年生草本为主体的植被类型
	建设用地	商服用地	指主要用于商业、服务业的土地
		工矿仓储用地	指主要用于工业、采矿、仓储等生产的土地
		住宅科研用地	指主要用于人们生活居住、科学研究工作的房基地及其附属设施的土地
		公共管理服务用地	用于机关团体、新闻出版、文卫、公用设施等的土地
		特殊用地	指用于军事设施、涉外、宗教、监教、殡葬等的土地
		交通运输用地	指用于运输通行的地面线路、场站等的土地
		水利设施用地	指沟渠、水工建筑物等用地
	旅游资源	遗产资源	主要指考古遗址、历史建筑物、历史海难等保护地
		洞穴资源	指各类地层岩石在特定的地质作用下,形成的形体复杂、奇异多姿的洞穴旅游资源
		风景名胜资源	具有观赏、文化、科学价值的自然或人文地理资源

续表 1-2

一级类	二级类	三级类	概念/内涵
陆地资源	陆表水资源	河水	河里的水,含有碳酸盐、硫酸盐及钙等溶解物,与海水主要含有氯化物和钠有区别
		河流湿地	是指河水浅滩或滞流处发生沼泽化过程而形成的湿地
		河流动能	是河流在相关作用下形成的水力能量
		河流生物	指在河流中生存的生物资源,主要指河流动物、植物和微生物
		湖水	四面都有陆地包围的水体
		湖泊湿地	是指湖泊岸边或湖发生沼泽化过程而形成的湿地
		湖泊势能	是指湖水在相关作用下具有的能量
		湖泊生物	指在湖泊中生存的生物资源,主要指河流动物、植物和微生物
	地下水资源	特殊地下水资源	能被开发利用为热能等特殊用途的地下水资源
		一般地下水资源	埋藏地下的水资源
	固体水	冰川	是指寒冷地区多年降雪积聚、经过变质作用形成的具有一定形状并能自行运动的天然冰体
		永久积雪	是指由降雪形成的覆盖在地球表面的雪层
	可开采利用矿产	能源矿产	又称燃料矿产、矿物能源,矿产资源中的一类。是指赋存于地表或者地下的,由地质作用形成的,呈固态、气态和液态的,具有提供现实或潜在能源价值的天然富集物
		非金属矿产	指在经济上有用的某种非金属元素,或存在能够被直接利用的某种化学、物理或工艺性质的矿产资源
		金属矿产	指能够从中提取某种供工业利用的金属元素或化合物的矿产
	具开发利用潜能地下资源	地热	指贮存在地球内部的可再生热能,一般集中分布在构造板块边缘一带,起源于地球的熔融岩浆和放射性物质的衰变
		冻土	指温度在0℃或0℃以下,并含有冰的各种岩土

续表 1-2

一级类	二级类	二级类	概念/内涵
海洋资源	海底矿物资源	能源矿产	海底中所蕴藏的由地质作用形成的,呈固态、气态和液态的,具有提供现实或潜在能源价值的天然富集物
		非金属矿产	指从海底中提取的某种供工业利用的非金属元素或化合物
		金属矿产	指从海底中提取的某种供工业利用的金属元素或化合物
		水气矿产	指在海底中以气体或液体为载体形式的矿产资源
		其他海底矿物资源	是海底中形成的其他相关矿物资源
	海洋生物(水产)资源	海洋动物	是海洋中异养型生物的总称
		海洋浮游生物	指游移于水中、一般不具备运动器官的水生有机体
		海洋植物	海洋中具有叶绿素,并能进行光合作用生产有机物的自养型生物资源,是海洋生物资源的一个组成部分
	海岸带资源	港口建设用地	指主要用于港口码头等建设用地
		海浪能	海洋中的波浪,具有巨大的能量,在一定科学技术下可以有效开发利用
		海岸湿地	指由海洋和陆地相互作用形成的湿地,亦即海浪对海岸作用范围内的湿地,包括海岸带湿地、潮间带湿地和水下岸坡湿地 3 个组成部分,其下限应在低潮位 6m 水深处
		其他海岸带资源	指在一定社会、经济条件下,在海岸带范围内可被人类利用的物质和能量以及与海洋开发有关的海洋空间
	海岛资源	大陆岛	大陆向海洋延伸露出水面的岛屿
		火山岛	海底火山出露水面的岛屿
		冲击岛	大河出口处或平原、海岸外侧河流泥沙或海洋作用而成的新陆地
		珊瑚岛	热带、亚热带海域由珊瑚虫等生物筑巢或者生物骨架堆积而成的出露水面的岛屿
气候资源	气候资源	风能	因空气流做功而提供给人类的一种可利用的能量,属于可再生能源
		大气降水	从天空的云中降落到地面上的液态水或固态水,主要包括雨、雪、雹等

表 1-3 自然资源分类表(据陈国光等,2020)

一级分类	二级分类	三级分类	与"三调"对应分类或分类定义
土地资源	农业用地	耕地	水田、水浇地、旱地、农用设施用地等
		园地	果园、茶园、橡胶园等
		商品林地	用材林、经济林、薪炭林等
	建设用地	人居用地	住宅用地、公共管理、公共服务用地等
		工矿用地	工矿仓储用地、交通运输用地、商服用地、特殊用地、水工建筑用地等
	生态用地	公益林地	公益林分布区
		自然保护区	自然保护地
		自然遗迹分布区	重要自然遗迹分布区
		人工景观地	绿地与公园
		历史文化遗迹分布区	重要历史文化遗迹分布区
湿地资源	自然湿地	近海与海岸湿地	沿海滩涂等
		河流湿地	河流水面、内陆滩涂
		湖泊湿地	湖泊水面等
		沼泽湿地	沼泽地、森林沼泽、灌丛沼泽、沼泽草地、红树林地
	人工湿地	水库	水库水面
		沟渠	沟渠
		养殖场	坑塘水面等
		长期积水地	冰川及永久积雪、矿坑积水等
草地资源	天然牧草地	草地	草地
		草山	草地
		草坡	草地
	人工牧草地	改良草地	人工牧草地
		退耕还草地	人工牧草地
海域海岛资源	海域	农渔业区	
		工业与城镇用海区	
		矿产与能源区	
		旅游休闲娱乐区	
		特殊利用区	
		保留区	
		海洋保护区	
		港口航海区	

续表 1-3

一级分类	二级分类	三级分类	与"三调"对应分类或分类定义
海域海岛资源	海岛	有居民海岛	
		无居民海岛	
水资源	地表水	饮用水	供水水库分布及资源量、自来水加工水量
		灌溉用水	河流分布及径流量
		生态用水	景观水分布、维持水环境安全水量
	地下水	饮用地下水	供饮用水井、泉水水资源量
		灌溉用地下水	供灌溉用水井、泉水水资源量
		补充地表水	地下河、地下水与地表水重复水资源量
森林资源	公益林	水源防护林	重要江河干流及支流两岸、饮用水水源地保护区、重要湿地和水库周围森林
		自然保护区公益林	陆生野生动物自然保护区及周边森林
		固土固沙林	荒漠化和水土流失严重地区的防风固沙林
		沿海防护林	沿海防护林基干林带
		原始森林	未开发利用原始林地区
		其他公益林	需划定的其他区域森林公益林
	商品林	用材林	以生产木材为主要目的的森林
		经济林	以生产果品、油料、饮料、调料、工业原料和药材等林产品为主要目的的森林
		薪炭林	以生产燃料和其他生物质能源为主要目的的森林
		其他商品林	其他以发挥经济效益为主要目的的森林
矿产资源	固态矿产	金属矿	铁、铜、镍等金属矿资源量和可采储量
		非金属矿	高岭土、萤石等非金属饱和矿资源量和可采储量
		煤炭资源	煤炭资源量和可采储量
	液态矿产	盐湖	钾、锂、镁等资源量和可采储量
		海底热液矿	海底热液及其形成的矿产资源量和可采储量
		石油	石油资源量和可采储量
	气态矿产	天然气	天然气、页岩气资源量和可采储量
		非燃料气体	气体资源量和可采储量

二、自然资源主要类型

（一）自然资源分类

自然资源可划分为生物资源、农业资源、森林资源、国土资源、海洋资源、气象资源、能源资源、水资源等。

1. 生物资源

生物资源是自然资源的有机组成部分，是指生物圈中对人类具有一定经济价值的动物、植物、微生物有机体以及由它们所组成的生物群落。

经典的生物资源是指当前人类已知的有利用价值的生物材料，泛义而论，对人类具有直接、间接或具潜在的经济、科研价值的生命有机体都可称为生物资源，包括基因、物种以及生态系统等。

生物资源是生物圈中一切动、植物和微生物组成的生物群落的总和，包括动物资源、植物资源和微生物资源三大类。其中：动物资源包括陆栖野生动物资源、内陆渔业资源、海洋动物资源；植物资源包括森林资源、草地资源、野生植物资源和海洋植物资源；微生物资源包括细菌资源、真菌资源等。

2. 农业资源

农业资源是农业自然资源和农业经济资源的总称。农业自然资源包含农业生产可以利用的自然环境要素，如土地资源、水资源、气候资源和生物资源等。农业经济资源是指直接或间接对农业生产发挥作用的社会经济因素和社会生产成果，如农业人口和劳动力的数量和质量，农业技术装备，包括交通运输、通信、文教和卫生等农业基础设施等。

3. 森林资源

森林资源是林地及其所生长的森林有机体的总称。这里以林木资源为主，还包括林下植物、野生动物、土壤微生物等资源。林地包括乔木林地、疏林地、灌木林地、林中空地、采伐迹地、火烧迹地、苗圃地和国家规划宜林地。森林可以更新，属于可再生的自然资源。

4. 国土资源

国土资源有广义与狭义之分：广义的国土资源是指一个主权国家管辖的含领土、领海、领空、大陆架及专属经济区在内的资源（自然资源、人力资源和其他社会经济资源）的总称；狭义的国土资源是指一个主权国家管辖范围内的自然资源。国土资源具有整体性、区域性、有限性和变动性等特点。国土资源一般包含土地资源和矿产资源两个方面。

5. 海洋资源

海洋资源是海洋生物、海洋能源、海洋矿产资源及海洋化学资源等的总称。海洋生物资源以鱼虾为主，在环境保护和提供人类食物方面具有极其重要的作用。海洋能源包括海底石油、天然气、潮汐能、波浪能以及海流发电、海水温差发电等，远景发展尚包括海水中铀和重水的能源开发。海洋矿产资源包括海底的锰结核及海岸带的重砂矿中的钛、锆等。海洋化学资源包括从海水中提取的淡水和各种化学元素（溴、镁、钾等）及盐等。海洋资源的开发较之陆地复杂，技术要求高，投资亦较大，但有些资源的数量却较之陆地多几十倍甚至几千倍，因此，在人类资源的消耗量愈来愈大,而许多陆地资源的储量日益减少的情况下,开发海洋资源具有很重要的经济价值和战略意义。

6. 气象资源

气象资源是在社会经济技术条件下人类可以利用的太阳辐射所带来的光、热资源以及大气降水、空气流动(风力)等。气象资源对人类的生产和生活有很大影响,既具有长期可用性,又具有强烈的地域差异性。

7. 能源资源

能源资源是指未经劳动过滤的赋存于自然状态下的能源,包括煤炭、石油、天然气、风、流水、海流、波浪、草木燃料及太阳辐射、电力等。能源资源,不仅是人类生产和生活中不可缺少的物质,也是经济发展的物质基础,与可持续发展关系极其密切。

1)按其形成和来源分类

(1)来自太阳辐射的能量,如太阳能、煤、石油、天然气、水能、风能、生物能等。

(2)来自地球内部的能量,如核能、地热能。

(3)天体引力能,如潮汐能。

2)按开发利用状况分类

(1)常规能源,如煤、石油、天然气、水能、生物能。

(2)新能源,如核能、地热、海洋能、太阳能、风能。

3)按属性分类

(1)可再生能源,如太阳能、地热、水能、风能、生物能、海洋能。

(2)不可再生能源,如煤、石油、天然气、核能。

4)按转换传递过程分类

(1)一次能源,直接来自自然界的能源,如煤、石油、天然气、水能、风能、核能、海洋能、生物能。

(2)二次能源,如沼气、汽油、柴油、焦炭、煤气、蒸汽、火电、水电、核电、太阳能发电、潮汐发电、波浪发电等。

8. 水资源

水资源是自然界中可以流态、固态、气态三态同时共存的一种资源,为在社会经济技术条件下可为人类利用和可能利用的一部分水源,如浅层地下水、湖泊水、土壤水、大气水和河川水等。

(二)按增殖性能分类

自然资源的内涵,随时代而变化,随社会生产力的提高和科学技术的进步而扩展。按自然资源的增殖性能,可分为:可再生资源、可更新自然资源和不可再生资源。可再生资源这类资源可反复利用,如气候资源(太阳辐射、风)、水资源、地热资源(地热与温泉)、水力、海潮。可更新自然资源这类资源可生长,其更新速度受自身繁殖能力和自然环境条件的制约,如生物资源,为能生长繁殖的有生命的有机体,其更新速度取决于自身繁殖能力和外界环境条件,应有计划、有限制地加以开发利用。不可再生资源包括地质资源和半地质资源。前者如矿产资源中的金属矿、非金属矿、核燃料、化石燃料等,其成矿周期往往以数百万年计;后者如土壤资源,其形成周期虽较矿产资源短,但与消费速度相比,也是十分缓慢的。对这类自然资源,应尽可能综合利用,注意节约,避免浪费和破坏。不可再生资源形成周期漫长或不可再生。

第三节 自然资源调查的原则与目标任务

自然资源调查是履行自然资源部"两统一"职责(统一行使全民所有自然资源资产所有者职责,统一行使所有国土空间用途管制和生态保护修复职责),查清我国各类自然资源家底和变化情况,为科学编制国土空间规划,逐步实现山水林田湖草的整体保护、系统修复和综合治理,为实现国家治理体系和治理能力现代化提供服务保障的一系列重要基础性工作。

自然资源调查分为基础调查和专项调查(图1-2)。其中,基础调查是对自然资源共性特征开展的调查,专项调查指为自然资源的特性或特定需要开展的专业性调查。基础调查和专项调查相结合,共同描述自然资源总体情况。

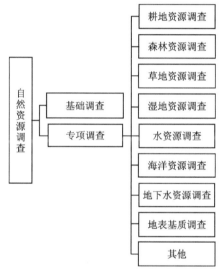

图 1-2 自然资源调查分类

一、自然资源调查原则

(1)规范性原则。自然资源权籍调查严格按照权属调查等相关规范要求开展。
(2)科学继承原则。以现有的各类权属、地类调查成果和自然资源专项调查成果为基础,开展自然资源调查工作。
(3)实事求是原则。调查与评价结果应以实用性为目标,实事求是地将原相关界线据实转绘至自然资源调查工作底图上;若已有调查成果或影像更新不及时、与实地不一致,应实事求是地以现场调查为准。
(4)以人类的利用为核心。
(5)遵循经济规律。
(6)遵循自然规律。
(7)遵循区域综合性规律。

二、自然资源调查目标

基于土地利用现状、土地权属等调查结果和国土资源管理形成的各类管理信息,围绕生态文明建设、自然资源管理体制改革、国土资源精细化管理、节约集约用地评价及相关专项工作的需要,开展系列专项用地调查,并在完成第三次全国国土调查的基础上启动专项评价。自然资源调查配合自然资源确权登记工作,查清水流、森林、山岭、草原、荒地、滩涂和矿产资源等自然资源类型内的土地利用现状和权属状况,夯实自然资源管理制度基础。

(一)自然资源调查的总体目标

以习近平新时代中国特色社会主义思想为指导,贯彻落实习近平生态文明思想,履行自然资源部"两统一"职责,构建自然资源调查监测体系,统一自然资源分类标准,依法组织开展自然资源调查监测评价,查清我国各类自然资源家底和变化情况,为科学编制国土空间规划,逐步实现山水林田湖草的整体保护、系统修复和综合治理,保障国家生态安全提供基础支撑,为实现国家治理体系和治理能力现代化提供服务保障(中华人民共和国自然资源部,2020)。

(二)自然资源调查的目的

自然资源调查的目的是要弄清在国土范围内的资源情况,包括各种自然资源的基本特征、各种资源的数量以及空间分布状况。

(1)为自然资源管理提供基本数据、权属数据。

(2)为自然资源动态监测、分析评价和国土规划提供基础图件及属性数据。

(3)为制订国民经济计划、功能区划、区域发展规划提供资源保障依据。

(三)总体思路

总体思路即坚持山水林田湖草是一个生命共同体的理念,建立自然资源统一调查、评价、监测制度,形成协调有序的自然资源调查监测工作机制。自然资源调查是在利用第三次全国国土调查成果的基础上划分自然资源等级单元,并调查自然资源所有权、基本信息状况和公共管制内容,划清"四界";以自然资源科学和地球系统科学为理论基础,建立以自然资源分类标准为核心的自然资源调查监测标准体系;以空间信息、人工智能、大数据等先进技术为手段,构建高效的自然资源调查监测技术体系;查清我国土地、矿产、森林、草原、水、湿地、海域海岛等自然资源状况,强化全过程质量管控,保证成果数据真实准确可靠;依托基础测绘成果和各类自然资源调查监测数据,建立自然资源三维立体时空数据库和管理系统,实现调查监测数据集中管理;分析评价调查监测数据,揭示自然资源相互关系和演替规律(中华人民共和国自然资源部,2020)。

三、自然资源调查任务

(一)调查任务

自然资源调查监测的工作任务是建立自然资源分类标准,构建调查监测系列规范;调查我国自然资源状况,包括种类、数量、质量、空间分布等;监测自然资源动态变化情况;建设调查监测数据库,建成自然资源日常管理所需的"一张底版、一套数据和一个平台";分析评价自然资源调查监测数据,科学分析和客观评价自然资源及生态环境保护修复治理利用的效率(中华人民共和国自然资源部,2020)。

(1)查清各类资源的数量,包括资源的类型、面积及其分布空间、空间布局。

(2)清查资源的基本特征和质量状况,对资源的质量、适宜性、生产潜力、风险、灾害等作出全面评价,为国土规划提供资源保障依据。

(3)分析资源利用存在的问题,并进行利用分区,根据资源现状分析和评价的结果,提出区域资源合理开发利用、整合、管理的意见和具体的规划方案。

(4)形成资源调查的成果记录,调查成果以系列图的形式表达,逐步建立土地资源管理信息系统或数据库,包括不同比例尺、不同专业的专题系列图。

(二)调查的类型

1. 基础调查

基础调查主要任务是查清各类自然资源体投射在地表的分布和范围,以及开发利用与保护等基本情况,掌握最基本的全国自然资源本底状况和共性特征。基础调查以各类自然资源的分布、范围、面积、权属性质等为核心内容,以地表覆盖为基础,按照自然资源管理基本需求,组织开展我国陆海全域的自然资源基础性调查工作(中华人民共和国自然资源部,2020)。

基础调查属重大的国情国力调查,由党中央、国务院部署安排。为保证基础调查成果的现势性,组织开展自然资源成果年度更新,及时掌握全国各类自然资源的类型、面积、范围等方面的变化情况。

当前,以第三次全国国土调查为基础,集成现有的森林资源清查、湿地资源调查、水资源调查、草原资源清查等数据成果,形成自然资源管理的调查监测"一张底图"。按照自然资源分类标准,适时组织开展全国性的自然资源调查工作。

1)自然资源所有权权籍调查

自然资源所有权包括全民所有权和集体所有权两大类。其中自然资源全民所有权调查以下内容。

(1)国家所有权勘测定界。以农村集体土地所有权登记为基础,划清全民所有和集体所有的边界,全民所有不同层级政府行使所有权的边界。

(2)国家所有权内容调查。以分级行使国家所有权体制改革为基础,划清不同层级政府行使所有权的边界,调查所有权代表行使主体和所有权代表行使的内容。

2)自然资源基本信息状况调查

(1)自然资源类型调查。以土地利用现状调查成果为基础,根据自然资源类型与土地利用现状分类的归类对照表,查清各自然资源的类型、空间范围和面积。

(2)自然资源数量调查。水流资源调查采用水利部门调查的多年平均水资源量(河流采用水利部门近三年平均径流量计算;水库湖泊采用河道湖泊等部门近三年年均蓄水量计算);森林资源数量采用林业部门调查的森林蓄积量;草地资源采用农业管理部门提供的草地产草量;荒地资源、滩涂资源、湿地资源和矿产资源待国家明确数量统计参数后再开展调查。

(3)自然资源质量调查。根据环保部门或水利部门监测的水质情况,将水质监测结果作为水流资源质量的评价指标。根据林业部门林地一张图数据,将林木郁闭度、森林健康等级、林地质量等级、乔木林单位面积蓄积量等数据评价结果,作为森林资源质量的评价指标。根据《天然草原等级评定技术规范》(NY/T 1579—2007),将草原等和草原级叠加组合,作为草地资源质量的评价指标。

(4)公共管制调查。以生态保护规划、环境保护专项规划、水流流域资源专项综合规划等自然资源保护规划为依据,查清各类法律法规、规划红线和生态保护红线等对本单元内各类自然资源的生态保护要求,以依法确定的自然资源用于管制规划为依据,调查本登记单元相应地用于管制的要求(管制信息如果涉及已经登记的用益物权,要依法开展)。

2. 专项调查

针对土地、矿产、森林、草原、水、湿地、海域海岛等自然资源的特性、专业管理和宏观决策需求,组织开展自然资源的专业性调查,查清各类自然资源的数量、质量、结构、生态功能以及相关人文地理等多维度信息。建立自然资源专项调查工作机制,根据专业管理的需要,定期组织全国性的专项调查,发布调查结果。专项调查包括耕地资源调查、森林资源调查、草原资源调查、湿地资源调查、水资源调查、海洋资源调查、地下资源调查、地表基质调查。

"三调"可以获得耕地、林地、草地、水等各类自然资源的范围和面积,但仅限于空间信息和属性信息,无法获得资源数量、质量、上下立体空间等动态指标。各类自然资源均有各自的独特属性,数量和质量调查专业性强,需要专业的设备和专业的技术人员(晏磊和吴海平,2021)。如水资源调查评价、森林资源调查、草原资源调查分别用到水量水质测量仪器、树木胸径测量仪器、草原覆盖度测量仪器等,并且需要进行数据估算和模型计算。不同自然资源涉及不同的专业技术知识,目前,具备所有自然资源调查业务及技术知识的单位非常匮乏,因此,应当在逐步融合原有专业技术队伍的基础上,培养综合调查技术力量和技术队伍。在"三调"已经完成的基础上,将山水林田湖草作为生命共同体,从过去各部门分别开展的土地调查、水资源调查、林资源调查、草地资源调查等各类调查统一到自然资源统一调查,才能逐步实现自然资源调查监测"$1+X$"的调查模式。

3. 耕地资源调查

在基础调查耕地范围内,开展耕地资源专项调查工作,查清耕地的等级、健康状况、产能等,掌握全国耕地资源的质量状况。每年对重点区域的耕地质量情况进行调查,包括对耕地的质量、土壤酸化盐渍化及其他生物化学成分组成等进行跟踪,分析耕地质量变化趋势。

4. 森林资源调查

查清森林资源的种类、数量、质量、结构、功能和生态状况以及变化情况等,获取全国森林覆盖率、森林蓄积量以及起源、树种、龄组、郁闭度等指标数据。每年发布森林蓄积量、森林覆盖率等重要数据。

5. 草原资源调查

查清草原的类型、生物量、等级、生态状况以及变化情况等,获取全国草原植被覆盖度、草原综合植被覆盖度、草原生产力等指标数据,掌握全国草原植被生长、利用、退化、鼠害病虫害、草原生态修复状况等信息。每年发布草原综合植被覆盖度等重要数据。

6. 湿地资源调查

查清湿地类型、分布、面积,湿地水环境、生物多样性、保护与利用、受威胁状况等现状及其变化情况,全面掌握湿地生态质量状况及湿地损毁等变化趋势,形成湿地面积、分布、湿地率、湿地保护率等数据。每年发布湿地保护率等数据。

7. 水资源调查

查清地表水资源量、地下水资源量、水资源总量、水资源质量、河流年平均径流量、湖泊水库的蓄水动态、地下水位动态等现状及变化情况,开展重点区域水资源详查。每年发布全国水资源调查结果数据。

8. 海洋资源调查

查清海岸线类型(如基岩岸线、砂质岸线、淤泥质岸线、生物岸线、人工岸线)、长度,查清滨海湿地、沿海滩涂、海域的类型、分布、面积和保护利用状况以及海岛的数量、位置、面积、开发利用与保护等现状及其变化情况,掌握全国海岸带保护利用情况、围填海情况以及海岛资源现状及其保护利用状况。同时,开展海洋矿产资源(包括海砂、海洋油气资源等)、海洋能(包括海上风能、潮汐能、潮流能、波浪能、温差能等)、海洋生态系统(包括珊瑚礁、红树林、海草床等)、海洋生物资源(包括鱼卵、籽鱼、浮游动植物、游泳生物、底栖生物的种类和数量等)、海洋水体、地形地貌等调查。

9. 地下资源调查

地下资源调查主要为矿产资源调查,任务是查明成矿远景区地质背景和成矿条件,开展重要矿产资源潜力评价,为商业性矿产勘查提供靶区和地质资料;摸清全国地下各类矿产资源状况,包括陆地地表及以下各种矿产资源矿区、矿床、矿体、矿石主要特征数据和已查明资源储量信息等。掌握矿产资源储量利用现状和开发利用水平及变化情况。每年发布全国重要矿产资源调查结果。

地下资源调查还包括以城市为主要对象的地下空间资源调查,以及海底空间和利用情况调查,查清地下天然洞穴的类型、空间位置、规模、用途等,以及可利用的地下空间资源分布范围、类型、位置及体积规模等。

10. 地表基质调查

查清岩石、砾石、沙、土壤等地表基质类型、理化性质及地质景观属性等。条件成熟时,结合已有的基础地质调查等工作,组织开展全国地表基质调查,必要时进行补充调查与更新。

除以上专项调查外,还可结合国土空间规划和自然资源管理需要,有针对性地组织开展城乡建设用地和城镇设施用地、野生动物、生物多样性、水土流失、海岸带侵蚀,以及荒漠化和沙化石漠化等方面的专项调查。

基础调查与专项调查统筹谋划、同步部署、协同开展。通过统一调查分类标准,衔接调查指标与技术规程,统筹安排工作任务。原则上采取基础调查内容在先、专项调查内容递进的方式,统筹部署调查任务,科学组织,有序实施,全方位、多维度获取信息,按照不同的调查目的和需求,整合数据成果并入库,做到图件资料相统一、基础控制能衔接、调查成果可集成,确保两项调查全面综合地反映自然资源的相关状况。

(三)自然资源调查标准体系

《自然资源调查监测体系构建总体方案》(2020)充分考虑了土地、矿产、森林、草原、湿地、水、海洋等领域现有标准的基础,按照标准体系编制的原则和结构化思想,以统一自然资源调查监测标准为核心,按照自然资源调查监测体系构建的总体设计和自然资源调查监测工作流程构建。

调查类标准主要规定自然资源调查的内容指标、技术要求、方法流程等,包含基础调查、耕地资源调查、森林资源调查、草原资源调查、湿地资源调查、水资源调查、海洋资源调查、地下资源调查、地表基质调查、其他共10个小类(表1-4)。

表1-4 自然资源调查类标准明细表

标准小类名称	标准小类编号	标准序号	标准名称	代号/计划号	制定/修订	类型
基础调查	204	204.1	自然资源基础调查规程		制定	国标
	204	204.2	第三次全国国土调查技术规程	TD/T 1055—2019		行标
	204	204.3	年度国土变更调查技术规程		制定	行标
	204	204.4	国土调查数据库标准	TD/T 1057—2020		行标
	204	204.5	第三次全国国土调查县级数据库建设技术规范	TD/T 1058—2020		行标
	204	204.6	国土调查数据库更新技术规范	202031013	制定	行标
	204	204.7	国土调查数据库更新数据规范	202031012	制定	行标
	204	204.8	国土调查数据缩编技术规范	202016004	制定	行标
	204	204.9	国土调查监测实地举证技术规范	202016005	制定	行标
	204	204.10	国土调查面积计算规范		制定	行标
			……			
耕地资源调查	205	205.1	耕地资源调查技术规程(系列)		制定	行标
			……			
森林资源调查	206	206.1	森林资源调查技术规程(系列)		制定	行标
			……			
草原资源调查	207	207.1	草原资源调查技术规程(系列)		制定	行标
			……			
湿地资源调查	208	208.1	全国湿地资源专项调查技术规范	202016002	制定	行标
			……			
水资源调查	209	209.1	水资源调查技术规程		制定	行标
	209	209.2	地下水统测技术规程		制定	行标
			……			
海洋资源调查	210	210.1	海洋自然资源调查技术总则		制定	国标
	210	210.2	海洋调查规范(部分)	GB/T 12763—2007	修订	国标
	210	210.3	海岛资源调查技术规程		制定	行标
	210	210.4	海岸线资源调查技术规程		制定	行标
			……			

续表 1-4

标准小类名称	标准小类编号	标准序号	标准名称	代号/计划号	制定/修订	类型
地下资源调查	211	211.1	矿产资源国情调查技术规程		制定	行标
地下资源调查	211	211.2	地下空间资源调查技术规程		制定	行标
地下资源调查	211	211.3	矿产资源地质勘查规范		制定	行标
		……				
地表基质调查	212	212.1	地表基质调查技术规程（系列）		制定	国标
		……				
其他	213	213.1	城乡建设用地和城镇设施用地调查技术规程（系列）		制定	行标
其他	213	213.2	区域水土流失调查技术规程		制定	行标
其他	213	213.3	海平面变化影响调查技术规程（系列）		制定	行标
		……				

（四）自然资源调查方法及监测技术体系

1. 自然资源调查方法

资源调查的方法有多种，包括实地调查、访问、收集资料、建立实验站点、遥感调查等。地理信息技术的发展为统一自然资源的调查制图提供了强有力的工具和手段。

目前来讲，最富成效的考察方式是通过多种方法相结合。

（1）在定性考察的同时，尽量采用遥感技术、系统工程与计算机等最新的信息技术作为支撑。

（2）实验室内业判别与野外考察相结合。

（3）点面结合、以点带面，既要全面考察，又要典型调查，必要时实地观测。

（4）运用各种测试手段，获取定量的成果资料。

（5）组织精干队伍踏勘，以制订有效的考察计划。

（6）采取灵活的野外活动形式："野外定点，设立队部，集中管理，分组考察""统一安排，分组考察，期中小结、期末总结"。

2. 自然资源调查监测技术体系

充分利用现代测量、信息网络以及空间探测等技术手段，构建起"天-空-地-网"为一体的自然资源调查监测技术体系，实现对自然资源全要素、全流程、全覆盖的现代化监管。其中：航天遥感方面，利用卫星遥感等航天飞行平台，搭载可见光、红外、高光谱、微波、雷达等探测器，实现广域的定期影像覆盖和数据获取,支持周期性的自然资源调查监测。航空摄影方面,利用飞机、浮空器等航空飞行平台,搭载各类专业探测器,实现快捷机动的区域监测。实地调查方面,借助测量工具、检验检测仪器、照(摄)相机等设备,利用实地调查、样点监测、定点观测等监测模式,进行实地调查和现场监测。网络方面,利用"互联网+"等手段,有效集成各类监测探测设备和资料,提升调查监测工作效率。

加强自然资源模型建设和研究,建成系统完整的各类自然资源模型库。采用信息化手段,对自然资源调查监测数据成果进行集成、处理、表达和统一管理。继续加强智能化识别、大数据挖掘、区块链等技术研究,支撑自然资源调查监测、分析评价和成果应用全过程技术体系高效运行。

随着自然资源管理应用需求的快速变化和大数据技术的不断进步,自然资源调查监测在数据收集与处理、数据存储与管理、数据分析与计算和数据表达与可视化方面都提出了新的要求(王占宏等,2019)。

(1)数据收集与处理。自然资源调查监测的数据来源极其广泛,数据的类型和格式多种多样,同时呈现爆发性增长的态势。数据收集需要从不同的数据源实时地或及时地收集不同类型的数据并发送给存储系统或数据中间件系统进行后续处理。自然资源调查监测数据多数来源于现实世界,容易受到噪声数据、数据值缺失与数据冲突等影响,开展数据清洗、数据归约、数据转换等数据处理工作,有利于提高自然资源调查监测数据源的质量,如自然资源调查监测对全天候立体化数据快速获取技术、网络化传输技术、整合与同化技术等的需求。

(2)数据存储与管理。与传统海量数据最大的区别在于,自然资源调查监测强调的不仅仅是数据规模,更是数据的异构性、众源性、动态性。按照集中式和分布式的混合存储架构的地理空间大数据存储框架,可以按照应用需求和数据特征,选择不同的存储方式和组织管理形式,进而满足自然资源调查监测数据存储要求,如面向结构化数据、半结构化数据和非结构化数据,可综合采用传统关系数据库、共享文件系统、NoSQL数据库、分布式文件系统等存储和管理技术。

(3)数据分析与计算。自然资源调查监测需要实现自动快速处理众源、异构海量信息,突破众源、异构自然资源信息融合、分布式集群快速处理等关键技术。通过地理空间大数据与自然资源调查监测数据源的深度融合,为自然资源调查监测提供多维、动态的观测数据集。根据自然资源统计分析要求,实现全面反映统计对象数量特征、空间分布、空间关系和演变规律。地理空间大数据分析技术包括已有数据信息的分布式统计分析技术以及位置数据信息的分布式挖掘和深度学习技术,利用地理空间大数据分析技术可实现高性能数据并行计算和统计分析工作。

(4)数据表达与可视化。虽然自然资源调查监测获得的现状信息,可通过传统数据表达和可视化技术,从数据库或数据集的数据中进行抽取、归纳和组合,通过不同展示方式提供给用户,但是,在时间序列变化、动态趋势性分析、多维信息展示、数据关系可视化方面,需要利用地理空间大数据的数据信息的符号表达技术、数据渲染技术、数据交互技术和数据表达模型技术等可视化技术,实现自然资源调查监测成果转化为用户所需要的信息。

(5)伴随着大数据技术的日益成熟,地理空间大数据技术可满足完整的自然资源调查监测需求。通过提升自然资源调查监测的分析处理、知识发现和决策支持能力,进而深化自然资源调查监测应用工作。

参考文献

陈国光,张晓东,张洁,等,2020．自然资源分类体系探讨[J]．华东地质,41(3):209-214.

郝爱兵,殷志强,彭令,等,2020．学理与法理和管理相结合的自然资源分类刍议[J]．水文地质工程地质,47(6):1-7.

孙兴丽,刘晓煌,刘晓洁,等,2020．面向统一管理的自然资源分类体系研究[J]．资源科学,42(10):1860-1869.

王占宏,白穆,李宏建,2019．地理空间大数据服务自然资源调查监测的方向分析[J]．地理信息世界,26(1):1-5.

晏磊,吴海平,2021．国土"三调"后如何开展自然资源统一调查[J]．中国国土资源经济,34(3):21-24,79.

中华人民共和国自然资源部,2020．自然资源调查监测体系构建总体方案[Z]．北京:中华人民共和国自然资源部.

张凤荣,2019．建立统一的自然资源系统分类体系[J]．中国土地(4):9-10.

第二章 土地资源调查

第一节 历次全国土地调查概况

土地资源是指已经被人类所利用和可预见的未来能被人类利用的土地。根据中华人民共和国国土资源部令第45号发布的《土地调查条例实施办法》(2009年),土地资源调查是指对土地的地类、位置、面积、分布等自然属性和土地权属等社会属性及其变化情况,以及基本农田状况进行的调查、监测、统计、分析的活动。土地调查,是对土地进行系统的、科学的调查。它是对土地及其在社会经济活动中利用和管理的状况进行调查研究的一项工作,也是人们对具体的土地认识的手段。在人们认识土地、利用土地和管理土地的历程中,土地调查是重要的起点。同时,土地调查是我国法定的一项重要制度,也是全面查实查清土地资源的重要手段,作为一项重大的国情国力调查,建立和完善土地调查、统计和登记制度,实现土地资源信息的社会化服务,可满足经济社会发展及国土资源管理的需要(吴次芳,2008)。

土地调查的目的是全面查清土地资源和利用状况,掌握真实准确的土地基础数据,为科学规划、合理利用、有效保护土地资源,实施最严格的耕地保护制度,加强和改善宏观调控提供依据,促进经济社会全面协调可持续发展(王万茂和董祚继,2006)。土地资源调查可以为合理调整土地利用结构和农业生产布局、制定农业区划和土地规划提供科学依据,并为进行科学的土地管理创造条件。从中华人民共和国成立至今,共经历了3次全国土地调查。

一、第一次全国土地调查

(一)开展时间

全国性、专业性和系统性的土地调查是全国土地利用现状调查,又称土地详查。第一次全国土地调查于1981年开始试点,1984年正式实施,至1997年完成。全手工作业,全野外实地调查,基本查清了城乡土地利用、权属、面积和分布情况,第一次摸清了土地家底,为以后的国土调查工作建立了基本的科学技术体系。土地详查成果在国民经济各行业都得到了广泛应用,成为我国五年计划纲要的重要背景资料。第一次全国土地调查后,国家每年都进行土地变更调查,动态了解掌握土地利用变化情况,为国家宏观调控和土地管理提供依据。

受制于当时的历史条件,作为土地调查核心技术的测绘科学技术水平还相对落后,对于全国性的土地调查工作的组织实施还缺乏经验,缺少仪器设备和科技人才,工作经费也较为紧缺,因此,第一次全国土地调查历时较长。第一次全国土地调查科学技术经历了传统测绘科学技术向数字测绘科学技术转变、传统国土调查科学技术向数字国土调查科学技术转变的重要过程,为以后的国土调查积累了宝贵的工作经验,奠定了坚实的科学技术基础,形成的调查成果是以后国土资源工作中重要的基础资料,特别是其中的权属调查成果时至今日仍然是土地权属界定的重要依据(朱明等,2019)。

(二)测绘基准现状及问题

1981年第一次全国土地调查试点时,使用的测绘基准仍然是20世纪50年代初从苏联国家坐标系联测延伸而来的参考椭球精度较低且各区域网拼接精度误差较大的1954年北京坐标系,中国自己独立自主建设的经过整网平差的1980年西安坐标系在1982年开始推广使用。由于各地搜集到的可以作为第一次全国土地调查基础资料的图件大部分都是20世纪50年代至70年代测绘的基于1954年北京坐标系的成果,以及全国各地测绘科学技术发展水平不同、各行业对1954年北京坐标系的使用惯性等,因此国家对第一次全国土地调查使用1980年西安坐标系给予了过渡期,在过渡期内,1954年北京坐标系和1980年西安坐标系可以并行,但在一个县域之内,要求尽可能使用一个平面坐标系。全国各县第一次全国土地调查启动时间的差异很大,面临的工作条件和基础成果资料的差异也很大,测绘基准的使用情况也是因地制宜的。有的县由于1954年北京坐标系基础成果资料全覆盖,没有启用1980年西安坐标系,仍然使用1954年北京坐标系;有的县搜集到不同坐标系的成果资料,有1954年北京坐标系成果资料、1980年西安坐标系成果资料,通过分析和转换才能基本实现一个县域内成果资料的坐标系统一。这些情况在一定程度上导致土地调查精度不高。并且,有些偏远的县,由于测绘科学技术、经济及其他条件限制,没有使用统一的坐标系统,所搜集成果资料没有进行坐标统一转换,而是分片分块利用已有成果图件直接作为外业地类调查底图,最后的县级调查成果也只是进行土地分类面积数据衔接处理,没有进行严格的图件接边,这给后来土地调查成果的实际使用带来了不少问题,如后来土地征用转用报批中土地调查、规划和勘测定界坐标系统使用错误和跨坐标系地块图形及面积接边误差过大等问题时有出现。有部分条件较好的县,基于1980年西安坐标系进行了航空摄影,利用航空摄影测量方法完成了第一次全国土地调查,无论是调查工作效率还是成果精度都得到了保证(朱明等,2019)。

(三)外业调查科学技术

第一次全国土地调查外业地类调查使用的主要资料是影像图和地形图。由于航空摄影测量具有快速地大面积获取地表土地分类影像信息的优势,被作为第一次全国土地调查土地权属和地类调查的主流技术。第一次全国土地调查外业调查从1981年开始试点、1985年全面铺开到1994年基本结束,历时14年。在此期间,根据摄影测量发展和应用的不同阶段采取相应的调查作业技术路线(朱明等,2019)。

1981—1984年试点时主要采用模拟摄影测量技术进行调查作业。模拟摄影测量利用光学或机械交会方法,直接将像点坐标交会成空间模型坐标,它是一种避免计算的摄影测量。模拟摄影测量主要研究摄影测量的基本原理,并根据这些原理制造各种模拟型测图仪器,如纠正仪、立体测图仪等。模拟型测图仪器操作比较复杂,对操作员的素质要求较高,对相片比例尺、成图比例尺都有一定的限制,且成果产品单一。直接使用原始相片进行外业土地权属和地类调绘形成调绘底图;将调绘底图图斑清绘在聚酯薄膜上,在转绘底图上展绘纠正控制点,将清绘底图反拍成透明胶片或玻璃基片线划影像,利用机械投影仪调绘线划底图,并转绘制作正射投影土地分类图斑图。土地分类属性、地物和地貌注记及图斑注记采用胶片照相制版植字剪贴完成(朱明等,2019)。

1985—1989年是全面推进时期,采用模拟摄影测量和解析摄影测量进行调查作业。控制点的摄影测量加密是摄影测量的一项主要内容,以往控制点的加密主要采取图解法或光学机械法,随着电子计算机工业的发展,测绘计算也采用了计算机,控制点的加密现今都采用了解析空中三角测量。它是将建立的投影光束、单位模型或航带模型以及区域模型的数学模型,根据少量的地面控制点,按最小二乘法的原理进行平差计算,解求出各加密点的地面坐标。解析空中三角测量按加密区域分为单航带法和区域网法两类。进行相片控制测量和解析空中三角测量;利用解析空中三角测量坐标成果在解析纠正仪上进行原始影像正射纠正,利用经过倾斜和投影差改正的正射影像图进行外业调查,在聚酯薄膜上清绘外业调查底图获得正射投影土地分类图斑图;土地分类属性、地物和地貌注记及图斑注记采用胶片照相制版植字剪贴完成(朱明等,2019)。

1990—1994年工作收尾时期,采用解析摄影测量和数字摄影测量进行调查作业。数字摄影测量是指基于摄影测量的基本原理,应用计算机技术提取所摄对象用数字方式表达的几何与物理信息的测量方法。在第一次全国土地调查外业调查的收尾阶段,数字摄影测量技术已逐渐从学习引进、研究开发转入具体应用,但囿于科技人才、资金和仪器设备缺乏,而且这时大部分地区外业调查已完成,数字摄影测量技术并没有太多地应用于第一次全国土地调查。但在调查工作启动较晚的部分地区,用数字摄影测量技术制作了正射影像图,为地类调查和土地利用现状图制作提供了影像清晰、影像变形小、投影差改正残差小的优质底图。这可以说是数字摄影测量技术对第一次全国土地调查的最大贡献(朱明等,2019)。

(四)地图制图科学技术

第一次全国土地调查的地图制图科学技术实现了从传统手绘制图向计算机机助制图再向彩色数字制图的跨越。

1981—1989年,地图制图技术仍然以传统手工分版清绘、复照缩编清绘和连编带绘为主,绘图的主要材料普遍使用聚酯薄膜。这段时期,第一次全国土地调查地图制图的总体技术方法是在聚酯薄膜上清绘、编绘土地利用现状图底图及其他专题土地要素图。为了满足复制和印刷需求,采用分版清绘或撕膜技术制作各个土地要素线划底图,土地要素符号、地理和地貌注记利用胶片照相制版植字剪贴在相应土地要素线划底图上,利用分版土地要素底图制作胶版印刷母版,以胶版印刷技术印制土地利用现状基本图、挂图和其他专题图(朱明等,2019)。

1990—1995年,尽管已有专业技术单位和科研院所在致力于机助制图技术的开发应用,但英文版的机助制图软件的引进及应用尚处于摸索阶段,国产机助制图软件也不够成熟,而且那时的计算机、扫描仪、绘图仪使用功能有限且十分昂贵,因此,机助制图技术也只在图形数据量较小的大比例尺地籍图、宗地图制图中得到推广使用。在图形数据量很大的中小比例尺制图中,机助制图还仅仅是在经济和技术发达的少数地区开始研究和探索。由此,基于机助制图的电子分色制版和四色印刷技术开始初步应用于彩色地图编辑出版。这样,少数地区第一次全国土地调查图件成果实现了计算机彩色制图和电子分色制版及四色印刷(朱明等,2019)。

1996—1999年,Windows视窗平台的广泛应用,极大地拓展了计算机软件编程技术的发展空间;计算机及其输入输出设备图形数据处理容量、速度呈现几何级数的增长,给数字制图技术的发展和应用带来了极大变化。电子分色制版技术的全面应用,为第一次全国土地调查大批量、高精度的彩色出图创造了充分条件。1995年底以前,所有县级第一次全国土地调查分幅土地利用现状图的制图工作已全部完成,大部分县级土地利用现状挂图编制工作也已完成。1996年以后,第一次全国土地调查制图剩余工作量主要是国家级、省级、地州级的分幅土地利用现状图、挂图及其他专题图件的编制。条件好的地区,采用彩色数字制图技术和电子分色制版及四色印刷技术制作和印刷土地调查汇总阶段的成果图件;如果小批量出图,则采用大幅面彩色绘图仪打印。尽管受当时条件的限制,彩色数字制图技术仅在部分地区调查成果汇总阶段的制图工作中得到应用,却因此实现了土地调查制图科学技术从手绘制图向彩色数字制图的跨越式发展(朱明等,2019)。

二、第二次全国土地调查

2006年12月7日,《国务院关于开展第二次全国土地调查的通知》(国发〔2006〕38号,简称《通知》)正式印发,决定自2007年7月1日起开展第二次全国土地调查工作,并于2009年10月31日进行了统一时点更新。第二次全国土地调查由国家统一部署,分步实施,重点和急需地区优先进行。第二次全国土地调查首次采用统一的土地利用分类国家标准,首次采用政府统一组织、地方实地调查、国家掌控质量的组织模式,首次采用覆盖全国遥感影像的调查底图,实现了图、数、实地一致。全面查清了全国土地利用状况,掌握了各类土地资源家底,为中央宏观决策和制定战略规划提供了有力支撑;为地方政府准确把握土地资源形势和编制各类发展规划提供了重要依据;为有关部门和地方开展信息共享,提高管理效率和水平提供了重要基础;为促进国土资源管理方式转变创造了基础条件。

(一)调查目的和意义

土地调查是我国法定的一项重要制度,是全面查实查清土地资源的重要手段。第二次全国土地调查作为一项重大的国情国力调查,目的是全面查清目前全国土地利用状况,掌握真实的土地基础数据,建立和完善土地调查、统计和登记制度,实现土地资源信息的社会化服务,满足经济社会发展及国土资源管理的需要。

搞好第二次土地调查,掌握真实准确的土地数据,是全面贯彻落实科学发展观,建设资源节约型、环境友好型社会,促进经济社会全面协调可持续发展的客观要求;是推进城乡统筹发展,保障国家粮食安全和促进社会稳定,保护农民利益等工作的重要内容;是编制国民经济和社会发展规划,加强国民经济宏观调控,实施科学决策的重要依据;是贯彻落实国务院关于深化改革严格土地管理的决定,提高政府依法行政能力和国土资源管理水平的迫切需要;是科学规划、合理利用、有效保护国土资源和实施最严格耕地保护制度的根本手段。

(二)调查内容和时间进度

1. 调查内容

第二次全国土地调查的主要内容包括:在全国范围内利用遥感等先进技术,以正摄影像图为基础,逐地块实地调查土地的地类和面积,掌握全国耕地、园地、林地、工业用地、基础设施用地、金融商业服务、开发园区、房地产以及未利用土地等各类用地的分布和利用状况;逐地块调查全国城乡各类土地的所有权和使用权状况,掌握国有土地使用权和农村集体土地所有权状况;调查全国基本农田的数量、分布和保护状况,对每一块基本农田上图、登记、造册;建立互联共享的覆盖国家、省、市(地)、县四级的集影像、图形、地类、面积和权属为一体的土地调查数据库;建立土地资源变化信息的调查统计、及时监测与快速更新机制。

2. 时间进度

第二次全国土地调查由国家统一部署,分步实施,重点和急需地区优先进行。2007年1月—6月开展本次调查的有关准备工作,完成调查方案编制、技术规范制订以及试点、培训和宣传等工作,全面部署第二次全国土地调查。2007年7月—2009年6月,各地组织开展调查和数据库建设。其中,至2008年上半年基本完成东部地区调查;至2008年年底基本完成中部地区及西部重点城市调查;至2009年上半年,完成全国调查工作。2009年下半年,各地对调查成果进行整理,并以2009年10月31日为调查的标准时点,统一进行变更调查数据更新,向国土资源部汇交成果,由国土资源部汇总形成第二次全国土地调查基本数据。调查进程中形成的调查成果,可随时用于宏观调控和严格土地管理。2010年以后,全国每年进行一次土地变更调查,保持调查成果的现势性。

(三)调查目标和主要任务

1. 调查目标

根据《通知》要求,第二次全国土地调查的目标是全面查清全国范围内的土地利用状况,掌握真实的土地基础数据,建立和完善我国土地调查、土地统计和土地登记制度,实现土地资源信息的社会化服务,满足经济社会发展及国土资源管理的需要。

2. 主要任务

按照国务院《通知》要求,第二次全国土地调查主要任务包括:开展农村土地调查,查清全国农村各类土地的利用状况;开展城镇土地调查,掌握城市建成区、县城所在地建制镇的城镇土地状况;开展基本农田状况调查,查清全国基本农田状况;建设土地调查数据库,实现调查信息的互联共享。在调查的基础上,建立土地资源变化信息的调查统计、及时监测与快速更新机制。具体任务如下。

1)农村土地调查

农村土地调查是指对城市、建制镇以外的土地进行调查。农村土地调查是第二次土地调查的重点任务。按照调查内容,农村土地调查分农村土地利用现状调查和农村土地权属调查两部分。

(1)农村土地利用现状调查。以1:1万比例尺为主,以县区为基本单位,按照统一的土地调查技术标准,以正射影像图为基础,实地调查城镇以外的每块土地的地类、位置、范围、面积、分布等利用状况,查清全国耕地、园地、草地、林地、农村居民点等各类土地的分布和利用现状。

(2)农村土地权属调查。农村土地权属调查主要是查清农村集体土地所有权和公路、铁路、河流以及农、林、牧、渔场(含部队、劳改农场及使用的土地)等国有土地的使用权状况。充分利用土地调查成果,加快推进土地登记发证,完成农村集体土地所有权登记发证工作。

2)城镇土地调查

城镇土地调查是指对城镇范围以内的土地开展大比例尺调查。依据地籍调查技术规程,充分利用已有地籍调查成果,查清城镇内部建设用地的使用权状况,确定城镇内部每宗土地的界址、范围、界线、数量、用途等。通过汇总分析,掌握工业用地、基础设施用地、金融商业服务用地、房地产用地、开发园区等土地利用状况。

3)基本农田调查

由各地组织,依据本地区的土地利用总体规划,按照基本农田保护区(块)划定资料,将基本农田保护地块(区块)落实至土地利用现状图上,统计汇总出各级行政区域内基本农田的分布、面积、地类等状况,并登记上证,造册。

4)各级土地利用数据库建设

(1)建立四级土地利用数据库。

按照土地利用数据库建设标准,以县(区、市)为单位组织开展土地利用数据库建设,对土地利用现状数据、土地权属数据和基本农田等数据进行管理,满足县级日常变更等业务需要;在市级,以市(地、州)为单位,结合市级管理模式,整合各县级土地利用数据库,构建市级土地利用数据库,满足市级国土资源日常管理需求;以省为单位组织对市(县)级土地利用数据库进行全面整合,建立省级土地利用数据库,满足省级国土资源管理对土地基础数据的基本需要;在中央一级,借助现有的网络系统,由国家组织建立国家级土地利用数据库,提供对各级土地数据到地块的查询检索、统计汇总、分析输出、及时调用和定期备案等功能。另外,各级数据库之间提供访问和调用接口,满足数据上传、接收、交换、备份、更新维护、日常应用等工作需要。

(2)建立市(县)地籍信息系统。

各市(县)按照地籍信息系统建设有关技术标准和要求,以市(县)为单位,组织建立地籍信息系统,对市(县)地籍调查和地籍测量结果的图形数据、宗地属性以及各种表、卡、册等数据信息进行集中管理,并提供编辑录入、查询统计、日常变更、制图输出、登记发证以及办公流程等管理功能,满足日常业务及管理需求。

5)成果汇总

(1)数据汇集。

在土地利用数据库的基础上,逐级汇总各级行政辖区内的各类土地利用数据以及基本农田和城镇建设用地等数据,增加非调查区域的港澳台地区的土地数据,形成国家及各级行政辖区内的综合及专题调查汇总成果。

(2)图件编制。

利用数据库管理和计算机辅助制图等技术,采用缩编等手段对全国土地调查图形数据进行整理缩编,编制出国家级、省级、地(市)级、县级系列土地利用图件、图集和各种专题图件(集)等。

(3)成果分析。

根据土地调查结果,结合相关资料信息,开展土地利用状况分析。对耕地、基本农田等各类土地的数量、分布、利用结构及其变化状况进行综合分析,评判土地利用的集约节约程度,预测变化趋势,为土地开发潜力挖掘,节约集约利用土地资源提出建议。根据土地调查及分析结果,各级国土资源管理部门编制第二次土地调查报告。

为保持调查成果现势性,从2009年下半年开始,继续进行每年一次的土地变更调查工作,组织各地对土地利用变化状况进行全面调查,及时汇总调查成果;国家建立及时监测系统,运用航空(天)遥感等高技术手段,定期对重点地区、重点地类进行变化监测,并周期性覆盖全国,及时检查各地变更调查工作情况,且利用监测成果做好成果维护和应用工作。制定土地调查、统计、登记相关法律、法规，逐步建立稳定的常设调查队伍，保障调查经费，进一步完善全国统一的土地调查、统计和登记制度。

（四）技术路线与方法

1. 技术路线

围绕第二次土地调查总体目标和主要任务，农村土地调查按照土地调查技术规程，充分利用现有土地调查成果，采用无争议的权属资料，运用航天航空遥感、地理信息系统、全球卫星定位和数据库及网络通信等技术，采用内外业相结合的调查方法，形成集信息获取、处理、存储、传输、分析和应用服务为一体的土地调查技术流程，获取全国每一块土地的类型、面积、权属和分布信息，建立连通的"国家—省—市—县"四级土地调查数据库。

城镇土地调查，严格按照全国城镇土地调查的有关标准，开展地籍权属调查和地籍测绘工作，现场确定权属界线，实地测量界址和坐标，计算机自动量算土地面积，并以调查信息为基础，建立城镇地籍信息系统。

2. 技术方法

1）以航空、航天遥感影像为主要信息源

农村土地调查以1∶1万比例尺为主，充分应用航空、航天遥感技术手段，及时获取客观现势的地面影像作为调查的主要信息源。采用多平台、多波段、多信息源的遥感影像，包括航空、航天获取的光学及雷达数据，以实现在较短时间内对全国各类地形及气候条件下现势性遥感影像的全覆盖；采用基于DEM和GPS控制点的微分纠正技术，提高影像的正射纠正几何精度；采用星历参数和物理成像模型相结合的卫星影像定位技术和基于差分GPS/IMU的航空摄影技术，实现对无控制点或稀少控制点地区的影像纠正。

2）基于内外业相结合的调查方法

农村土地调查以1∶1万主比例尺，以正射影像图作为调查基础底图，充分利用现有资料，在GPS等技术手段引导下，实地对每一块土地的地类、权属等情况进行外业调查，并详细记录，绘制相应图件，填写外业调查记录表，确保每一地块的地类、权属等现状信息详细、准确、可靠。以外业调绘图件为基础，采用成熟的目视解译与计算机自动识别相结合的信息提取技术，对每一地块的形状、范围、位置进行数字化，准确获取每一块土地的界线、范围、面积等土地利用信息。

城镇土地调查以1∶500比例尺为主，充分运用全球定位系统、全站仪等现代化测量手段，开展大比例尺权属调查及地籍测量，准确确定每宗土地的位置、界址、权属等信息。地籍调查尽可能采用解析法。

3）基于统一标准的土地利用数据库建设方法

系统整理外业调查记录，并以县区为单位，按照国家统一的土地利用数据库标准和技术规范，逐图斑录入调查记录，并对土地利用图斑的图形数据和图斑属性的表单数据进行属性联结，形成集图形、影像、属性、文档为一体的土地利用数据库。

以地理信息系统为图形平台，以大型的关系型数据库为后台管理数据库，存储各类土地调查成果数据，实现对土地利用的图形、属性、栅格影像空间数据及其他非空间数据的一体化管理，借助网络技术，采用集中式与分布式相结合的方式，有效存储与管理调查数据。考虑到土地变更调查需求,采用多时序空间数据管理技术,实现对土地利用数据的历史回溯。另外,由于土地调查成果包括了土地利用现状数据、遥感影像数据、权属调查数据以及土地动态变化数据等,数据量庞大,记录繁多,采用数据库优化技术,提高数据查询、统计、分析的运行效率。

4)基于网络的信息共享及社会化服务技术方法

借助现有的国土资源信息网络框架,采用现代网络技术,建立先进、高速、大容量的全国土地利用信息管理、更新的网络体系,按照"国家—省—市—县"四级结构分级实施,实现各级互联和数据的及时交换与传输,为国土资源日常管理提供信息支撑。同时,借助现有的信息网络及服务系统,依托国家自然资源和空间地理基础数据库信息平台,实现与各行业的信息共享与数据交换,为各相关部门和社会提供土地基础信息和应用服务。

(五)调查主要成果

通过开展第二次土地调查工作,全面获取覆盖全国的土地利用现状信息和集体土地所有权登记信息,形成一系列不同尺度的土地调查成果。具体成果主要包括:数据成果、图件成果、相关文字成果和土地数据库成果等。

1. 数据成果

(1)各级行政区各类土地面积数据。

(2)各级行政区基本农田面积数据。

(3)不同坡度等级的耕地面积数据。

(4)各级行政区城镇土地利用分类面积数据。

(5)各级行政区各类土地的权属信息数据。

2. 图件成果

(1)各级行政区土地利用现状图件。

(2)各级行政区基本农田分布图件。

(3)市县城镇土地利用现状图件。

(4)土地权属界线图件。

(5)第二次土地调查图集。

3. 文字成果

1)综合报告

(1)各级行政区第二次土地调查工作报告。

(2)各级行政区第二次土地调查技术报告。

(3)各级行政区第二次土地调查成果分析报告。

2)专题报告

(1)各级行政区基本农田状况分析报告。

(2)各市县城镇土地利用状况分析报告。

4. 数据库成果

形成集土地调查数据成果、图件成果和文字成果等内容为一体的各级行政区土地调查数据库。主要包括如下内容。

(1)各级行政区土地利用数据库。

(2)各级行政区土地权属数据库。
(3)各级行政区多源、多分辨率遥感影像数据库。
(4)各级行政区基本农田数据库。
(5)市(县)级城镇地籍信息系统。

三、第三次全国国土调查

(一)调查目的和意义

国土调查是一项重大的国情国力调查,是查实查清土地资源的重要手段。开展第三次全国国土调查,目的是全面查清当前全国土地利用状况,掌握真实准确的土地基础数据,健全土地调查、监测和统计制度,强化土地资源信息社会化服务,满足经济社会发展和国土资源管理工作需要。

做好第三次全国国土调查工作,掌握真实准确的土地基础数据,是推进国家治理体系和治理能力现代化、促进经济社会全面协调可持续发展的客观要求;是加快推进生态文明建设、夯实自然资源调查基础和推进统一确权登记的重要举措;是编制国民经济和社会发展规划、加强宏观调控、推进科学决策的重要依据;是实施创新驱动发展战略、支撑新产业新业态发展、提高政府依法行政能力和国土资源管理服务水平的迫切需要;是落实最严格的耕地保护制度和最严格的节约用地制度、保障国家粮食安全和社会稳定、维护农民合法权益的重要内容;是科学规划、合理利用、有效保护国土资源的基本前提。

(二)调查内容和时间进度

1. 调查内容

第三次全国国土调查的对象是我国陆地国土。调查内容为:土地利用现状及变化情况,包括地类、位置、面积、分布等状况;土地权属及变化情况,包括土地的所有权和使用权状况;土地条件,包括土地的自然条件、社会经济条件等状况。进行土地利用现状及变化情况调查时,应当重点调查永久基本农田现状及变化情况,包括永久基本农田的数量、分布和保护状况。

2. 时间进度

第三次全国国土调查以2019年12月31日为标准时点。

2017年第四季度开展准备工作,全面部署第三次全国国土调查,完成调查方案编制、技术规范制订以及试点、培训和宣传等工作。

2018年1月至2019年6月,组织开展实地调查和数据库建设。

2019年下半年,完成调查成果整理、数据更新、成果汇交,汇总形成第三次全国国土调查基本数据。

2020年,汇总全国国土调查数据,形成调查数据库及管理系统,完成调查工作验收、成果发布等。

(三)调查目标和主要任务

1. 主要目标

第三次全国国土调查的主要目标是在第二次全国土地调查成果的基础上,全面细化和完善全国土地利用基础数据,掌握翔实准确的全国土地利用现状和自然资源变化情况,进一步完善国土调查、监测和统计制度,实现成果信息化管理与共享,满足生态文明建设、空间规划编制、供给侧结构性改革、宏观调控、自然资源管理体制改革和统一确权登记、国土空间用途管制、国土空间生态修复、空间治理能力现代化和国土空间规划体系建设等各项工作的需要。

"三调"按照《土地利用现状分类》和《第三次全国国土调查工作分类》(以下简称《工作分类》,见《第三次全国国土调查技术规程》(TD/T 1055—2019)),实地认定地类,确保地类不重不漏全覆盖,在自然资源调查中发挥基础性作用(表2-1~表2-4)。在对存在复合管理需求交叉的耕地、种植园、林地、草地、养殖水面等地类进行利用现状、质量状况和管理属性的多重标注基础上,同步推进相关自然资源专业调查。

表2-1 土地利用现状分类(GB/T 21010—2017)

一级类		二级类		含义
编码	名称	编码	名称	
01	耕地			指种植农作物的土地,包括熟地,新开发、复垦、整理地,休闲地(含轮歇地、休耕地);以种植农作物(含蔬菜)为主,间有零星果树、桑树或其他树木的土地;平均每年能保证收获一季的已垦滩地和海涂。耕地中包括南方宽度<1.0m,北方宽度<2.0m固定的沟、渠、路和地坎(埂);临时种植药材、草皮、花卉、苗木等的耕地,临时种植果树、茶树和林木且耕作层未破坏的耕地,以及其他临时改变用途的耕地
		0101	水田	指用于种植水稻、莲藕等水生农作物的耕地。包括实行水生、旱生农作物轮种的耕地
		0102	水浇地	指有水源保证和灌溉设施,在一般年景能正常灌溉,种植旱生农作物(含蔬菜)的耕地。包括种植蔬菜的非工厂化的大棚用地
		0103	旱地	指无灌溉设施,主要靠天然降水种植旱生农作物的耕地,包括没有灌溉设施,仅靠引洪淤灌的耕地
02	园地			指种植以采集果、叶、根、茎、汁等为主的集约经营的多年生木本和草本作物,覆盖度大于50%或每亩株数大于合理株数70%的土地。包括用于育苗的土地
		0201	果园	指种植果树的园地
		0202	茶园	指种植茶树的园地
		0203	橡胶园	指种植橡胶树的园地
		0204	其他园地	指种植桑树、可可、咖啡、油棕、胡椒、药材等其他多年生作物的园地

续表 2-1

一级类		二级类		含义
编码	名称	编码	名称	
03	林地			指生长乔木、竹类、灌木的土地,以及沿海生长红树林的土地。包括迹地,不包括城镇、村庄范围内的绿化林木用地,铁路、公路征地范围内的林木,以及河流、沟渠的护堤林
		0301	乔木林地	指乔木郁闭度≥0.2的林地,不包括森林沼泽
		0302	竹林地	指生长竹类植物,郁闭度≥0.2的林地
		0303	红树林地	指沿海生长红树植物的林地
		0304	森林沼泽	以乔木森林植物为优势群落的淡水沼泽
		0305	灌木林地	指灌木覆盖度≥40%的林地,不包括灌丛沼泽
		0306	灌丛沼泽	以灌丛植物为优势群落的淡水沼泽
		0307	其他林地	包括疏林地(树木郁闭度≥0.1、<0.2的林地)、未成林地、迹地、苗圃等林地
04	草地			指生长草本植物为主的土地
		0401	天然牧草地	指以天然草本植物为主,用于放牧或割草的草地,包括实施禁牧措施的草地,不包括沼泽草地
		0402	沼泽草地	指以天然草本植物为主的沼泽化的低地草甸、高寒草甸
		0403	人工牧草地	指人工种植牧草的草地
		0404	其他草地	指树木郁闭度<0.1,表层为土质,不用于放牧的草地
05	商服用地			指主要用于商业、服务业的土地
		0501	零售商业用地	以零售功能为主的商铺、商场、超市、市场和加油、加气、充换电站等的用地
		0502	批发市场用地	以批发功能为主的市场用地
		0503	餐饮用地	饭店、餐厅、酒吧等用地
		0504	旅馆用地	宾馆、旅馆、招待所、服务型公寓、度假村等用地

续表 2-1

一级类		二级类		含义
编码	名称	编码	名称	
05	商服用地	0505	商务金融用地	指商务服务用地,以及经营性的办公场所用地。包括写字楼、商业性办公场所、金融活动场所和企业厂区外独立的办公场所;信息网络服务、信息技术服务、电子商务服务、广告传媒等用地
		0506	娱乐用地	指剧院、音乐厅、电影院、歌舞厅、网吧、影视城、仿古城以及绿地率小于65%的大型游乐等设施用地
		0507	其他商服用地	指零售商业、批发市场、餐饮、旅馆、商务金融、娱乐用地以外的其他商业、服务业用地。包括洗车场、洗染店、照相馆、理发美容店、洗浴场所、赛马场、高尔夫球场、废旧物资回收站、机动车、电子产品和日用产品修理网点、物流营业网点,以及居住小区及小区级以下的配套的服务设施等用地
06	工矿仓储用地			指主要用于工业生产、物资存放场所的土地
		0601	工业用地	指工业生产、产品加工制造、机械和设备修理及直接为工业生产等服务的附属设施用地
		0602	采矿用地	指采矿、采石、采砂(沙)场,砖瓦窑等地面生产用地,排土(石)及尾矿堆放地
		0603	盐田	指用于生产盐的土地,包括晒盐场所、盐池及附属设施用地
		0604	仓储用地	指用于物资储备、中转的场所用地,包括物流仓储设施、配送中心、转运中心等
07	住宅用地			指主要用于人们生活居住的房基地及其附属设施的土地
		0701	城镇住宅用地	指城镇用于生活居住的各类房屋用地及其附属设施用地,不含配套的商业服务设施等用地
		0702	农村宅基地	指农村用于生活居住的宅基地
08	公共管理与公共服务用地			指用于机关团体、新闻出版、科教文卫、公用设施等的土地
		0801	机关团体用地	指用于党政机关、社会团体、群众自治组织等的用地
		0802	新闻出版用地	指用于广播电台、电视台、电影厂、报社、杂志社、通讯社、出版社等的用地

续表 2-1

一级类		二级类		含义
编码	名称	编码	名称	
08	公共管理与公共服务用地	0803	教育用地	指用于各类教育用地，包括高等院校、中等专业学校、中学、小学、幼儿园及其附属设施用地，聋、哑、盲人学校及工读学校用地，以及为学校配建的独立地段的学生生活用地
		0804	科研用地	指独立的科研、勘察、研发、设计、检验检测、技术推广、环境评估与监测、科普等科研事业单位及其附属设施用地
		0805	医疗卫生用地	指医疗、保健、卫生、防疫、康复和急救设施等用地。包括综合医院、专科医院、社区卫生服务中心等用地；卫生防疫站、专科防治所、检验中心和动物检疫站等用地；对环境有特殊要求的传染病、精神病等专科医院用地；急救中心、血库等用地
		0806	社会福利用地	指为社会提供福利和慈善服务的设施及其附属设施用地。包括福利院、养老院、孤儿院等用地
		0807	文化设施用地	指图书、展览等公共文化活动设施用地。包括公共图书馆、博物馆、档案馆、科技馆、纪念馆、美术馆和展览馆等设施用地；综合文化活动中心、文化馆、青少年宫、儿童活动中心、老年活动中心等设施用地
		0808	体育用地	指体育场馆和体育训练基地等用地，包括室内外体育运动用地，如体育场馆、游泳场馆、各类球场及其附属的业余体校等用地，溜冰场、跳伞场、摩托车场、射击场，以及水上运动的陆域部分等用地，以及为体育运动专设的训练基地用地，不包括学校等机构专用的体育设施用地
		0809	公用设施用地	指用于城乡基础设施的用地。包括供水、排水、污水处理、供电、供热、供气、邮政、电信、消防、环卫、公用设施维修等用地
		0810	公园与绿地	指城镇、村庄范围内的公园、动物园、植物园、街心花园、广场和用于休憩、美化环境及防护的绿化用地
09	特殊用地			指用于军事设施、涉外、宗教、监教、殡葬、风景名胜等的土地
		0901	军事设施用地	指直接用于军事目的的设施用地
		0902	使领馆用地	指用于外国政府及国际组织驻华使领馆、办事处等的用地
		0903	监教场所用地	指用于监狱、看守所、劳改场、戒毒所等的建筑用地

续表 2-1

一级类		二级类		含义
编码	名称	编码	名称	
09	特殊用地	0904	宗教用地	指专门用于宗教活动的庙宇、寺院、道观、教堂等宗教自用地
		0905	殡葬用地	指陵园、墓地、殡葬场所用地
		0906	风景名胜设施用地	指风景名胜景点(包括名胜古迹、旅游景点、革命遗址、自然保护区、森林公园、地质公园、湿地公园等)的管理机构,以及旅游服务设施的建筑用地。景区内的其他用地按现状归入相应地类
10	交通运输用地			指用于运输通行的地面线路、场站等的土地。包括民用机场、汽车客货运场站、港口、码头、地面运输管道和各种道路以及轨道交通用地
		1001	铁路用地	指用于铁道线路及场站的用地。包括征地范围内的路堤、路堑、道沟、桥梁、林木等用地
		1002	轨道交通用地	指用于轻轨、现代有轨电车、单轨等轨道交通用地,以及场站的用地
		1003	公路用地	指用于国道、省道、县道和乡道的用地。包括征地范围内的路堤、路堑、道沟、桥梁、汽车停靠站、林木及直接为其服务的附属用地
		1004	城镇村道路用地	指城镇、村庄范围内公用道路及行道树用地。包括快速路、主干路、次干路、支路、专用人行道和非机动车道,及其交叉口等
		1005	交通服务场站用地	指城镇、村庄范围内交通服务设施用地。包括公交枢纽及其附属设施用地、公路长途客运站、公共交通场站、公共停车场(含设有充电桩的停车场)、停车楼、教练场等用地,不包括交通指挥中心、交通队用地
		1006	农村道路	在农村范围内,南方宽度≥1.0m、≤8m,北方宽度≥2.0m、≤8m,用于村间、田间交通运输,并在国家公路网络体系之外,以服务于农村农业生产为主要用途的道路(含机耕道)
		1007	机场用地	指用于民用机场、军民合用机场的用地
		1008	港口码头用地	指用于人工修建的客运、货运、捕捞及工程、工作船舶停靠的场所及其附属建筑物的用地。不包括常水位以下部分
		1009	管道运输用地	指用于运输煤炭、矿石、石油、天然气等管道及其相应附属设施的地上部分用地

续表 2-1

一级类		二级类		含义
编码	名称	编码	名称	
11	水域及水利设施用地			指陆地水域,滩涂、沟渠、沼泽、水工建筑物等用地。不包括滞洪区和已垦滩涂中的耕地、园地、林地、城镇、村庄、道路等用地
		1101	河流水面	指天然形成或人工开挖河流常水位岸线之间的水面。不包括被堤坝拦截后形成的水库区段水面
		1102	湖泊水面	指天然形成的积水区常水位岸线所围成的水面
		1103	水库水面	指人工拦截汇集而成的总设计库容≥10 万 m^3 的水库正常蓄水位岸线所围成的水面
		1104	坑塘水面	指人工开挖或天然形成的蓄水量<10 万 m^3 的坑塘常水位岸线所围成的水面
		1105	沿海滩涂	指沿海大潮高潮位与低潮位之间的潮浸地带。包括海岛的沿海滩涂,不包括已利用的滩涂
		1106	内陆滩涂	指河流、湖泊常水位至洪水位间的滩地;时令湖、河洪水位以下的滩地;水库、坑塘的正常蓄水位与洪水位间的滩地。包括海岛的内陆滩涂,不包括已利用的滩地
11	水域及水利设施用地	1107	沟渠	指人工修建,南方宽度≥1.0m、北方宽度≥2.0m 用于引、排、灌的渠道。包括渠槽、渠堤、护堤林及小型泵站
		1108	沼泽地	指经常积水或渍水,一般生长湿生植物的土地。包括草本沼泽、苔藓沼泽、内陆盐沼等,不包括森林沼泽、灌丛沼泽和沼泽草地
		1109	水工建筑用地	指人工修建的闸、坝、堤路林、水电厂房、扬水站等常水位岸线以上的建(构)筑物用地
		1110	冰川及永久积雪	指表层被冰雪常年覆盖的土地
12	其他土地			指上述地类以外的其他类型的土地
		1201	空闲地	指城镇、村庄、工矿范围内尚未使用的土地。包括尚未确定用途的土地
		1202	设施农用地	指直接用于经营性畜禽养殖生产设施及附属设施用地;直接用于作物栽培或水产养殖等农产品生产的设施及附属设施用地;直接用于设施农业项目辅助生产的设施用地;晾晒场、粮食果品烘干设施、粮食和农资临时存放场所、大型农机具临时存放场所等规模化粮食生产所必需的配套设施用地

续表 2-1

一级类		二级类		含义
编码	名称	编码	名称	
12	其他土地	1203	田坎	指梯田及梯状坡地耕地中,主要用于拦蓄水和护坡,南方宽度≥1.0m,北方宽度≥2.0m 的地坎
		1204	盐碱地	指表层盐碱聚集,生长天然耐盐植物的土地
		1205	沙地	指表层为沙覆盖、基本无植被的土地。不包括滩涂中的沙地
		1206	裸土地	指表层为土质,基本无植被覆盖的土地
		1207	裸岩石砾地	指表层为岩石或石砾,其覆盖面积≥70％的土地

表 2-2 第三次全国国土调查工作分类

一级类		二级类		含义
编码	名称	编码	名称	
00	湿地			指红树林地,天然的或人工的,永久的或间歇性的沼泽地、泥炭地,盐田,滩涂等
		0303	红树林地	沿海生长红树植物的土地
		0304	森林沼泽	以乔木森林植物为优势群落的淡水沼泽
		0306	灌丛沼泽	以灌丛植物为优势群落的淡水沼泽
		0402	沼泽草地	指以天然草本植物为主的沼泽化的低地草甸、高寒草甸
		0603	盐田	指用于生产盐的土地,包括晒盐场所、盐池及附属设施用地
		1105	沿海滩涂	指沿海大潮高潮位与低潮位之间的潮浸地带。包括海岛的沿海滩涂,不包括已利用的滩涂
		1106	内陆滩涂	指河流、湖泊常水位至洪水位间的滩地;时令湖、河洪水位以下的滩地;水库、坑塘的正常蓄水位与洪水位间的滩地。包括海岛的内陆滩地,不包括已利用的滩地
		1108	沼泽地	指经常积水或渍水,一般生长湿生植物的土地。包括草本沼泽、苔藓沼泽、内陆盐沼等,不包括森林沼泽、灌丛沼泽和沼泽草地

续表 2-2

一级类		二级类		含义		
编码	名称	编码	名称			
01	耕地			指种植农作物的土地,包括熟地,新开发、复垦、整理地,休闲地(含轮歇地、休耕地);以种植农作物(含蔬菜)为主,间有零星果树、桑树或其他树木的土地;平均每年能保证收获一季的已垦滩地和海涂。耕地中包括南方宽度<1.0m,北方宽度<2.0m固定的沟、渠、路和地坎(埂);临时种植药材、草皮、花卉、苗木等的耕地,临时种植果树、茶树和林木且耕作层未破坏的耕地,以及其他临时改变用途的耕地		
		0101	水田	指用于种植水稻、莲藕等水生农作物的耕地。包括实行水生、旱生农作物轮种的耕地		
		0102	水浇地	指有水源保证和灌溉设施,在一般年景能正常灌溉,种植旱生农作物(含蔬菜)的耕地。包括种植蔬菜的非工厂化的大棚用地		
		0103	旱地	指无灌溉设施,主要靠天然降水种植旱生农作物的耕地。包括没有灌溉设施,仅靠引洪淤灌的耕地		
02	种植园用地			指种植以采集果、叶、根、茎、汁等为主的集约经营的多年生木本和草本作物,覆盖度大于50%或每亩株数大于合理株数70%的土地。包括用于育苗的土地		
		0201	果园	指种植果树的园地		
				0201K	可调整果园	指由耕地改为果园,但耕作层未被破坏的土地
		0202	茶园	指种植茶树的园地		
				0202K	可调整茶园	指由耕地改为茶园,但耕作层未被破坏的土地
		0203	橡胶园	指种植橡胶树的园地		
				0203K	可调整橡胶园	指由耕地改为橡胶园,但耕作层未被破坏的土地
		0204	其他园地	指种植桑树、可可、咖啡、油棕、胡椒、药材等其他多年生作物的园地		
				0204K	可调整其他园地	指由耕地改为其他园地,但耕作层未被破坏的土地

续表 2-2

一级类		二级类		含义		
编码	名称	编码	名称			
03	林地			指生长乔木、竹类、灌木的土地。包括迹地,不包括沿海生长红树林的土地、森林沼泽、灌丛沼泽,城镇、村庄范围内的绿化林木用地,铁路、公路征地范围内的林木,以及河流、沟渠的护堤林		
		0301	乔木林地	指乔木郁闭度≥0.2 的林地,不包括森林沼泽		
				0301K	可调整乔木林地	指由耕地改为乔木林地,但耕作层未被破坏的土地
		0302	竹林地	指生长竹类植物,郁闭度≥0.2 的林地		
				0302K	可调整竹林地	指由耕地改为竹林地,但耕作层未被破坏的土地
		0305	灌木林地	指灌木覆盖度≥40% 的林地,不包括灌丛沼泽		
		0307	其他林地	包括疏林地(树木郁闭度≥0.1、<0.2 的林地)、未成林地、迹地、苗圃等林地		
				0307K	可调整其他林地	指由耕地改为未成林造林地和苗圃,但耕作层未被破坏的土地
04	草地			指生长草本植物为主的土地。不包括沼泽草地		
		0401	天然牧草地	指以天然草本植物为主,用于放牧或割草的草地。包括实施禁牧措施的草地,不包括沼泽草地		
		0403	人工牧草地	指人工种植牧草的草地。		
				0403K	可调整人工牧草地	指由耕地改为人工牧草地,但耕作层未被破坏的土地
		0404	其他草地	指树木郁闭度<0.1,表层为土质,不用于放牧的草地		
05	商业服务业用地			指主要用于商业、服务业的土地		
		05H1	商业服务业设施用地	指主要用于零售、批发、餐饮、旅馆、商务金融、娱乐及其他商服的土地		
		0508	物流仓储用地	指用于物资储备、中转、配送等场所的用地。包括物流仓储设施、配送中心、转运中心等		

续表 2-2

一级类		二级类		含义
编码	名称	编码	名称	
06	工矿用地			指主要用于工业、采矿等生产的土地。不包括盐田
		0601	工业用地	指工业生产、产品加工制造、机械和设备修理,以及直接为工业生产等服务的附属设施用地
		0602	采矿用地	指采矿、采石、采砂(沙)场,砖瓦窑等地面生产用地,排土(石)及尾矿堆放地。不包括盐田
07	住宅用地			指主要用于人们生活居住的房基地及其附属设施的土地
		0701	城镇住宅用地	指城镇用于生活居住的各类房屋用地及其附属设施用地。不含配套的商业服务设施等用地
		0702	农村宅基地	指农村用于生活居住的宅基地
08	公共管理与公共服务用地			指用于机关团体、新闻出版、科教文卫、公用设施等的土地
		08H1	机关团体新闻出版用地	指用于党政机关、社会团体、群众自治组织,广播电台、电视台、电影厂、报社、杂志社、通讯社、出版社等的用地
		08H2	科教文卫用地	指用于各类教育,独立的科研、勘察、研发、设计、检验检测、技术推广、环境评估与监测、科普等科研事业单位,医疗、保健、卫生、防疫、康复和急救设施,为社会提供福利和慈善服务的设施,图书、展览等公共文化活动设施,体育场馆和体育训练基地等用地及其附属设施用地
			08H2A	高教用地	指高等院校及其附属设施用地
		0809	公用设施用地	指用于城乡基础设施的用地。包括供水、排水、污水处理、供电、供热、供气、邮政、电信、消防、环卫、公用设施维修等用地
		0810	公园与绿地	指城镇、村庄范围内的公园、动物园、植物园、街心花园、广场和用于休憩、美化环境及防护的绿化用地
			0810A	广场用地	指城镇、村庄范围内的广场用地
09	特殊用地			指用于军事设施、涉外、宗教、监教、殡葬、风景名胜等的土地

续表 2-2

一级类		二级类		含义
编码	名称	编码	名称	
10	交通运输用地			指用于运输通行的地面线路、场站等的土地。包括民用机场、汽车客货运场站、港口、码头、地面运输管道和各种道路以及轨道交通用地
		1001	铁路用地	指用于铁道线路及场站的用地。包括征地范围内的路堤、路堑、道沟、桥梁、林木等用地
		1002	轨道交通用地	指用于轻轨、现代有轨电车、单轨等轨道交通用地,以及场站的用地
		1003	公路用地	指用于国道、省道、县道和乡道的用地。包括征地范围内的路堤、路堑、道沟、桥梁、汽车停靠站、林木及直接为其服务的附属用地
		1004	城镇村道路用地	指城镇、村庄范围内公用道路及行道树用地。包括快速路、主干路、次干路、支路、专用人行道和非机动车道及其交叉口等
		1005	交通服务场站用地	指城镇、村庄范围内交通服务设施用地。包括公交枢纽及其附属设施用地、公路长途客运站、公共交通场站、公共停车场(含设有充电桩的停车场)、停车楼、教练场等用地,不包括交通指挥中心、交通队用地
		1006	农村道路	在农村范围内,南方宽度≥1.0m、≤8.0m,北方宽度≥2.0m、≤8.0m,用于村间、田间交通运输,并在国家公路网络体系之外,以服务于农村农业生产为主要用途的道路(含机耕道)
		1007	机场用地	指用于民用机场、军民合用机场的用地
		1008	港口码头用地	指用于人工修建的客运、货运、捕捞及工程、工作船舶停靠的场所及其附属建筑物的用地。不包括常水位以下部分
		1009	管道运输用地	指用于运输煤炭、矿石、石油、天然气等管道及其相应附属设施的地上部分用地
11	水域及水利设施用地			指陆地水域,沟渠、水工建筑物等用地。不包括滞洪区
		1101	河流水面	指天然形成或人工开挖河流常水位岸线之间的水面。不包括被堤坝拦截后形成的水库区段水面
		1102	湖泊水面	指天然形成的积水区常水位岸线所围成的水面
		1103	水库水面	指人工拦截汇集而成的总设计库容≥10万 m^3 的水库正常蓄水位岸线所围成的水面

续表 2-2

一级类		二级类		含义				
编码	名称	编码	名称					
11	水域及水利设施用地	1104	坑塘水面	指人工开挖或天然形成的蓄水量<10万 m³ 的坑塘常水位岸线所围成的水面				
					1104A	养殖坑塘	指人工开挖或天然形成的用于水产养殖的水面及相应附属设施用地	
							1104K	可调整养殖坑塘	指由耕地改为养殖坑塘,但可复耕的土地
		1107	沟渠	指人工修建,南方宽度≥1.0m,北方宽度≥2.0m用于引、排、灌的渠道。包括渠槽、渠堤、护堤林及小型泵站				
					1107A	干渠	指除农田水利用地以外的人工修建的沟渠	
		1109	水工建筑用地	指人工修建的闸、坝、堤路林、水电厂房、扬水站等常水位岸线以上的建(构)筑物用地				
		1110	冰川及永久积雪	指表层被冰雪常年覆盖的土地				
12	其他土地			指上述地类以外的其他类型的土地				
		1201	空闲地	指城镇、村庄、工矿范围内尚未使用的土地。包括尚未确定用途的土地				
		1202	设施农用地	指直接用于经营性畜禽养殖生产设施及附属设施用地;直接用于作物栽培或水产养殖等农产品生产的设施及附属设施用地;直接用于设施农业项目辅助生产的设施用地;晾晒场、粮食果品烘干设施、粮食和农资临时存放场所、大型农机具临时存放场所等规模化粮食生产所必需的配套设施用地				
		1203	田坎	指梯田及梯状坡地耕地中,主要用于拦蓄水和护坡,南方宽度≥1.0m,北方宽度≥2.0m的地坎				
		1204	盐碱地	指表层盐碱聚集,生长天然耐盐植物的土地				
		1205	沙地	指表层为沙覆盖、基本无植被的土地。不包括滩涂中的沙地				
		1206	裸土地	指表层为土质,基本无植被覆盖的土地				
		1207	裸岩石砾地	指表层为岩石或石砾,其覆盖面积≥70%的土地				

表 2-3 城镇村及工矿用地

一级类		二级类		含义
编码	名称	编码	名称	
20	城镇村及工矿用地			指城乡居民点、独立居民点以及居民点以外的工矿、国防、名胜古迹等企事业单位用地。包括其内部交通、绿化用地
		201	城市	即城市居民点,指市区政府、县级市政府所在地(镇级)辖区内的,以及与城市连片的商业服务业、住宅、工业、机关、学校等用地。包括其所属的,不与其连片的开发区、新区等建成区,以及城市居民点范围内的其他各类用地(含城中村)
		201A	城市独立工业用地	城市辖区内独立的工业用地
		202	建制镇	即建制镇居民点,指建制镇辖区内的商业服务业、住宅、工业、学校等用地。包括其所属的,不与其连片的开发区、新区等建成区,以及建制镇居民点范围内的其他各类用地(含城中村),不包括乡政府所在地
		202A	建制镇独立工业用地	建制镇辖区内独立的工业用地
		203	村庄	即农村居民点,指乡村所属的商业服务业、住宅、工业、学校等用地。包括农村居民点范围内的其他各类用地
		203A	村庄独立工业用地	村庄所属独立的工业用地
		204	盐田及采矿用地	指城镇村庄用地以外采矿、采石、采砂(沙)场,盐田,砖瓦窑等地面生产用地及尾矿堆放地
		205	特殊用地	指城镇村庄用地以外用于军事设施、涉外、宗教、监教、殡葬、风景名胜等的土地

注:对工作分类中 05、06、07、08、09 各地类,0603、1004、1005、1201 二级类,以及城镇村居民点范围内的其他各类用地按本表进行归并。

表 2-4 第三次全国国土调查工作分类与三大类对照表

三大类	工作分类	
	类型编码	类型名称
农用地	0101	水田
	0102	水浇地
	0103	旱地
	0201	果园
	0202	茶园
	0203	橡胶园
	0204	其他园地
	0301	乔木林地
	0302	竹林地
	0303	红树林地
	0304	森林沼泽
	0305	灌木林地
	0306	灌丛沼泽
	0307	其他林地
	0401	天然牧草地
	0402	沼泽草地
	0403	人工牧草地
	1006	农村道路
	1103	水库水面
	1104	坑塘水面
	1107	沟渠
	1202	设施农用地
	1203	田坎
建设用地	05H1	商业服务业设施用地
	0508	物流仓储用地
	0601	工业用地
	0602	采矿用地
	0603	盐田

续表 2-4

三大类	工作分类	
	类型编码	类型名称
建设用地	0701	城镇住宅用地
	0702	农村宅基地
	08H1	机关团体新闻出版用地
	08H2	科教文卫用地
	0809	公用设施用地
	0810	公园与绿地
	09	特殊用地
	1001	铁路用地
	1002	轨道交通用地
	1003	公路用地
	1004	城镇村道路用地
	1005	交通服务场站用地
	1007	机场用地
	1008	港口码头用地
	1009	管道运输用地
	1109	水工建筑用地
	1201	空闲地
未利用地	0404	其他草地
	1101	河流水面
	1102	湖泊水面
	1105	沿海滩涂
	1106	内陆滩涂
	1108	沼泽地
	1110	冰川及永久积雪
	1204	盐碱地
	1205	沙地
	1206	裸土地
	1207	裸岩石砾地

2. 主要任务

"三调"的主要任务是：按照国家统一标准，在全国范围内利用遥感、测绘、地理信息、互联网等技术，统筹利用现有资料，以正射影像图为基础，实地调查土地的地类、面积和权属，全面掌握全国耕地、种植园、林地、草地、湿地、商业服务业、工矿、住宅、公共管理与公共服务、交通运输、水域及水利设施用地等地类分布及利用状况；细化耕地调查，全面掌握耕地数量、质量、分布和构成；开展低效闲置土地调查，全面摸清城镇及开发区范围内的土地利用状况；同步推进相关自然资源专业调查，整合相关自然资源专业信息；建立互联共享的覆盖国家、省、地、县四级的集影像、地类、范围、面积、权属和相关自然资源信息为一体的国土调查数据库，完善各级互联共享的网络化管理系统；健全国土及森林、草原、水、湿地等自然资源变化信息的调查、统计和全天候、全覆盖遥感监测与快速更新机制。

3. 具体任务

1）土地利用现状调查

土地利用现状调查包括农村土地利用现状调查和城市、建制镇、村庄（以下简称城镇村庄）内部土地利用现状调查。

（1）农村土地利用现状调查。以县（市、区）为基本单位，以国家统一提供的调查底图为基础，实地调查每块图斑的地类、位置、范围、面积等利用状况，查清全国耕地、种植园、林地、草地等农用地的数量、分布及质量状况，查清城市、建制镇、村庄、独立工矿、水域及水利设施用地、湿地等各类土地的分布和利用状况。

（2）城镇村庄内部土地利用现状调查。充分利用地籍调查和不动产登记成果，积极创造条件，大力推进城市、建制镇、村庄补充地籍调查，条件确实不具备的，开展土地利用现状细化调查，查清城镇村庄内部商业服务业、工业、住宅、公共管理与公共服务和特殊用地等地类的土地利用状况。

2）土地权属调查

结合全国农村集体资产清产核资工作，将城镇国有建设用地范围外已完成的集体土地所有权确权登记和国有土地使用权登记成果落实在国土调查成果中，对发生变化的土地权属开展补充调查。

3）专项用地调查与评价

基于土地利用现状、土地权属调查成果和自然资源管理形成的各类管理信息，结合自然资源精细化管理、节约集约用地评价及相关专项工作的需要，开展系列专项用地调查评价。

（1）耕地细化调查。重点对位于河流滩涂上的耕地、位于湖泊滩涂上的耕地、林区范围开垦的耕地、牧区范围过度开垦的耕地、受荒漠化沙化影响的退化耕地和石漠化耕地等开展细化调查，分类标注，摸清各类耕地资源家底状况，夯实耕地数量、质量、生态"三位一体"保护的基础。

（2）批准未建设的建设用地调查。将新增建设用地审批界线落实在国土调查成果上，查清批准用地范围内未建设土地的实际利用状况，为持续开展批后监管，促进土地节约集约利用提供基础。

（3）永久基本农田调查。将永久基本农田划定成果落实在国土调查成果中，查清永久基本农田范围内实际土地利用状况。

(4)耕地质量等级调查评价和耕地分等定级调查评价。在耕地质量调查评价和耕地分等定级调查评价的基础上,将最新的耕地质量等级调查评价和耕地分等定级评价成果落实到土地利用现状图上,对评价成果进行更新完善。

4)同步推进相关自然资源专业调查

在开展"三调"的同时,同步推进相关自然资源专业调查工作,按照"三调"的分类标准和相关要求,做好第九次森林资源连续清查、东北重点国有林区森林资源现状调查和第二次草地资源清查的数据汇总工作,并将相关调查成果整合进"三调"成果中。

5)各级国土调查数据库建设

(1)以县(市、区)为单位组织开展县级国土调查数据库建设,实现对城镇和农村土地利用现状调查成果、权属调查成果、专项用地调查成果和各类自然资源专业调查成果的综合管理。以县级各类数据库成果为基础,省、地级组织建设省、地级国土调查数据库;国家组织建设国家级国土调查数据库,实现全国国土调查成果的集成管理、动态入库、统计汇总、数据分析、快速服务、综合查询等功能。

(2)建立各级国土调查数据分析与共享服务平台。基于四级国土调查数据库,利用大数据及云计算技术,建设从县到国家的国土调查数据综合分析与服务平台,实现国土调查数据与土地规划、基础测绘、自然资源等各类基础数据的互联互通和综合分析应用,结合自然资源管理需要,开发相关应用分析功能,提高"三调"成果对管理决策的支撑服务能力。

6)成果汇总

(1)数据汇总。在国土调查数据库基础上,逐级汇总各级行政区划内的城镇和农村各类土地利用数据及专项数据。

(2)成果分析。根据"三调"数据,并结合第二次全国土地调查及年度土地变更调查等相关数据,开展国土利用状况分析。对第二次全国土地调查完成以来耕地的数量、质量等级和等别、分布、利用结构及其变化状况进行综合分析;对城市、建制镇、村庄等建设用地利用情况进行综合分析,评价土地利用节约集约程度;汇总形成各类自然资源数据,并分别对其范围内的国土利用情况进行综合分析,为生态文明建设、自然资源管理提供基础依据。根据国土调查及分析结果,各级自然资源管理部门编制"三调"分析报告。

(3)数据成果制作与图件编制。基于"三调"数据,制作系列数据成果,编制国家、省、地、县各级系列土地利用图件和各种专题图件等,面向政府机关、科研机构和社会公众提供不同层级的数据服务,满足各行各业对"三调"成果的需求,最大限度地发挥重大国情国力调查的综合效益。

(四)技术路线与方法

1. 技术路线

采用高分辨率的航天航空遥感影像,充分利用现有土地调查、地籍调查、集体土地所有权登记、宅基地和集体建设用地使用权确权登记、地理国情普查、农村土地承包经营权确权登记颁证等工作的基础资料及调查成果,采取国家整体控制和地方细化调查相结合的方法,利用影像内业比对提取和"3S"一体化外业调查等技术,准确查清全国城乡每一块土地的利用类型、面积、权属和分布情况,采用"互联网+"技术核实调查数据真实性,充分运用大数据、云计算和互联网等新技术,建立土地调查数据库。经县、地、省、国家四级逐级完成质量检查合格后,统一建立国家级土地调查数据库及各类专项数据库。在此基础上,开展调查成果汇总与分析、标准时点统一变更以及调查成果事后质量抽查、评估等工作。

2. 技术方法

(1)基于高分辨率遥感数据制作遥感正射影像图。农村土地调查全面采用优于1m分辨率的航天遥感数据;城镇土地利用现状调查采用现有优于0.2m的航空遥感数据。采用高精度数字高程模型或数字地表模型和高精度纠正控制点,制作正射影像图。

(2)基于内业对比分析制作土地调查底图。国家在最新数字正射影像图基础上套合第二次全国土地调查数据库,逐图斑开展全地类内业人工判读,通过对比分析,提取数据库地类与遥感影像地物特征不一致的图斑,预判土地利用类型,制作调查底图。

(3)基于"3S"一体化技术开展农村土地利用现状外业调查。地方根据国家下发的调查底图,结合日常国土资源管理相关资料,制作外业调查数据,采用"3S"一体化技术,逐图斑开展实地调查,细化调查图斑的地类、范围、权属等信息。对地方实地调查地类与国家内业预判地类不一致的图斑,地方需实地拍摄带定位坐标的举证照片。

(4)基于地籍调查成果开展城镇村庄内部土地利用现状调查。对已完成地籍调查的区域,利用现有地籍调查成果,获取城镇村庄内部每块土地的土地利用现状信息。对未完成地籍调查的区域,利用现有的航空正射影像图,实地开展城镇村庄内部土地利用现状调查。

(5)基于内外业一体化数据采集技术建设土地调查数据库。按照全国统一的数据库标准,以县(市、区)为单位,采用内外业一体化数据采集建库机制和移动互联网技术,结合国家统一下发的调查底图,利用移动调查设备开展土地利用信息的调查和采集,实现各类专题信息与每个图斑的匹配连接,形成集图形、影像、属性、文档为一体的土地调查数据库。

(6)基于"互联网+"技术开展内外业核查。国家和省(区、市)利用"互联网+"技术,对县级调查初步成果开展全面核查和抽样检查。采用计算机自动比对和人机交互检查方法,对地方报送成果进行逐图斑内业比对,检查调查地类与影像及地方举证照片的一致性,并采用"互联网+"技术开展在线举证及外业实地核查。

(7)基于增量更新技术开展标准时点数据更新。按照第三次国土调查数据库标准,设计土地调查增量更新模型,结合2019年度土地变更调查工作,获取土地调查成果标准时点变化信息,开展实地调查,形成增量更新数据,将各级土地利用现状调查成果统一更新到2019年12月31日标准时点。

(8)基于"独立、公正、客观"的原则,由国家统计局负责完成全国土地调查成果事后质量抽查工作。国家统一制定抽查方案,结合统计调查的抽样理论和方法,在全国范围内利用空间信息与抽样调查等技术,统筹利用正射遥感影像图、土地调查成果图斑,开展抽查样本的抽选、任务包制作、实地调查、内业审核、结果测算等工作,抽查耕地等地物类型的图斑地类属性、边界及范围的正确性,客观评价调查数据质量。

(9)基于大数据技术开展土地调查成果多元服务与专项分析。利用大数据、云计算等技术,面向政府、国土资源管理部门、农业部门、科研院所和社会公众等不同群体特点,优化海量数据处理效率,提供第三次全国国土调查成果快速共享服务;开展各类自然资源、重点城镇节约集约用地分析,形成第三次全国国土调查数据成果综合应用分析技术机制。

(五)调查主要成果

通过第三次全国国土调查,将全面获取覆盖全国的国土利用现状信息,形成一整套国土调查成果资料,包括影像、图形、权属、文字报告等成果。同时,将第九次全国森林资源连续清查、东北重点国有林区森林资源现状调查、第二次全国湿地资源调查、第三次全国水资源调查评价、第二次草地资源清查等最新的专业调查成果,以及城市开发边界、生态保护红线、全国各类自然保护区和国家公园界线等各类管理信息,以国土调查确定的图斑为单元,统筹整合纳入"三调"数据库,逐步建立三维国土空间上的相互联系,形成一张底版、一个平台和一套数据的自然资源统一管理综合监管平台。

此外,要丰富和创新"三调"成果表达形式,调查成果要更进一步地充分体现自然资源属性信息,凸显山水林田湖草等自然资源家底特征,形成以土地为本底的自然资源基础底图,必要时可进一步形成三维成果图和各类自然资源系列专题图,全面支撑自然资源管理和促进生态文明建设需要。

1. 县级调查成果

1)外业调查成果

(1)原始调查图件。

(2)土地权属调查有关成果。

(3)田坎系数测算资料。

2)图件成果

(1)县级土地利用图。

(2)城镇土地利用图。

(3)县级耕地细化调查、批准未建设的建设用地调查、耕地质量等级和耕地分等定级等专项调查的专题图。

(4)各类自然资源专题图。

(5)海岛调查专题图。

3)数据成果

(1)各类土地分类面积数据。

(2)各类土地权属信息数据。

(3)城镇村庄土地利用分类面积数据。

(4)耕地坡度分级面积数据。

(5)耕地细化调查、批准未建设的建设用地调查、耕地质量等级和耕地分等定级等专项调查数据。

(6)海岛调查数据。

4)数据库成果

(1)县级第三次国土调查数据库。

(2)县级第三次国土调查数据库管理系统。

5)文字成果

(1)县级第三次国土调查工作报告。

(2)县级第三次国土调查技术报告。

(3)县级第三次国土调查数据库建设报告。
(4)县级第三次国土调查成果分析报告。
(5)县级城镇村庄土地利用状况分析报告。
(6)县级第三次国土调查数据库质量检查报告。
(7)耕地细化调查、批准未建设的建设用地调查、耕地质量等级和耕地分等定级等专项调查成果报告。
(8)海岛调查成果报告。

2. 地级、省级汇总成果

1)数据成果
(1)各类土地分类面积数据。
(2)各类土地权属信息数据。
(3)城镇土地利用分类面积数据。
(4)耕地坡度分级面积数据。
(5)耕地细化调查、批准未建设的建设用地调查、耕地质量等级和耕地分等定级等专项调查面积数据。
(6)海岛调查数据。

2)图件成果
(1)地级、省级土地利用图。
(2)地级、省级耕地细化调查、批准未建设的建设用地调查、耕地质量等级和耕地分等定级等专项调查的专题图。
(3)各类自然资源分布图。
(4)海岛调查专题图。

3)文字成果
(1)各级第三次国土调查工作报告。
(2)各级第三次国土调查技术报告。
(3)各级第三次国土调查成果分析报告。
(4)耕地细化调查、批准未建设的建设用地调查、耕地质量等级和耕地分等定级等专项调查成果报告。
(5)省级田坎系数测算报告。
(6)省级耕地坡度情况分析报告。
(7)海岛调查成果报告。

4)数据库成果
(1)市级、省级第三次国土调查数据库。
(2)市级、省级第三次国土调查数据库管理系统及共享应用平台。

3. 国家成果

1)重要标准规范
(1)第三次全国国土调查技术规程。
(2)土地利用数据库标准。

(3)第三次全国国土调查数据库建设技术规范。

(4)第三次全国国土调查国家级核查技术规定。

2)数据成果

(1)各类土地分类面积数据。

(2)各类土地的权属信息数据。

(3)城镇村庄土地利用分类面积数据。

(4)耕地坡度分级面积数据。

(5)耕地细化调查、批准未建设的建设用地调查、耕地质量等级和耕地分等定级等专项调查面积数据。

(6)海岛调查数据。

3)图件成果

(1)国家级土地利用图、图集。

(2)城镇村庄土地利用图集。

(3)国家级耕地细化调查、批准未建设的建设用地调查、耕地质量等级和耕地分等定级等专项调查的专题图、图集。

(4)各类自然资源分布图。

(5)海岛调查专题图。

4)文字成果

(1)第三次全国国土调查工作报告。

(2)第三次全国国土调查技术报告。

(3)第三次全国国土调查成果分析报告。

(4)城镇村庄土地利用状况分析报告。

(5)耕地细化调查、批准未建设的建设用地调查、耕地质量等级和耕地分等定级等专项调查成果报告。

(6)海岛调查成果报告。

5)数据库成果

集国土调查数据成果、图件成果、文字成果及遥感影像为一体的国家国土调查数据库。

第二节　常规土地资源调查

一、土地利用现状调查

土地利用现状调查是指在全国范围内,为查清土地利用分类面积、分布和利用状况而进行的调查,是国家重要的国情、国力调查,也是土地资源调查中最为基础的调查(陆红生,2007)。我国很长一段时期内的土地资源家底不清,主要地类面积缺乏可靠数据,因而土地利用现状调查对于我国土地资源实行科学管理具有重要的作用。

(一)土地利用调查的目的

(1)为制定国民经济发展计划和有关政策服务。土地利用现状调查获得的准确的土地信息资料可为编制国民经济和社会发展长远规划、中期计划和年度计划提供切实可靠的科学依据。同时,它还可以为国家制定各项大政方针及对重大问题的决策提供服务。

(2)为农业生产提供科学依据。农业是最大的用地大户,且是国民经济的基础,土地在农业中是最基本的生产资料。土地利用现状调查,为规划部门编制农业区划、土地利用规划和农业生产规划提供土地基础数据,为各级领导部门因地制宜地领导和组织农业生产、合理安排农业生产布局和调整农业生产结构提供科学依据。土地利用现状调查的数据和图件资料,还直接为农业生产单位制定生产计划、组织田间生产管理、农田基本建设等服务。

(3)为建立土地登记、土地统计制度服务。通过土地利用现状调查,查清村,农、林、牧渔场,居民点外的厂矿、部队、学校等基层单位的权属性质、权属界线及面积和各地类面积,为土地登记、土地统计创造前提条件。并通过变更登记,及时更新土地权属资料,为维护和巩固社会主义土地公有制服务。通过土地统计,定期更新土地数据,为国家和经济部门提供最新的土地统计资料,从而为建立土地登记、统计制度服务。

(4)为编制土地利用规划和全面管理土地服务。为合理组织土地利用,就要编制各级土地利用规划,而各级土地利用规划需要土地利用现状调查提供基本土地信息。同时土地利用现状调查还为全面管好用好土地服务,为地籍管理、土地利用管理、土地权属管理、建设用地管理等提供最基础的土地数据及信息。

(二)土地利用调查的意义

(1)土地利用现状调查的土地利用类型和数量资料,为国家和各地区编制国民经济发展计划和制定有关的方针政策提供土地方面的依据。

(2)通过土地利用现状调查,明确土地利用现状和分布状况,认识土地利用与自然条件和社会经济因素的关系,为充分合理利用土地资源打好基础,使土地资源做到最佳配置,获得最好的经济、生态和社会效益。

(3)土地利用现状的数据和图件,指导人们做好土地规划,协调各部门的用地关系,解决土地供需矛盾,特别有利于对耕地的保护。

(4)土地利用现状的权属和分幅土地权属界线图,解决了我国长期以来权属不清的问题,理顺了土地权属的关系,有利于搞好土地的登记、发证工作。

(5)土地利用现状调查有利于农业区划,有利于调整作物布局,因地制宜指导农业生产,合理开发利用农业用地。

(6)土地利用的现状分析,指出本地区土地利用的经验和存在的问题,为土地的合理利用和土地的科学管理提供依据,提高土地生产率。

(三)土地利用调查的内容

(1)查清各土地权属单位之间的土地权属界线和各级行政辖区范围界线。
(2)查清土地利用类型及分布,并量算出各类土地面积。
(3)按土地权属单位及行政辖区范围汇总出土地总面积和各类土地面积。
(4)编制县、乡两级土地利用现状图和分幅土地权属界线图。
(5)调查和分析土地权属争议,总结土地利用的经验和教训,提出合理利用土地的意见。
为便于开展后续的土地登记、土地统计、编制土地利用规划等,还必须编制分幅土地利用现状图、土地权属界线图(地籍图的一种)。为直观地反映各种地类分布状况和计划规划以及管理的需要,还要编制县、乡两级的土地利用现状图,要注意总结土地权属和土地利用中的经验和教训,提出合理利用土地的建议。

(四)土地利用调查的原则

为保质保量顺利完成调查任务,必须遵守下列根据客观规律总结出来的调查原则。

(1)实事求是的原则。坚决纠正调查中的不正之风,如调查的实际数字不上报,随意更改调查数字;调查中有意缩小耕地面积,扩大其他地类面积;对违法改变土地用途及非法改变土地权属界线持认可态度等。

(2)全面、科学调查的原则。所谓科学调查的原则,是指土地利用现状调查(详查)必须面对全域土地,严格按《国土变更调查技术规程》(试行)规定的技术要求进行,建立和实施严格的检查、验收制度。调查中要尽量采用最新的科学技术和手段。

(3)一查多用的原则。所谓一查多用,就是要充分发挥土地利用现状调查成果的作用,不仅为土地管理部门提供服务,而且要为其他部门(农业、林业、水利、城建、统计、计划、交通运输、民政、工业、能源、财政、税务、环保等)提供服务,成为多用途、多目的的土地信息系统。

(五)土地利用调查的基本程序

土地利用现状调查工作一般分4个阶段进行,即准备阶段、外业阶段、内业阶段和成果验收归档阶段。

1. 准备阶段

调查的准备工作包括:组织准备、资料准备和仪器及用品准备等内容。

1)组织准备

(1)建立领导机构。由于土地利用现状调查工作量大,参加工作的人员多,其结果又必须有一定的权威性,因此首先需要解决组织和领导的问题。以开展县级调查为例,首先要成立领导班子,由县级政府主管领导挂帅,有关部门主要领导参加,下设办公室。主要负责组织专业技术队伍、筹集经费、审定工作计划、协调部门关系、裁定土地权属等重大问题。国有农、林、牧、渔场(包括部队、侨务、司法等部门所属各场)的调查工作,也要在当地政府领导下,统一部署,分头办理。

(2)组织专业队伍。良好的专业队伍是确保调查质量的基本条件。就专业技术的需要来讲,在县一级重要的有两个方面的技术队伍保障。作业组可按作业程序分为外业调查调绘组、内业转绘组、面积量算统计组、图件编绘组等。作业组组长为技术负责人,负责作业成果及检查验收等;乡土地管理员主要配合专业队员进行权属界、行政界调查与接边以及地类调绘等。县以上应组建技术指导组,研究确定一些技术标准、规范要求,开展技术指导、业务咨询,参与成果检查验收等工作。

(3)举办技术培训。土地利用状况调查是一项技术性强、质量要求高的技术工作,应对参加调查人员举办技术培训,讲解《国土变更调查技术规程》(试行)和调查的基本知识,结合试点使调查人员掌握调查方法和操作要领,为全面开展调查工作打下基础。

(4)制订工作计划。根据任务要求和技术规程,结合调查地区的实际条件,拟订工作计划。其内容一般包括目的要求、预期成果、工作阶段的划分、拟采取的技术路线、工作方法和步骤、经费预算、物质装备和实施方案等。

经验表明,为增强调查人员责任感还应建立各种责任制,如技术承包责任制、阶段检查验收制、资料保管责任制等。采取合同方式,职、权、利分明,以保证调查工作顺利圆满完成(建立管理制度)。

2)资料准备

(1)地形图的收集。地形图是进行野外调查和室内转绘成图的基础图件,首先要收集各种比例尺的最新实测地形图。为了保证成果图件的精度和质量,通常野外所用底图的比例尺应以不小于最后成图比例尺为好。按《国土变更调查技术规程》(试行)要求,农区图件比例尺不小于1:1万,重点林区1:2.5万,一般林区1:5万,牧区1:5万或1:10万。所有基础图件均应是质量较好的图件,具体指:①近期的图件;②与实地基本一致,最多变化不大于30%;③正式出版的。

(2)遥感资料的收集。航片与卫星影像等遥感资料,是进行土地资源调查的现代化手段之一。当前,我国广大地区主要是大比例尺和中比例尺的黑白航片,个别地区也有彩色红外航片和多波段航片。在收集航片时应该注意收集诸如摄影时间、航高、焦距等参数资料,以便利用航片进行分析。

影像平面图是以航片平面图为基础,在图面上配合必要的符号、线划和注记的一种新型地图。它既具有航片信息丰富的优点,也可使图廓大小与图幅理论值基本保持一致。因此,只需购买一套,直接利用它进行外业调查、补测,可节省大量转绘工作,但影像平面图本身价格高。

(3)背景资料的收集。为了便于分析土地利用现状及划分土地类型,应向各有关业务部门收集各种专业调查资料,如行政区划图,地貌、地质、土壤、水资源、草资源、森林资源、气象、交通等图件与资料,人口、劳力、耕地、产量、产值、收益、分配等社会经济方面的统计资料。权属证明文件的收集,包括土地权属文件、征用土地文件、清理违法占地的处理文件、用地单位的权属证明等也应收集。尤其应重视飞地(插花地)的摸底工作,防止调查中出现遗漏,避免大量返工。

3)仪器及用品准备

土地利用现状调查应配备必要的仪器、工具和文具用品。根据图件资料和作业手段不同,就应配备不同的仪器和工具,如测绘仪器、转绘仪器、面积量算仪器、绘图工具、GPS、制图软件、台式计算机、手提电脑等。还要准备各种表格如外业调绘记载表、权属协议书、争议原由书、检查验收表、面积量算表和土地统计用表等。此外,仪器设备准备还应包括通信和交通工具、生活和劳动保护用品等。

2. 外业阶段

野外工作前要做好室内准备,图件资料要求如下:农区,要求近期1:1万地形图与相应比例尺的航片;重点林区,要求近期1:2.5万地形图与相应比例尺的航片;一般林区,要求近期1:5万地形图与相应比例尺的航片;牧区,要求近期1:5万(1:10万)地形图与相应比例尺的航片。对航片要划分调绘区域,确定调绘路线。

拿着航片到野外,按土地利用分类要求及其含义,经过识别直接在航片上绘出每一个利用类型的图斑,并予以注记,最后将调绘片进行着墨整饰与接边。调绘境界、权属界时,应有指界人指界。

3. 内业阶段

内业工作包括以下几个方面：一是航片转绘，即将野外调绘的成果转绘到地形图或航片平面图上。二是土地面积测算，即将图上的每一个地类图斑和线状地物的面积都量算出来，并分村进行分类图斑面积统计。三是编绘土地利用现状图。通常按现状图的要求，用聚酯薄膜蒙在底图上，进行透绘，然后清绘整饰成土地利用现状图、土地权属界线图等。四是编写成果及精度分析。五是调查工作中的经验和问题。六是土地利用现状分析，合理利用土地的建议。

4. 成果验收归档阶段

土地利用现状调查成果实行省、县、作业组三级检查和省、县二级验收制度。作业组内部自检、互检和主检均要成为一种制度。主检是指作业组中的技术责任人员对调查成果进行的检查验收，要求全面检查，不仅要求数字正确、绘制可靠，而且要求规格一致。

全部调查工作完成后，县人民政府主管部门组织专业队在县调查范围内进行专门检查，符合要求后，写出成果检查说明，连同调查成果一并报省人民政府土地行政主管部门。

省人民政府土地行政主管部门收到验收资料和申请后，组织力量，对土地利用现状调查成果进行全面检查验收。

验收通过后，由县级人民政府土地行政主管部门将成果进行分类，装订成册，归档保存，以便查考使用。

二、土地类型调查

土地类型调查是以土地学科知识为基础，用遥感和测绘制图等技术，查清土地资源的类型、数量、质量、空间分布，揭示土地类型的生成环境、发生机制和分异规律的过程。土地类型调查强调土地自然属性的调查，土地资源类型调查强调土地自然与经济的双重属性。但是实际上自然界的所有土地几乎都受到人类活动的影响，因此土地类型与土地资源并没有实质差别。

（一）土地类型调查的目的

（1）建立土地数据库，为土地利用决策服务。
（2）为土地评价和土地利用规划服务。
（3）为制定国民经济发展长远规划服务。

（二）土地类型调查的意义

（1）有助于揭示自然界不同层次之间的构成和分异规律。开展土地调查，对组成土地的自然地理要素的特征及其相互关系进行分析，不仅有利于阐明这些层次较低的系统的特点，而且也有助于揭示这些低级系统怎样逐步构成高一级系统以及它们之间的关系，从而有利于深化对自然界不同层次之间的构成和分异规律的认识。

（2）土地类型调查是土地信息收集的主要手段，是编辑存储的基础。每一种土地类型都是这类信息的载体，对一个地区的土地类型的调查，阐明土地类型，建立该区的土地数据库。此数据库不仅可以随时编辑和存储有关土地信息，而且可以对本区或邻区的同类土地的属性、利用特点及利用后果等进行预测，这也是土地类型调查的一项十分重要的功能。

(3)土地类型调查是土地工作的基础(土地分类、土地利用方式选择、评价、规划、管理等)。土地类型调查是土地评价的前提,无论对土地的潜力评价还是适宜性评价,均需要在内部性质相对一致的土地地段上进行,即在一定的土地类型内进行。因此在开展土地评价之前往往要先进行土地类型的调查与制图;土地类型调查还是进行作物布局、土地利用方式选择和土地规划等任务的一项基础性的工作,例如,无论是原有作物布局的调整或者是引进作物的某一新品种,均需要先进行土地类型调查,摸清适宜于某种作物的土地性质及其地域分布状况。

(三)土地类型调查的内容

(1)查清各种土地类型的数量、质量与空间分布状况。
(2)查明区域土地类型的分异规律,揭示土地类型的形成、特性、结构与动态演替规律。

(四)土地类型调查的程序

1. 明确目标

明确调查要解决的问题;明确研究区的位置、确切的范围和界线,研究范围可以是自然区域,也可以是行政区域,依需要而定;还要明确调查中可以收集到和可供使用的图件资料以及所具备的调查人员、装备和经费等;也要确定提交成果的期限、成果内容及提交方式。

2. 图件和资料的收集与整理

在土地类型调查中,要尽可能广泛地收集有关的图件和资料。具体收集哪一类的图件与资料,仍然取决于研究目标。一般来说应该收集以下图件或资料。

(1)工作底图。按国际分幅的图幅编号,查明研究区各种比例尺的地形图,并选定合适比例尺的一种地形图,作为土地类型调查与制图的工作底图。它既可以作为野外调查的基础图件,又可作为编制土地类型图的底图。

(2)专题图件。地貌图、土壤图、岩性图、植被图、气候图、水文图、土地利用现状图等专题图件及相关文字说明。根据具体调查目的,对图件种类、范围及比例尺进行选定。

(3)文字资料。研究区的各类有关考察报告、研究总结以及学术论文等,也包括以往已经完成的土地类型考察报告、研究总结等。

(4)必要的社会经济资料。土地类型调查制图,不仅是为了摸清各类土地的数量和分布,最终目的是为合理利用土地、充分发挥土地的经济效益提供依据。因此,必须收集研究区的人口、各业生产现状、经营方式、投入、产出等必要的社会经济资料。

(5)遥感资料。包括不同比例尺、不同时相的航空、航天遥感图像。

3. 仪器装备的准备

土地类型调查所使用的装备随调查目的和任务的不同而异,一般情况下需要携带以下物件。

挖土或取土工具(螺旋钻、洛阳铲等);钢卷尺;测绳;放大镜;铅笔;罗盘;相机;高度计;土样袋和标签;野外记录簿和记录表格;望远镜等。

绘图工具(量角器、曲线板、钢直尺、三角板、圆规、绘图钢笔和绘图墨水等);透明坐标纸、普通坐标纸、透明纸和聚酯薄膜等。

微机和应用软件(遥感图像处理软件、GIS软件等)、GPS。

（五）土地类型的调查方法

(1) 路线考察法，又称路线调查法，是野外考察阶段的重点，也是大比例尺土地类型调查制图的基本方法。

(2) 综合剖面法，指在路线考察过程中编制土地类型综合剖面图，利用此综合剖面图，分析土地组成要素及其相互关系，以及不同土地类型之间的空间组合关系，据此拟定土地分类系统，完成土地类型调查与制图的方法。该方法尤其适用于山区，特别是地形起伏大、土地类型水平和垂直分异结构复杂的区域。

三、土地条件调查

土地条件调查是指对土地的自然与经济属性的影响要素进行的调查，包括土壤、植被、地貌、地形、气象、水文和水文地质，以及对土地的投入、产出、交通、区位等土地的自然和社会经济状况进行的调查。

（一）土地条件调查的目的

(1) 为制定各项计划、规划和土地政策提供重要基础资料。
(2) 为综合农业区划和农业生产服务。
(3) 为城乡土地资源的优化配置提供科学依据。
(4) 为城乡土地分等定级、估价、税收提供可靠资料。
(5) 充分发挥土地资源的生产潜力。
(6) 土地条件调查包括土地自然要素调查和社会经济条件调查。

（二）土地条件调查的内容

土地条件调查包括土地自然条件调查和社会经济条件调查（图2-1）。

图2-1　土地条件调查的内容

(1) 土地自然条件调查。土地自然条件主要指构成土地的气候、地形、地貌、土壤、植被、水文等。

(2) 社会经济条件调查。土地的社会经济条件调查也是对土地进行评价的重要依据。调查主要内容包括：人口、劳动力（劳动力的数量及其素质、教育水平）、交通状况及区位，基础设施、能源、供水、供电、电信等公共设施，工农业产值及产业结构，国民生产总值（GNP），国内生产总值（GDP），工农业主导产业及市场等。

（三）土地条件调查的程序

土地条件调查的程序如图 2-2 所示。

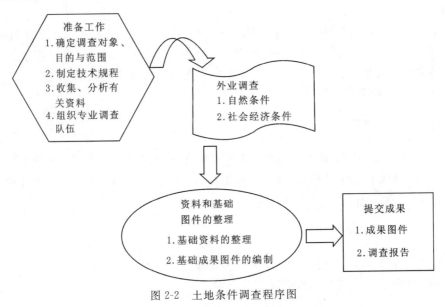

图 2-2　土地条件调查程序图

（四）土地条件调查的方法

土地条件调查是结合各项专业调查进行的，如土壤调查、水文调查、环境质量调查等。调查方法包括：应用遥感技术进行调查、直接观察法、收集法、采访法和通信法。

四、土地权属调查

土地权属调查是指以宗地为单位，对宗地的权利、位置等属性的调查和确认（土地登记前具有法律意义的初步确认）。

（一）土地权属调查的内容

（1）土地的权属状况，包括宗地权属性质、权属来源、取得土地时间、土地使用者或所有者名称、土地使用期限等。

（2）土地的位置，包括土地的坐落、界址、四至关系等。

（3）土地的行政区划界线，包括行政村界线（相应级界线）、村民小组界线（相应级界线）、乡（镇）界线、区界线以及相关的地理名称等。

（4）土地的利用状况和土地级别。

（二）土地权属调查的程序

土地权属调查的程序如图 2-3 所示。

（1）土地权属调查是地籍调查的核心。首先是前期准备工作，包括准备调查工作用图、预编宗地号及发放指界通知书等。最重要的是实地调查，实地调查的主要任务是在现场明确土

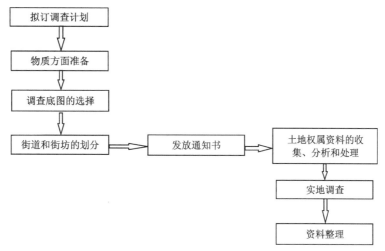

图 2-3 土地权属调查流程图

地权属界线,具体内容是现场指界、界标设定、填写地籍调查表及绘制宗地草图等。

(2)现场指界。界址调查是权属调查的核心。它是对相邻双方的界址状况进行实地调查,并经临界双方和调查人员的认可,通过法律手续予以确认的过程。其调查结果经土地登记后具有法律效力,受法律保护。

界址的认定必须由本宗地及相邻宗地指界人亲自到现场共同指界。单位的土地,须由单位法人代表出席指界。土地使用者或法人代表不能亲自出席指界的,应由委托的代理人指界,并出具委托书与身份证明。几个土地使用者共同使用的共用宗地,应共同委托代表指界,并出具委托书及身份证明。相邻双方代表同指一界,为无争议界线;如双方所指界线不同,则两界之间的土地为争议土地。在规定指界时间,如一方缺席,其宗地界线以另一方所指界线确定,并将结果以书面形式送达缺席者。如有争议,必须在15日内提出重新划界申请,并负责重新划界的全部费用,逾期不申请,则认为确界生效。指界人认界后,若不在地籍调查表上签字盖章,则可参照缺席指界的有关规定处理。

(3)设置界标。在无争议的界址点设置界址点标志。界址点标志根据实地情况,可分别选用混凝土界址桩、带铝帽的钢钉界址标桩或带塑料套的钢棍界址标桩,也可设置喷漆界址标志。

(4)填写地籍调查表。调查结果应在现场记录于地籍调查表上。填写调查表时,要特别注意权属界线的记载,应为点—线—点。此外,还需注意的是调查记录内容不得涂改,划改时要在划改处加盖人名章,以示负责。

(5)绘制宗地草图。对不同的地籍图成图方法,宗地草图具有的勘丈数据不同,其作用亦不同。一般来讲,宗地草图可用于处理土地权属纠纷,恢复界址点;用于绘制地籍草图,检核各宗地的几何关系、边长、面积、界址坐标等,以保证地籍原图的质量;用于计算规则图形宗地面积;用于日常地籍管理工作。宗地草图包含5个方面的内容。①宗地编号和门牌号,土地使用者名称,本宗地界址点、界址点编号及界址线,相邻宗地的宗地号、门牌号和使用者名称或者相邻地物。②在相应位置注记界址边长、界址点或界址边与邻近地物的相关距离和条件距离。③确定宗地界址点位置、界址线方位所必需的或者其他需要的建筑物和构筑物。④土地实际用途。⑤指北线、作业员签名、作业日期。

(三)土地权属调查的方法

采用核实和调查相结合的方法调查土地权属状况。
(1)对土地权属来源资料完整的宗地,实地核实清楚土地权属状况。
(2)土地权属来源资料缺失、不完整的宗地,实地核实调查清楚土地权属状况。
(3)对无土地权属来源资料的宗地,实地调查清楚土地权属状况。

五、调查技术方法

土地资源调查的基本方法有:常规测量方法、航空遥感调查法、卫星遥感调查法和"3S"综合调查法。方法选择取决于两个因素:一是调查的目标精度;二是调查区的特点。一般情况下,1∶5000～1∶5万比例尺的精度,选用航空遥感调查法;小于1∶5万比例尺,通常用卫星遥感调查法;大于1∶5000的详细比例尺主要用常规测量方法,如经纬仪、平板仪,当然现在也用GPS。

(一)常规测量方法

(1)经纬仪测图:在起伏较大的地区使用这种方法测图更有其优越性,野外工作少,但内业繁杂。主要步骤:控制点布置(闭合导线法)→碎部点测量(方向角、距离和高程)→计算展点→清绘制图。

(2)平板仪测图:这种测图方法在平坦地区使用比在山区更为有利。特点是观测、绘图1人承担,外业任务重,而且速度慢,但精度较高,一次性成图。主要步骤:定点调平平板仪→交会法测量碎部点(方向线、距离)。

(二)航空遥感调查法

航片调绘是在充分研究影像特征(形状、色调、纹理、图形等)与地物、土地构成要素、土地利用等的相互关联或对应关系的基础上进行土地类型、土地利用的判读、调查和绘注等的工作。主要步骤:资料分析→划分航片调绘面积→室内预判→外业调绘和补测→室内转绘→整饰成图(图2-4)。

(三)卫星遥感调查法

卫星遥感的多时相特性,使之成为土地资源动态监测的有效工具。土地资源的动态变化包括:土地利用变化、土地退化等。

卫星遥感的宏观性,决定其只能应用于中小比例尺制图和一般性的变更监测。

卫星遥感的多波段性,为计算机图像处理和机助制图提供了可能。计算机可以对卫星遥感的图像数据进行各种处理、校正、增强,并提取出人们感兴趣的各种信息,逐步实现了制图的自动化。因此已成为土地资源遥感调查中很有前途的方法之一。

(四)"3S"综合调查法

由于各种遥感信息源的不同几何特征和波谱特征的差异,使其只能适宜于某一种专题制图的要求,因此,如果我们面临的是区域土地资源综合调查的任务,那么必然需要采用不同精

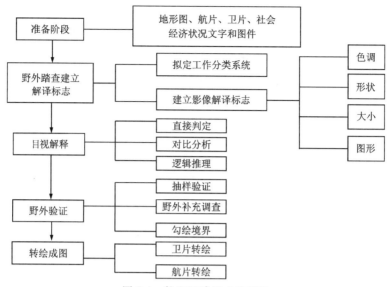

图 2-4 航空遥感调查流程图

度层次的遥感信息源。"3S"综合制图是针对一定制图目的,在某区域内编制反映地理综合体不同侧面的系列专题图件。遥感技术应用于专题系列制图,为解决专题系列制图协调问题提供了可靠的基础。动态监测的工作内容有土地利用变化、土地数量和特征信息、空间分析、计算机管理和可视化、成果出图。RS 和 GIS 结合的土地利用动态监测的技术要点有遥感数据的预处理、几何纠正和信息增强、计算机自动识别分类及土地信息提取和复合分析(图 2-5)。

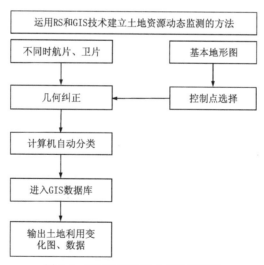

图 2-5 RS 和 GIS 技术方法流程图

第三节 土地等级调查

一、土地分等定级

土地等级调查是指对土地的土壤、植被、地形、地貌、气候及水文地质等自然条件和对土的投入、产出、收益、交通、区位等社会经济条件进行调查的基础上,进行土地分等定级的工作。土地分等定级采用"等"和"级"两个层次的划分体系。按城乡土地的特点不同,土地分等定级分为城镇土地分等定级和农用土地分等定级。城镇土地分等定级是以城镇土地作为评定对象,是对城镇土地资产价值的鉴定和评价;农用土地分等定级以农用土地作为评定对象,是对农用土地生产潜力的鉴定和评价。

二、城镇土地分等定级

城镇土地分等定级既是对城镇土地利用适宜性的评定,也是对城镇土地资产价值进行科学评估的一项工作。其等级揭示不同区位条件下的土地价值规律。城镇土地等别反映城镇之间土地的地域差异。城镇土地级别反映城镇内部土地的区位条件和利用效益的差异(表2-5)。

表2-5 城镇土地分级表

城市规模	级别
大城市	5～10级
中等城市	4～7级
小城市以下	3～5级

(一)城镇土地分等定级方法体系(表2-6)

1. 多因素综合评定法

多因素综合评定法是通过对城市土地在社会经济活动中所表现出的各种特征进行综合考虑,揭示土地的使用价值或价值及其在空间分布的差异性,并以此划分土地级别的方法。

(1)繁华程度:商服繁华影响度。
(2)交通条件:道路通达度、公交便捷度、对外交通便利度、路网密度。
(3)基础设施:生活设施完善度、公共设施完备度。
(4)环境条件:环境质量优劣度、文体设施影响度、绿地覆盖度、自然条件优越度。
(5)人口状况:人口密度。

多因素综合评定法采用间接评定参数体系设计和加权累加型公式。假定土地定级中选 i 个因素,每个因素包括 j 个因子,土地评价单元内某因素的评价值等于各因子分值的累加之和。即:

$$p_i = \sum_{j=1}^{n} f_{ij} w_{ij} \qquad (2-1)$$

式中,p_i 为 i 因素的作用分值;f_{ij} 为 i 因素第 j 个因子的作用分值;w_{ij} 为 i 因素第 j 个因子的作用指数(权重)。

若设 P 为土地某个评价单元的总评分值,W_i 为第 i 个因素的权重值,则该土地评价单元的总分值由各因素分值累加求得:

$$P = \sum_{i=1}^{m} p_i w_i \qquad (2-2)$$

2. 级差收益测算评定法

级差收益测算评定法是通过级差收益确定土地级别的方法。其指导思想是从土地的产出入手,认为土地级别由土地的级差收益体现,级差收益又是企业利润的一部分,所以由土地的区位差异所产生的土地级差收益完全可以通过企业利润反映出来。级差收益测算方法主要对发挥土地最大使用效益的商业企业利润进行分析,从中剔除非土地因素如资金、劳力等带来的影响,建立适合的经济模型,测算土地的级差收益,从而划分土地级别。

3. 地价分区定级法

地价分区定级法的指导思想是直接从土地收益的还原量——地价出发,根据地价水平高低在地域空间上划分地价区块,制定地价区间,从而划分土地级别。

表 2-6 城镇土地分级方法

方法类型	方法	优点	不足
多因素综合评定法	依据一定的目的和原则,以定级单元为样本,选择对定级单元发生作用的因素因子作为评价指标,并通过适宜的模式予以量化、计算和归并,从而划分土地级别	定性与定量相结合,避免人为主观随意性,保证土地级别统一性和科学性	土地的级差收益不能被直接反映
级差收益测算评定法	从土地产出入手,对发挥土地最大效益的商业企业利润进行分析,剔除非土地因素的影响,建立企业利润与影响因素的数学模型,测算土地的级差收益,从而划分土地级别	较好地反映土地的经济差异,成果易应用	主观随意性较大,级别划分粗放
地价分区定级法	直接从土地收益还原量——地价出发,根据地价水平高低一致性在城区空间划分地价区块,按规定地价区间,确定土地级别	直接联系土地级别与土地价格,测算简便,成果便于应用、更新	土地市场形成且发育良好的前提下进行

(二)城镇土地定级的工作步骤(图 2-6)

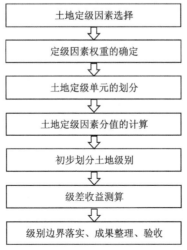

图 2-6 城镇土地定级的工作步骤

三、农村土地分等定级

农用地分等定级是对农用土地质量,或是对其生产力大小的评定,也是通过农业生产条件的综合分析,对农用土地生产力潜力及其差异程度进行评估的工作。

农用地分等定级的工作对象为农用地(包括耕地、林地、草地、农田水利用地、养殖水面)和宜农未利用地,不包括自然保护区和土地利用总体规划中的永久性林地、牧草地和水域。农用地等别的划分是依据构成土地质量稳定的自然条件和经济条件,在全国范围内进行的农用地质量综合评定。农用地分等成果在全国范围内具有可比性。农用地等别反映农用地潜在的(或理论的)区域自然质量、平均利用水平和平均效益水平的不同所造成的农用地生产力水平差异。农用地级别反映因农用土地现实的(或实际可能的)区域自然质量、利用水平和效益水平不同所造成的农用地生产力水平差异。

(一)农用地分等定级的内容

1. 工作准备

(1)编写任务书、编制有关表格、准备图件。
(2)收集现有资料并进行整理。

2. 外业补充调查

现有资料不能满足分等工作要求,包括资料不足、不实、不详、陈旧等,应进行外业补充调查。

3. 内业处理

内业处理包括下列内容。
(1)根据标准耕作制度,确定基准作物、指定作物,查各指定作物光温(气候)生产潜力指数、产量比系数。
(2)划分分等单元,编制分等单元图。
(3)划分分等指标区或样地适用区,并确定各指标区的分等因素或分等特征属性。
(4)编制"指定作物—分等因素—自然质量分"关系表或分等特征属性自然质量分加(减)规则表。
(5)计算分等单元各指定作物的农用地自然质量分。
(6)计算农用地自然质量等指数并初步划分农用地自然质量等别。
(7)计算各指定作物的土地利用系数和土地经济系数并划分等值区。
(8)计算农用地利用等指数、农用地等指数并初步划分农用地利用等别、农用地等别。

4. 确认和整理成果

成果的确认和整理包括下列内容。
(1)对各步成果进行检验、校订、确认。
(2)编制图件、文字报告。
(3)设立标准样地永久性标志。
(4)成果验收。
(5)成果归档。

（二）农用地分等定级的技术工作组织

技术工作组织包括 4 个层次。

(1)国务院土地行政主管部门统一建立农用地分等标准参数体系,包括光温(气候)生产潜力指数、标准耕作制度,并进行全国成果汇总。

(2)省级土地行政主管部门负责确定产量比系数、指定作物最大产量、指定作物最大"产量—成本"指数,汇总省级成果等;在全国农用地分等技术指导机构的统一指导下,事先与相邻省(区、市)就指标区划分、主导因素选择等事宜进行协调。

(3)市、县级土地行政主管部门负责基础数据、图件等资料的收集与外业补充调查、成果检验、汇总等。

(4)具体承担单位负责农用地分等的数据处理、图形处理、实地检验等。

（三）技术路线与方法步骤（图 2-7）

1. 技术路线

依据全国统一制定的标准耕作制度,以指定作物的光温(气候)生产潜力为基础,通过对土地自然质量、土地利用水平、土地经济水平逐级订正,综合评定农用地等别。

2. 方法步骤

(1)资料收集整理与外业调查。
(2)划分指标区、确定指标区分等因素及权重。
(3)划分分等单元并计算农用地自然质量分。
(4)查指定作物的光温(气候)生产潜力指数表,计算农用地自然质量等指数。
(5)计算土地利用系数及农用地利用等指数、土地经济系数。
(6)计算农用地等指数。
(7)划分与校验农用地自然等别、利用等别、农用地等别。
(8)整理、验收成果。

（四）农用地分等定级的方法体系

农用地分等的方法主要有因素法和样地法。农用地定级的方法主要有因素法、样地法和修正法。目前,我国农用地分等中采用较多的是因素法,农用地定级工作往往采用修正法。

1. 因素法

因素法是通过对构成土地质量的自然因素和社会经济因素的综合分析,确定因素因子体系及其影响权重,计算单元因素总分值,以此为依据客观评定农用地等级的方法。

1)确定分等因素指标区

采用因素法计算农用地自然质量分,需要划分农用地分等因素指标区(以下简称指标区),指标区是依主导因素原则和区域分异原则划分的分等因素体系一致的区域。

(1)指标区可根据地貌条件、耕作制度等划分,也可根据强限制性因素的区域分异规律划分。

(2)在县域范围内,指标区一般不超过 10 个。

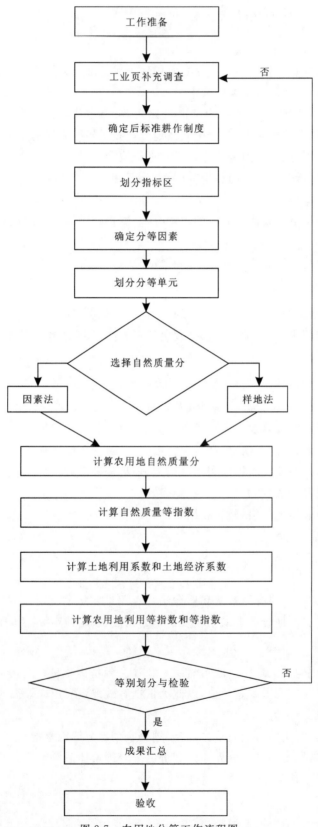

图 2-7 农用地分等工作流程图

(3)一个指标区内,选定的分等因素要对农用地的质量有明显影响,一般不超过10个,农用地自然质量分依据所选用的分等因素计算。

(4)按照强限制性因素划分的指标区称作限制区,在限制区内,由于强限制性因素的作用,农用地自然质量分的最高分不能取100分,假设该限制区内最优农用地条件的自然质量分为80分,则限制区内所有分等单元按百分制计算出的农用地自然质量分,均需乘以0.8的限制系数。

(5)将确定的结果填入表格中。

(6)编制指标区图。

2)确定分等因素

农用地分等因素分推荐因素和自选因素两类。推荐因素由国家统一确定,分区、分地貌类型给出;自选因素由省级土地行政主管部门确定,用于分等的自选因素一般不超过3个。所有分等因素都需要采用特尔菲法、因素成对比较法、主成分分析法、层次分析法等方法中的两种以上方法进行检验和确定,在分等任务书中应予以明确。

农用地分等因素按照以下方法步骤确定。

(1)在推荐因素和自选因素中进行选择,初步确定指标区内的分等因素。

(2)通过查找相应分区的推荐因素即得到本县域的推荐因素。

(3)自选因素由各地经分析论证后确定,自选因素可以从以下几个方面确定。①水文:水源类型(地表水、地下水)、水量、水质等。②土壤:土壤类型、土壤表层有机质含量、表层土壤质地、有效土层厚度、土壤盐碱状况、剖面构型、障碍层特征、土壤侵蚀状况、土壤污染状况、土壤保水供水状况、土壤中砾石含量等。③地貌:地貌类型、海拔、坡度、坡向、坡形、地形部位。④农田基本建设:灌溉条件(水源保证率、灌溉保证率)、排水条件、田间道路条件、田块大小、平整度及破碎程度等。

初步确定的农用地分等因素,应进一步按照指标区的具体情况,经过科学分析论证后加以简化。将确定的结果填入表格中。

3)编制"指定作物—分等因素—自然质量分"记分规则表

编制记分规则表的基本要求如下。

(1)按指定作物分别编制。

(2)推荐因素指标与指标分值的关系,在实际工作中应根据指定作物、指标区的情况加以调整。

(3)自选因素指标与指标分值的关系,由各地自行确定。

(4)记分规则表的编制应建立在当地试验资料的基础上;如果没有试验资料,则要采取适当的定性分析方法加以确定。

(5)记分规则表编制应在上级农用地分等技术指导机构的指导下进行。

(6)将确定的结果填入表格中。

4)编制分等因素图

根据分等因素实际状态值的区域分布,编制农用地分等因素图。

5)读取分等因素指标分值

根据分等因素图及记分规则表,获得各分等单元各指定作物的分等因素指标分值。

6)计算农用地自然质量分

采用几何平均法或加权平均法,计算各分等单元各指定作物的农用地自然质量分。

(1)几何平均法的计算公式为：

$$C_{Lij} = \frac{\left(\prod_{k=1}^{m} f_{ijk}\right)^{\frac{1}{m}}}{100} \tag{2-3}$$

式中，C_{Lij}为分等单元指定作物的农用地自然质量分；i为分等单元编号；j为指定作物编号；k为分等因素编号；m为分等因素的数目；f_{ijk}为第i个分等单元内第j种指定作物第k个分等因素的指标分值，取值为〔0～100〕。

(2)加权平均法的计算公式为：

$$C_{Lij} = \frac{\sum_{k=1}^{m} w_k \cdot f_{ijk}}{100} \tag{2-4}$$

式中，w_k为第k个分等因素的权重；其他符号的含义同式(2-2)。

2. 样地法

样地法是以选定的标准样地为参考，建立特征属性计分规则，通过比较计算分等定级单元特征属性分值，评定土地等级的方法。

1)确定分等因素样地适用区

采用样地法计算农用地自然质量分，需要划分样地适用区（以下简称适用区），适用区是依主导因素原则和区域分异原则划分的分等因素体系一致的区域。

(1)在县域范围内每个乡镇布设1个标准样地，地貌条件、耕作制度差异较大的乡镇，可以布设多个标准样地，并根据其相似性进行归类。

(2)根据地貌条件、耕作制度或强限制性因素的区域分异规律，参照标准样地的归类结果划分适用区，县域范围内适用区一般不超过10个。

(3)一个适用区内，选定的分等因素要对农用地的质量有明显影响，一般不超过10个，农用地自然质量分依据所选用的分等因素计算。

(4)将结果填入表格中。

(5)编制样地适用区图。

2)确定分等因素

标准样地法确定农用地分等属性的原则与因素法相类似，但更注重可描述性、综合性。

3)确定标准样地基准分值

确定标准样地的分等属性特征值以及标准样地的基准分值，其最高分值由县级标准样地控制（在省级样地尚未确定前，县级样地最高分值暂定为100分）。

4)编制"指定作物—分等属性—自然质量(加)减分"规则表

编制样地法加(减)分规则表的基本要求如下。

(1)按指定作物分别编制。

(2)按样地适用区分别编制。

(3)记分规则表的编制应建立在当地试验资料的基础上；如果没有试验资料，则要采取适当的定性分析方法加以确定。

(4)记分规则表的编制应在上级农用地分等技术指导机构的指导下进行。

(5)将确定的结果填入表格中。

5)编制分等属性图

根据农用地分等因素实际状态值的区域分布,编制农用地分等属性图。

6)确定分等属性加(减)分值

根据分等属性图及加(减)分规则表,获得分等属性加(减)分值。

7)计算农用地自然质量分

采用代数和法计算农用地自然质量分,计算公式为:

$$C_{Lij} = \frac{F + \sum_{k=1}^{m} f_{ijk}}{100} \tag{2-5}$$

式中,F 为标准样地基准分值;k 为分等属性编号;m 为分等属性的数目;f_{ijk} 为第 i 个分等单元内第 j 种指定作物第 k 个分等属性加(减)分值;其他符号的含义同公式(2-1)。

3. 修正法

修正法是在农用地分等指数的基础上,根据定级目的,选择区位条件、耕作便利度等因素修正系数,对分等成果进行修正,评定出农用地级别的方法。定级选择的要素多属易变因素。

第四节 富硒土地划定调查

硒是人体必需的微量元素,被科学家誉为"防癌之王""心脏的守护神""天然解毒剂",中国营养学会也将硒列为人体必需的 15 种营养素之一。硒资源产业开发利用已成为国内富硒地区乡村振兴的支柱产业。硒和维生素 E 都是抗氧剂,$50\mu g$ 硒是人体每日必需的微量元素,硒可以增强人体免疫功能、抗氧化、延缓衰老,并能有效抑制肿瘤生长,对手术和放化治疗后的患者有很好的恢复作用。中国土壤硒含量分布十分不均衡,缺硒省份有 22 个,约占全国总面积的 72%。因此,土壤中硒的含量、分布、影响因素一直是人们关注的热点,尤其是土壤中硒含量的影响因素对富硒土壤资源开发利用具有重要意义。研究表明,土壤硒的含量受母岩、地形地貌、土壤理化性质及土地利用方式等多种因素影响,每种影响因子的影响程度却因地而异(刘道荣等,2019)。2021 年 11 月,《天然富硒土地划定与标识》(DZ/T 0380—2021)获自然资源部发布实施,该标准的发布填补了我国富硒土地划定和标识技术标准的空白,为准确调查认定富硒土地、统计富硒土地资源数量、科学编制富硒土地开发利用规划提供了依据。

《天然富硒土地划定与标识》(DZ/T 0380—2021)规定了天然富硒土地分类、富硒土地划定、富硒土地标识及标识使用等方面的要求,适用于耕地、园地天然富硒土地的划定与标识,草地、林地等参照执行。

一、富硒土地的定义

富硒土地是指含有丰富天然硒元素,且有害重金属元素含量小于农用地土壤污染风险筛选值要求的土地。富硒土地划定是依据土壤地球化学调查数据和《天然富硒土地划定与标识》(DZ/T 0380—2021)件规定值,以土地利用图斑为单元,按照规定程序,确定天然富硒土地的边界、范围、类型等。

二、富硒土地调查的目的和任务

通过富硒土地的划定和标识,确定富硒土地的分布、面积,标识富硒土地地块的信息,为各地富硒土地利用规划的编制提供支撑服务,推动富硒土地资源的开发利用,促进农业经济发展和生态文明建设。

三、富硒土地分类

富硒土地依据土壤中硒元素含量和有害组分含量,分为一般富硒用地、无公害富硒土地和绿色富硒土地3种类型。富硒土地类型划分指标如表2-4所示。当土地中硒含量未达到表2-7中的富硒标准阈值,镉、汞、砷、铅和铬元素含量符合《土壤环境质量 农用地土壤污染风险管控标准(试行)》(GB 15618—2018)标准,但种植的农作物富硒比例大于70%时,也可划入富硒土地。

表2-7 富硒土地类型划分指标

类型		土壤类型	pH	土壤硒标准阈值 /(mg·kg^{-1})	条件
富硒土地	绿色富硒土地	中酸性土壤	≤7.5	≥0.40	镉、汞、砷、铅和铬重金属元素含量符合《土壤环境质量 农用地土壤污染风险管控标准(试行)》(GB 15618—2018)标准。灌溉水水质和土壤肥力同时满足《绿色食品产地环境质量》(NY/T 391—2021)要求,其中肥力分级符合Ⅰ、Ⅱ级
		碱性土壤	>7.5	≥0.30	
	无公害富硒土地	中酸性土壤	≤7.5	≥0.40	镉、汞、砷、铅和铬重金属元素含量符合《土壤环境质量 农用地土壤污染风险管控标准(试行)》(GB 15618—2018)标准。灌溉水同时满足《无公害农产品 种植业产地环境条件》(NY/T 5010—2016)要求
		碱性土壤	>7.5	≥0.30	
	一般富硒土地	中酸性土壤	≤7.5	≥0.40	镉、汞、砷、铅和铬重金属元素含量符合《土壤环境质量 农用地土壤污染风险管控标准(试行)》(GB 15618—2018)标准
		碱性土壤	>7.5	≥0.30	

四、富硒土地的划定方法与流程

(一)富硒土地的划定要求与方法

1. 划定要求

(1)富硒土地划定的最小工作比例尺应不小于1∶5万。

(2)以最新的土地利用图斑数据或边界,确定天然富硒土地的边界范围。

(3)当单一土地利用图斑中有1个数据时,可将该数据作为该土地利用图斑划分天然富硒土地类型的依据。

(4)当单一土地利用图斑内有2个以上的实测数据时,可用实测数据的平均值作为划分天然富硒土地类型的依据。

(5)当单一土地利用图斑中没有调查数据时,可用插值法获得每个土地利用图斑的天然富硒土地分类数据,作为划分富硒土地类型的依据。

(6)用于富硒农作物判别的农作物样本数量,应不低于30件。

2. 划定方法

(1)以土地质量地球化学调查(多目标区域地球化学调查)数据为基础,叠加土地利用现状调查成果,运用天然富硒土地的分类指标,进行天然富硒土地划定。

(2)有调查数据的图斑,直接用调查数据进行图斑赋值;无调查数据的图斑,参照《土地质量地球化学评价规范》(DZ/T 0295—2016)进行插值与赋值。

(二)富硒土地的划定流程

1. 资料收集

收集的资料包括如下内容。

(1)土地质量地球化学调查数据和报告。

(2)土地利用调查成果和图斑数据库。

(3)农作物种植结构资料,农作物硒、重金属含量数据。

(4)土壤肥力、灌溉水数据。

(5)地形地貌、气候特征及成土母质等资料。

2. 方案编制

应在资料收集的基础上,编制划定方案。划定方案包括:数据来源,划定方法,划定范围、面积、位置等相关内容。

3. 划定步骤

划定步骤如下。

(1)依据划定方案及划定方法,在土地利用图斑上,划分出天然富硒土地、无公害天然富硒土地、绿色天然富硒土地,形成富硒土地分布图。

(2)按行政区分类统计天然富硒土地、无公害天然富硒土地、绿色天然富硒土地的地块数量和面积,形成调查区天然富硒土地统计表。

(3)编制天然富硒土地划定报告。

4. 成果验收与报备

富硒土地划定成果,需经主管部门组织评审验收和认定;成果验收后,需向主管部门报送备案。报送备案的材料包括:富硒土地报告、富硒土地分布图和统计表。

第五节 土地生态调查

土地生态调查是指以生态学原理为理论基础,利用物理、化学、生化、社会学、生态学等各种技术手段,在一定的时间和空间上,获取土地生态系统和生态系统组合体的类型、要素、结构、功能特征信息和数据的过程。

一、土地生态调查的意义

土地生态调查的意义是在已有土地调查的基础上,扩展土地调查内容,掌握区域土地生态状况,发展调查和监测的技术方法,为土地资源管理(数量、质量管理和生态管护)提供技术支持。

二、土地生态调查与监测的内容与方法

(一)土地生态调查与监测的内容与类型

1. 土地生态调查与监测的内容

有非生命成分如水分、pH 值、重金属含量等,生命成分如土壤微生物、土壤动植物等,以及它们的相互作用和发展变化规律,还包括土地生态经济系统(图 2-8)。

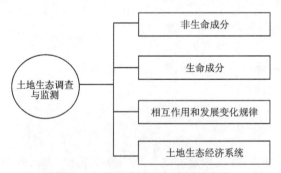

图 2-8 土地生态调查与监测的内容

2. 土地生态调查与监测的类型

从内容上来划分,包括生物监测和环境监测。

从不同土地生态系统类型划分,包括城市土地生态监测、农村土地生态监测、森林土地生态监测、草原土地生态监测和荒漠生态监测等。

从尺度上划分,包括宏观土地生态监测和微观土地生态监测。

(二)土地生态调查与监测的指标体系

1. 指标体系选取原则

(1)代表性。能反映土地生态特征。

(2)敏感性。确定对特定环境敏感的生态因子。

(3)可行性。指标获取便于实际操作。

(4)可比性。同种生态类型统一指标体系。

(5)经济性。获取必要的土地生态信息。

(6)阶段性。监测指标排序,分阶段实施。

2. 指标体系框架

1)基于生态监测内容的指标体系框架

(1)非生命系统监测指标:气象条件、水文条件、地质条件、土壤条件和化学指标。

(2)生命系统监测内容:个体、物种、群落等。

(3)生态系统监测指标:分布范围、面积大小、镶嵌特征、空间结构、动态变化过程。

(4)生物与环境生态系统之间相互作用关系及其发展规律的监测指标:生态系统功能指标、生物生产量等。

(5)社会经济系统的监测指标:人口密度、流动人口数量等。

2)区域生态监测指标体系框架

反映区域宏观生态质量的主要因子,地表植被、水土流失强度、水生态系统质量、湿地生态系统质量、农田生态系统质量、景观与生境的完整性等。

3)农业生态监测指标体系框架

(1)条件指标:生境、资源、生物、社会经济等方面指标。

(2)生态压力指标:农业生态系统破坏和环境污染方面的指标。

(三)土地生态调查与监测的基本方法手段

(1)传统生态学的野外调查方法:包括植被调查、土壤调查。

(2)测试分析化学技术:测定化学信息的分析方法。化学信息主要包括土壤性质化验分析、污染物测试分析等。

(3)"3S"技术:运用 GIS、RS、GPS,大范围对土地生态系统进行宏观监测,具有覆盖面广、高效、快速等优势。

(4)社会学调查方法:用问卷调查,通过人对周围环境的感知获取土地生态状况的知识。

第六节 农村宅基地房地一体化确权调查

一、农村宅基地房地一体化确权调查的意义

农村宅基地和集体建设用地房地一体确权登记颁证工作是党中央、国务院的重大工作部

署,是贯彻落实党的十八大、十九大精神的重要体现。加快推进农村宅基地和集体建设用地房地一体确权登记颁证工作;是践行"以人民为中心"发展思想,切实维护广大农民群众产权利益,促进农村社会秩序和谐稳定的重要举措;是深化农村改革,促进城乡统筹发展,建设富饶美丽幸福新乡村的产权基础;是建立和实施不动产统一登记制度的基本内容;是提高不动产产权保护和管理水平,建立现代不动产管理制度的客观要求。

加快推进宅基地和集体建设用地使用权确权登记发证是维护农民合法权益,促进农村社会秩序和谐稳定的重要措施。宅基地和集体建设用地使用权是农民及农民集体重要的财产权利,直接关系到每个农户的切身利益,通过宅基地和集体建设用地确权登记发证,依法确认农民的宅基地和集体建设用地使用权,可以有效解决土地权属纠纷,化解农村社会矛盾,为农民维护土地权益提供有效保障,从而进一步夯实农业农村发展基础,促进农村社会秩序的稳定与和谐。

宅基地和集体建设用地使用权确权登记发证是深化农村改革,促进城乡统筹发展的产权基础。通过加快推进宅基地和集体建设用地确权登记发证,使农民享有的宅基地和集体建设用地使用权依法得到法律的确认和保护,是改革完善宅基地制度,实行集体经营性建设用地与国有土地同等入市、同权同价,建立城乡统一的建设用地市场等农村改革的基础和前提,也为下一步赋予农民更多财产权利,促进城乡统筹发展提供了产权基础和法律依据。

宅基地和集体建设用地使用权登记发证是建立实施不动产统一登记制度的基本内容。党的十八届二中全会和十二届全国人民代表大会一次会议审议通过的《国务院机构改革和职能转变方案》明确建立不动产统一登记制度,为避免增加群众负担,减少重复建设和资金浪费,在宅基地和集体建设用地使用权登记发证工作中将农房等集体建设用地上建筑物、构筑物一并纳入,有助于建立健全不动产登记制度,形成覆盖城乡房地一体的不动产登记体系,进一步提高政府行政效能和监管水平。

二、农村宅基地房地一体化确权调查任务

紧密围绕农村集体土地确权登记发证,依据《地籍调查规程》(TD/T 1001—2012)等要求,以"权属合法、界址清楚、面积准确"为原则,重点完成农村范围内宅基地、集体建设用地的权属调查和地籍测量,同步开展地上房屋及其附属设施的调查工作,建立农村地籍调查数据库,并通过农村日常地籍调查、土地登记等工作,保持调查成果的现势性,满足国土资源管理及经济社会发展的需要。

(一)宅基地和集体建设用地调查

以集体土地所有权成果为基础,调查农村范围内的宅基地、集体建设用地的权属状况,获取每宗宅基地和集体建设用地权属、位置、用途等信息,测量宅基地和集体建设用地的地籍要素,填写地籍调查表,测绘地籍图,制作宗地图。

(二)农村房屋调查

在开展宅基地和集体建设用地调查的同时,调查地上房屋产权状况,测量房屋的房角点和房屋边长,量算房屋面积,并将房屋调查成果记载在地籍调查表等地籍资料中,实现农村房、地调查的同步开展和调查成果的统一管理。

(三)农村地籍调查数据库建设

充分利用已有的软、硬件平台,参照城镇地籍数据库建设的相关技术规范,建设农村地籍调查数据库,实现对农村地籍调查成果的图形、属性、档案等信息的一体化存储、管理与应用。

三、农村宅基地房地一体化确权调查技术路线和方法

(一)技术路线

以满足农村集体土地确权登记发证工作为出发点,立足于已有的工作基础,严格依据国家有关调查规程和标准,借助航天航空遥感、地理信息系统、卫星定位和数据库等技术手段,充分利用已有土地调查成果和登记成果,通过外业调查、复核审查、内业建库,完成宅基地和集体建设用地及房屋等地上建筑物和构筑物的权属调查及地籍测量等工作,为农村集体土地确权登记发证提供依据。

(二)调查方法

农村地籍调查方法的选择要充分兼顾宅基地管理制度改革、集体建设用地入市等农村土地制度改革的迫切需要,以充分保护土地权益、维护交易安全为基础,统筹考虑基础条件、工作需求和经济技术可行性,避免重复投入,因事、因地、因物,审慎科学地选择符合本地区实际的调查方法。原则上,同一地区内可以采用多种调查方法共同开展调查工作。对于调查精度影响土地产权人切身利益的,可采用解析法或部分解析法,确保权属清晰,面积准确,以保障土地权益,维护交易安全,如集体建设用地流转试点、征地拆迁地区等;对于偏远地区分散、独立的宅基地和集体建设用地,或不动产生命周期较短的建筑物、构筑物,且调查精度不影响权利人切身利益的,可采用更为简便易行的调查方法,在做好指界工作的基础上,在确保宗地界址清楚、空间相对位置关系明确的前提下,实地丈量界址边长,计算宗地面积,以尽快完成调查工作,避免浪费,如按户补偿的增减挂钩拆旧地区等。

四、农村宅基地房地一体化确权调查工作程序和内容

农村地籍调查工作主要包括:准备工作、权属调查、地籍测量、房屋调查和资料整理归档与数据库建设等内容。

(一)准备工作

准备工作主要包括组织准备、宣传发动、资料收集、技术设计、表册与工具器材准备、队伍落实和人员培训等。各地应围绕集体土地使用权确权登记发证工作目标,统一部署,同步开展。调查前,应系统收集整理土地及房屋权属来源资料,开展实地踏勘、资料分析等,并结合地方工作基础,做好技术设计,准备调查所需的表册与工具器材,落实调查人员和队伍。权属调查应由县(市、区)国土部门组织,发挥乡镇政府、国土所和农村集体经济组织、村民自治组织等基层力量,共同配合完成,也可选择专业队伍,聘任农村集体经济组织负责人、村民委员会成员或村民代表参与权属调查。地籍测量可根据需要由专业作业单位协助完成。

（二）权属调查

权属调查是地籍调查的核心，是保障土地确权登记发证的关键。权属调查主要包括：核实宗地的权属情况，实地指界，丈量界址边长及相关距离，绘制宗地草图，填写地籍调查表。

1. 制作工作底图

选用大比例尺（1∶500～1∶2000）的地形图、正射影像图或已有地籍图作为基础图件，充分采用集体土地所有权登记发证已形成的地籍区、地籍子区界线和集体土地所有权界线，并标注乡镇、村、村民小组及重要地物的名称。参考已有的地籍调查、土地登记等资料，会同农村集体经济组织负责人、村民委员会成员或村民代表，在工作底图上划分宗地，并预编宗地号。对新型农村社区或搬迁上楼等无法确定独立使用面积的，可定为共用宗。

2. 权属状况调查

借助工作底图，结合现场核实，调查每宗地的土地坐落与四至；调查核实权利人的姓名或者名称、单位性质、行业代码、组织机构代码、法定代表人（或负责人）姓名及其身份证明、代理人姓名及其身份证明等，对于宅基地调查，除了调查记录土地权利人的情况外，还应调查权利人家庭成员情况，复印权利人家庭户口簿等资料，对无权属来源的集体建设用地，根据实际情况调查记录实际使用人；调查核实宗地的土地权属来源资料，确定土地权属性质、土地使用权类型、使用期限等，以及宗地是否有抵押权、地役权等他项权利和共有情况；调查核实宗地批准用途和实际用途。

3. 界址调查

对土地权属来源资料齐全，界址明确，经实地核实界址无变化的宗地，无需重新开展界址调查；对土地权属来源资料中的界址不明确的宗地，以及界址与实地不一致的宗地，需要现场指界；对于无土地权属资料的，根据法律法规及有关政策规定，经核实为合法拥有或使用的土地，可根据双方协商、实际利用状况及地方习惯，经农村集体经济组织认可并公示无异议后，进行现场指界。实地指界前，通过送达指界通知书、公告、广播、电话等方式提前通知，确保土地权利人及相邻宗地权利人按时到现场指界。指界时，调查员、本宗地指界人及相邻宗地指界人同时到场，根据指界人指定的界址点，现场设置界标，确认界址线类型、位置；指界后，将实际用地界线和批准用地界线标绘到工作底图上，并在地籍调查表的权属调查记事栏中予以说明；实地丈量宗地的界址边长。同时，应丈量界址点与邻近地物的相关距离或条件距离。

4. 宗地草图绘制

根据权属状况调查信息、指界与界址点设置情况、界址边长及相关距离丈量结果、房屋调查情况，按概略比例尺绘制宗地草图。宗地草图必须现场绘制（可直接在地籍调查表上绘制，也可另附纸绘制），有基础图件资料的地区，可持打印的相关图件到现场，根据指界和丈量情况做好现场记录，形成宗地草图。

（三）地籍测量

在权属调查结果的基础上，通过地籍测量准确获取界址点位置，并计算宗地面积。地籍测量包括控制测量、界址点测量、地籍图测绘和面积量算等。控制测量可根据需要确定是否开展，对于仅丈量界址边长不测量界址点坐标的地区，无需开展地籍控制测量。

界址点测量完成后,按照要求,测绘地籍图,编制宗地图。其中,对于不测量界址点坐标的地区,应依据权属调查结果,绘制宗地相对位置关系图,以满足登记发证的急需。由图解法测量获取的界址点坐标,不得用于放样确定实地界址点的精确位置,可利用宗地草图上实际丈量的界址边长,采用几何要素法计算宗地面积。

(四)房屋调查

在农村地籍调查中,针对农村房屋实际情况,实地调查农村宅基地和农村集体建设用地地上建筑物和构筑物的产权状况,结合地籍测量一并开展房屋测量。房屋调查要重点调查房屋的权利人、权属来源情况、建筑结构、建成年份、批准用途与实际用途、批准面积与实际面积等要素,形成房地一体的农村地籍调查成果。

对尚未开展农村地籍调查或有房地一体化调查需求的地区,可将农村房屋及附属设施的调查工作统一纳入农村地籍调查工作中。已经完成农村地籍调查或工作尚未完成但已全面部署推进的地区,可结合本地实际,或统一开展农村房屋及附属设施的补充调查,或待日后通过日常变更调查的方式逐步补充完善房屋及附属设施信息,逐步实现房、地调查成果的统一管理。其中,对已登记的房屋,只需要记录房屋登记的相关信息,无需重新开展调查。

1. 房屋产权状况调查

依据房屋产权人提供的准建证、村镇规划选址意见书、乡村建设规划许可证,或房屋买卖、互换、赠与、受遗赠、继承、查封、抵押等其他房屋产权证明,记录产权人,并将产权证明留复印件或拍照留存。产权共有或有争议的,记录共有或争议情况。其中,对于在现行规划建设管理制度实施前建设的房屋,应提供村镇规划选址意见书等资料;对于实施之后建设的,应提供乡村建设规划许可证等资料。

依据《房产测量规范》(GB/T 17986.1—2000)的有关规定和要求,调查房产建筑结构、层数、建成年份、批准用途与实际用途,核对房产面积是否批建一致等;对村民整体搬迁上楼的,还应该调查记录房屋所在自然层次和房屋编号。对于农房中的一房多户,应现场确定房屋分户界址和权属情况,需要现场指界的,应经房屋产权人现场指界,明确界址并现场确认签字。房屋产权状况调查形成的结果可记录在地籍调查表的"权属调查记事"栏内。

2. 房屋测量

房脚点测量宜采取与宗地界址点测量同样的技术方法一并开展。房屋边长丈量在宗地的界址边长丈量时一并开展,确实无法丈量房屋边长时,应丈量至少两条房脚点与界址点或房脚点与邻近地物的相关距离,便于间接解算房屋边长和求解房屋面积。对于新型农村社区或搬迁上楼等高层多户的,可参照《房产测量规范》(GB/T 17986.1—2000)开展房屋测量。对于已有户型图的,可通过核实户型图获取房屋内部边长;对于没有户型图的,需实地测量房屋内部边长。

3. 面积量算

依据实地丈量的房屋边长计算房屋占地面积,结合房屋层数计算房屋建筑面积。对于高层多户,有户型图的,可通过实地丈量的房屋边长和核实户型图获取房屋内部边长计算房屋建筑面积和套内面积,无户型图的,需要实地丈量房屋边长和实地测量房屋内部边长,计算房屋建筑面积和套内面积。

4. 调查结果记录

一是要将房屋权属状况信息和房屋测量结果记载在地籍调查表中;二是要在宗地草图中标识房屋,并标注房屋边长,房屋的楼层、结构以及争议情况等信息;三是要在地籍图的测绘中将房屋要素纳入;四是成果资料的整理归档以及数据库的建设都要将房屋调查的信息包含在内。

(五)资料整理归档与数据库建设

调查工作完成后,应按照数据库标准,建立地籍数据库,并由县级国土资源主管部门及时组织对地籍调查成果进行验收。调查成果主要包括地籍调查表、宗地图、地籍图、农村地籍调查总结报告以及地籍数据库等。验收通过后,要及时将调查成果和资料整理归档,并结合土地登记等日常业务做好更新维护。

参考文献

刘道荣,周漪,侯建国,等,2019. 浙西球川富硒区耕地土壤硒含量及其影响因素[J]. 地球与环境,47(5):621-628.

陆红生,2007. 土地管理学总论[M]. 北京:中国农业出版社.

吴次芳,2008. 土地资源调查与评价[M]. 北京:中国农业出版社.

王万茂,董祚继,2006. 土地利用规划学[M]. 北京:科学出版社.

佚名,2014. 农村地籍和房屋调查技术方案(试行)[J]. 青海国土经略(4):35-37.

杨木壮,林媚珍,等,2014. 国土资源管理学[M]. 北京:科学出版社.

朱明,李加明,许泉立,等,2019. 1949—1999年中国国土调查科学技术发展研究[J]. 昆明理工大学学报(自然科学版),44(4):40-47.

第三章 水资源调查

第一节 水资源概述

一、水资源概念与特性

(一) 水资源概念

水是人类及一切生物赖以生存的必不可少的重要物质,是工农业生产、经济发展和环境改善不可替代的极为宝贵的自然资源,它与土地、能源等构成人类经济与社会发展的基本条件。

水资源(water resources)一词出现较早,随着时代进步,其内涵也在不断丰富和发展。水资源的概念既简单又复杂,其复杂的内涵通常表现在:水类型繁多,具有运动性,各种水体具相互转化的特性;水的用途广泛,各种用途对其量和质均有不同的要求;水资源所包含的"量"和"质"在一定条件下可以改变;更为重要的是,水资源的开发利用受经济技术、社会和环境条件的制约。因此,人们从不同角度的认识和体会,造成对水资源一词理解的不一致和认识的差异。

《大不列颠大百科全书》将水资源解释为"全部自然界任何形态的水,包括气态水、液态水和固态水的总量",为"水资源"赋予十分广泛的含义。基于此,1963年英国的《水资源法》把水资源定义为:"(地球上)具有足够数量的可用水"。在水环境污染并不突出的特定条件下,这一概念相较于《大不列颠大百科全书》的定义赋予水资源更为明确的含义,强调了其在量上的可利用性。在联合国教科文组织(UNESCO)和世界气象组织(WMO)共同制定的《水资源评价活动——国家评价手册》中,定义水资源为:"可以利用或有可能被利用的水源,具有足够数量和可用的质量,并能在某一地点为满足某种用途而可被利用。"1988年8月1日颁布实施的《中华人民共和国水法》将水资源认定为"地表水和地下水"。《环境科学词典》(1994)把水资源定义为"特定时空下可利用的水,是可再利用资源,不论其质与量,水的可利用性是有限制条件的"(曲格平,1994)。《中国大百科全书》在不同的卷册中对水资源给予了不同的解释。如在大气科学、海洋科学、水文科学卷中,水资源为"地球表层可供人类利用的水,包括水量(水质)、水域和水能资源,一般指每年可更新的水量资源";在水利卷中,水资源被定义为"自然界各种形态(气态、固态或液态)的天然水",并将可供人类利用的水资源作为评价的主要对象(中国大百科全书总编辑委员会,1992)。

综上所述,水资源可以理解为人类长期生存、生活和生产活动中所需要的各种水,既包含数量和质量含义,又包含其使用价值和经济价值。一般认为,水资源概念具有广义和狭义之分。狭义的水资源是指人类在一定的经济技术条件下能够直接使用的淡水;广义的水资源是指在一定的经济技术条件下能够直接或间接使用的各种水和水中物质,在社会生活和生产中具有使用价值和经济价值的水都可称为水资源(杨木壮等,2014)。

(二)水资源特性

水是自然界的重要物质组成,是环境中最活跃的要素,它不停地运动着,积极参与自然环境中一系列物理的、化学的和生物的作用过程,在改造自然的同时,也不断地改造自身的物理化学与生物学特性。由此表现出水作为地球上重要自然资源所独有的特性。

1. 资源的循环性

水资源与其他固体资源的本质区别在于其所具有的流动性,它是在循环中形成的一种动态资源,具有循环性。水循环系统是一个庞大的天然水资源系统,处在不断地开采、补给和消耗、恢复的循环之中,可以不断地供人类利用和满足生态平衡的需要。

2. 储量的有限性

水资源处在不断的消耗和补充过程中,具有恢复性强的特征。但实际上全球淡水资源的储量是十分有限的。全球淡水资源仅占全球总水量的2.5%,大部分储存在极地冰帽和冰川中,真正能够被人类直接利用的淡水资源仅占全球总水量的0.8%。从水量动态平衡的观点来看,某一期间的水消耗量接近于该期间的水补给量,否则将会破坏水平衡,造成一系列不良环境问题。由此可见,水循环过程是无限的,但水资源的储量是有限的。

3. 时空分布的不均匀性

水资源在自然界中具有一定的时间和空间分布规律,时空分布的不均匀性是水资源的又一特性。全球水资源分布表现出极不均匀性,如大洋洲的径流模数为 $51.0L/(s·km^2)$,澳大利亚仅为 $1.3L/(s·km^2)$,亚洲为 $10.5L/(s·km^2)$。最高与最低相差数倍甚至数十倍。

我国水资源在区域上分布也极不均匀。总体上表现为东南多,西北少;沿海多,内陆少;山区多,平原少。在同一地区中,不同时间分布差异性很大,一般夏多冬少。

4. 利用的多样性

水资源是人类在生产和生活中广泛利用的资源,不仅直接用于农业、工业和生活,还用来发电、水运、水产、旅游和环境改造等。在各种不同用途中,消耗性用水与非消耗性或消耗很小的用水并存。用水目的不同则对水质要求各不相同,使得水资源一水多用,充分发挥其综合效益。

5. 利、害的两重性

水资源与其他固体矿产资源相比,最大区别是水资源具有既可造福于人类、又可危害人类生存的两重性。

(三)水资源分类

对水资源进行系统分类是研究和认识水资源系统的基础。根据存在形态、量算方法、形成条件、利用方式可将水资源分为以下几种(杨木壮等,2014)。

1. 按存在形式

(1)地表水:一般指坡面流和壤中流,即地表水体的动态部分,主要是存在地壳表面、暴露于大气的水,是河流、冰川、湖泊、沼泽4种水体的总称,亦称"陆地水"。地表水是人类生活用水的重要来源之一,也是各国水资源的主要组成部分。

(2)地下水:储存于包气带以下地层空隙,包括岩石孔隙、裂隙和溶洞之中的水。地下水是水资源的重要组成部分,具有水量稳定、水质好的优点,是农业灌溉、工矿和城市的重要水源之一。可开发的水资源主要为浅层地下水。但若过量开采地下水,往往会引起沼泽化、盐碱化、滑坡、地面沉降等不利自然现象,沿海地区还可能造成海水渗入,使地下水咸化。

据初步评价,广州市地下水资源量21.19亿 m^3,其中浅层地下水20.37亿 m^3,深层地下水0.82亿 m^3(广花盆地平原区6.18亿 m^3),按开采系数0.65计算,广州市地下水可开采量为13.77亿 m^3,广州市地下水现状开采量为3.453亿 m^3。近年来,广州市地下水开发量较集中的地区主要在广花盆地,分别为江村、新华、肖岗、雅岗、联和等5个水源地。

2. 按量算方法

(1)实测河川径流量:依据水文站实测数据计算出来的某一时段的平均径流量。

(2)天然径流量:指实测河川径流量的还原水量,一般指实测径流量加上实测断面以上的利用水量(扣除回归部分)。

(3)可利用水资源量:是指在技术上可行、经济上合理的情况下,通过工程措施能进行调节利用且有一定保证率的那部分水资源量,比天然水资源数量要少。其地表水资源部分仅包括蓄水工程控制的水量和引水工程引用的水量,地下水资源中仅是技术上可行,而又不造成地下水位持续下降的可开采水量,二者之和即为目前可利用的水资源量。

(4)可供水量:某地区不同来水条件下水源工程可能提供的水量。

3. 按形成条件

(1)当地水资源(主水)。

(2)过境水资源(客水)。

4. 按利用方式

(1)河外用水:生产、生活用水。

(2)河内用水:发电、航运、养殖、旅游用水。

(3)生态环境用水:灌溉。

二、地表水资源优化配置

水资源优化配置是通过改善用水结构而对水资源在某一区域进行更加科学合理的分配,这种分配能使这一区域无论在经济上、生活上、生态上、环境上以及可持续发展上都取得最佳效果,为未来发展创造良好基础(李锋瑞和刘七军,2009)。

(一)水资源优化配置的内涵

宏观上讲,水资源优化配置就是要对洪涝灾害、干旱缺水、水环境恶化等问题的解决实行统筹规划,综合治理。要除害兴利结合,防洪抗旱并举,开源节流并重。要妥善处理上下游、左右岸、干支流、城市与乡村、流域与区域、开发与保护、建设与管理、近期与远期等各方面的关系。

微观上讲,水资源优化配置包含三层含义:取水方面、用水方面以及取用水体系的水资源优化配置。取水方面有地表水、地下水、大气水、土壤水、主水、客水、海水和污水处理再用等。用水方面有生态用水、环境用水、农业用水、工业用水、生活用水等。各种水源、水源点和各地各类用水户形成了庞大复杂的取用水体系,再考虑时间、空间的变化,实现水资源优化配置就显得非常重要。

（二）水资源优化配置的原则、目标和方式

水资源优化配置目的是在满足水资源调配基本原则的前提下,使得近期和远期特枯年均能基本解决各主要地区和行业用水问题,其他年份解决各地区和行业用水并优化配置其用水量,尽可能使得水资源调配产生最佳综合效益。

1. 水资源配置的基本原则

(1)将防洪和供水放在首位。
(2)充分发挥现有水利工程综合功能。
(3)水资源分配总体效益最优或可行。
(4)适应水资源需求动态变化。
(5)保障重点。
(6)协调各地区各行业用水矛盾。
(7)重点考虑枯水年水资源供需关系。
(8)合理采用用水定额或指标。
(9)强调水资源利用的可持续性。
(10)考虑不同用户对水质的要求。
(11)考虑环境、生态用水要求。
(12)优先使用当地水资源,后考虑区间外调水。
(13)先使用区间来水,后使用水库蓄水,强调河库联合调度,且"高水高用,低水低用,一水多用"。
(14)需要从各水库调水时,充分发挥各水库的调节作用,尽可能蓄水补欠。

2. 水资源配置目标

水资源优化配置的目标,一是水资源持续利用系统的产出大、效率高,即系统的物质循环转化率高,综合效益高。二是水资源利用系统的结构与功能最佳,即系统内各要素配置得当,系统结构合理、功能稳定、运转有序,资源、环境和经济、社会可协调持续发展。三是系统抗干扰和恢复转化的能力强,即在配置资源时,要考虑到面对自然的、经济的、政治的突发灾害造成后果的抗干扰和恢复、转化的能力。

中国水资源战略需要有层次,有计划,逐步推进。在节水和水资源高效利用的基础上,合理配置水资源,优先保障生活用水;基本保障经济和社会发展用水要求;努力改善生态环境用水;逐步形成节水型的供水体系;依据管理体制、水资源状况,统一配置产业结构;科学配置水资源,逐步引进技术创新。

3. 水资源配置方式

我国水资源最优的配置方式,应该是宏观配置与市场配置相结合的协调方式,其基本含义是指:凡地区与跨地区影响环境与发展的重大资源配置问题,应由国家宏观控制,统筹规划和实施。在此基础上,水资源利用效率的进一步发挥,应按市场配置要求进行,这种方式也是实施可持续发展战略下自然资源与经济资源配置的最好方式。

这种配置资源的协调方式具有许多优点:一是吸收和摒弃了计划配置与市场配置各自的优、缺点,形成宏观配置与市场配置二者结合的协调方式,将是未来自然资源配置最好的选择方式;二是在水资源宏观调控下发挥市场机制的积极作用,有利于改变水资源利用的传统观念和方式;三是采取宏观配置与市场配置相结合的协调方式,是保证资源、环境与经济、社会协调、持续发展的重要手段之一,有利于当代人与后代人健康、持续发展(杨木壮等,2014)。

三、我国水资源利用与保护概况

(一)我国水资源概况

我国地域辽阔,陆地国土面积达960万km^2。由于处于季风气候区域,整体受热带、太平洋低纬度带上温暖而潮湿气团的影响,同时西南部受印度洋、东北部受鄂霍茨克海的水蒸气的影响,我国东南地区、西南地区以及东北地区可获得充足的降水量,使我国成为世界上水资源相对比较丰富的国家之一(张晓宇和窦世卿,2006)。

据统计,我国多年平均降水量约$6190km^3$,折合降水深度为648mm,与全球陆地降水深度800mm相比低20%。根据《中国水资源公报(2008)》2008年全国地表水资源量为26 377.01亿m^3,与正常年水平相当;地下水资源量8 121.99亿m^3;扣除地表水与地下水的重复量,全国水资源总量为27 434.31亿m^3,仅次于巴西、俄罗斯、加拿大、美国和印度尼西亚;人均占有水资源量仅为2 118.49m^3,仅相当于世界人均占有量的1/4、美国的1/6、俄罗斯和巴西的1/12、加拿大的1/50,排在世界的121位。从表面上看,我国淡水资源相对比较丰富,属于丰水国家。但我国人口基数和耕地面积基数大,人均和每公顷平均水资源量相对要小得多。联合国规定人均1700m^3为严重缺水线,人均1000m^3为生存起码标准,我国处于严重缺水的边缘,有15个省人均水量低于严重缺水线,其中天津、上海、宁夏、北京、河北、河南、山东、山西、江苏、辽宁等10个省市人均水量低于生存起码标准。

(二)我国水资源时空分布特征

我国水资源分布特征主要表现为时空变化极大,分布极不均匀。

1. 空间分布特征

1)降水、河流分布的不均匀性

我国水资源空间分布特征主要表现为:降水和河川径流的地区分布不均匀,水土资源组合很不平衡。一个地区水资源的丰富程度主要取决于降水量的多寡,根据降水量空间的丰度和径流深度可将全国地域分为5个不同水量级的径流地带(表3-1)。由此可见,我国东南部属丰水带和多水带,西北部属少水带和缺水带,中部地区及东北地区则属过渡带。上述径流地带的分布受降水、地形、植被、土壤和地质等多种因素的影响,其中降水是主要影响因素。

我国是多河流分布的国家,流域面积在100km^2以上的河流有5万多条,流域面积在1000km^2以上的河流有1500条。在数万条河流中,年径流量大于7.0km^2的大河流有26条。我国河流的主要径流量分布在东南和中南地区,与降水量分布具有高度的一致性,说明河流径流量与降水量之间关系密切。

表 3-1 我国径流带、径流深区域分布

径流带	年降水量/mm	径流深/mm	地区
丰水带	≥1600	≥900	福建、广东和台湾的大部分地区,江苏、湖南的山地,广西南部,云南西南部,西藏东南部
多水带	800～<1600	200～<900	广西、四川、贵州、云南的大部分,秦岭—淮河以南的长江中下游地区
过渡带	400～<800	50～<200	黄淮平原,山西大部,四川西北部和西藏东部
少水带	200～<400	10～<50	东北西部,内蒙古、宁夏、甘肃、新疆西部和北部,西藏西部
缺水带	<200	<10	内蒙古西部,准噶尔、柴达木、塔里木三大盆地,以及甘肃北部的沙漠区

2)地下水资源分布的不均匀性

我国是一个地域辽阔、地形复杂、多山分布的国家,北方分布的大型平原和盆地成为地下水储存的良好场所。东西向排列的昆仑山—秦岭山脉,成为我国南北方的分界线,对地下水资源量的区域分布产生了深刻影响。年降水量由东南向西北递减所造成的东部地区湿润多雨、西北部地区干旱少雨的降水分布特征,对地下水资源的分布起到重要的控制作用(张晓宇和窦世卿,2006)。

地形、降水分布的地域差异性,使我国不仅在地表水资源上表现为南多北少的局面,而且地下水资源仍具有南方丰富、北方贫乏的特征。占全国陆地总面积64%的北方地区,水资源总量只占全国水资源总量的19%(约为579km³/a),不足南方的1/3。北方地区地下水天然资源量约260km³/a,约占全国地下水天然资源量的30%,不足南方的1/2。但北方地下水开采资源量约140km³/a,占全国地下水开采资源量的49%。

由此可见,我国地下水资源量总的分布特点是南方大于北方,地下水资源丰富程度由东南向西北逐渐减少;另外,由于我国各地区之间社会经济发达程度不一,各地人口密集程度、耕地开发情况均不相同,使不同地区人均、单位耕地面积所占有的地下水资源量具有较大的差别。

2. 时间分布特征

我国水资源不仅在地域上分布很不均匀,而且在时间上分配上也很不均匀,无论年际或年内分配都是如此。

我国大部分地区受季风影响显著,降水年内分配不均匀,年际变化大,枯水年和丰水年连续发生。最大年降水量与最小年降水量之间相差悬殊,南部地区最大年降水量一般是最小年降水量的2～4倍,北部地区则达3～6倍。降水量的年内分配也很不均匀,长江以南地区由南往北雨季为3—6月至4—7月,降水量占全年的70%～80%;长江以北地区雨季为6—9月,降水量占全年的70%～80%。

正是由于水资源在地域上和时间上分配不均匀，造成有些地方或某一时间内水资源富余，而另一些地方或时间内水资源贫乏。因此，在水资源开发规划、利用与管理中，水资源时空再分配将成为克服我国水资源分布不均、灾害频繁状况，实现水资源最大限度有效利用的关键内容之一。

(三) 我国水资源面临的形势及其对策

1. 我国水资源开发利用形势

1) 水资源总量大，但人均数量少，地区分布不均

我国水资源总量排名世界第六，但人均占有量仅列121位，水资源总体并不丰富。北方地区陆地国土面积占全国的64%，人口为全国的46%，耕地面积占全国的60%，GDP占全国的44%，但水资源却只有全国的19%。同时，我国降水量和河川径流量的60%~80%主要集中在汛期。因此，我国水资源总量并不十分丰富，再加上时空分布极不均匀，水资源可持续开发利用难度较大（张晓宇和窦世卿，2006）。

2) 受气候及人类活动影响，水资源总量呈下降趋势

随着全球气候变化和人类活动影响的进一步加剧，我国北方地区因下垫面条件变化导致水资源数量减少的程度不断加剧，范围继续扩大，使原本十分紧张的北方地区水资源供需形势更加严峻。而南方地区极端天气事件的频繁发生，以及大部分地区枯水年和枯水季节水量较正常年份有较大减少的趋势，也使得南方部分地区面临较为严峻的水资源短缺问题。

3) 基础设施建设滞后，水资源缺乏统筹规划和管理

目前，我国许多流域和区域水资源开发利用的基础设施建设滞后于社会经济发展的需要，尚未形成水资源合理优化配置的格局，水资源利用规划体系仍不够健全，水资源监督管理工作薄弱。

4) 水资源利用效率低下，缺少和浪费水并存

自改革开放以来，伴随着我国经济社会的快速发展，工业、农业及其他产业的需水量也大幅度增长。当前我国水资源利用效率低下，用水方式粗放、用水浪费等问题日益突出，我国单位GDP用水量为世界平均水平的3倍，是国际先进水平的4~8倍；万元工业增加值用水量是先进发达国家的4~6倍；工业用水重复率仅为60%，比发达国家低20个百分点以上。这种浪费用水与缺水并存的现象，更加剧了水资源供需矛盾。

5) 水资源污染严重，生态环境日益恶化

由于我国仍处于经济发展时期，许多企业生产工艺比较落后，且存在规模小、发展快、数量多、分散且排污量大、资源浪费严重等现象，加之农业化肥的大量使用，使得大量工业废水、生活污水和农业污水排放，造成水资源污染严重。同时，由于北方地区地下水的过度开采，地面沉降、沙漠化、河流断流等生态问题日益突出。

2. 水资源可持续利用对策

1) 合理优化配置水资源

根据环境、资源和经济协调发展的原则，运用系统分析和优化方法，以高效利用为目标，按照流域和区域水资源总体规划，在政府宏观调控下，运用市场机制，加强需水管理和用水定额管理，以供定需，优化经济结构和生产力布局，实行水资源总量控制。

2) 综合开发地表水和地下水资源

我国水资源具有分布不均、总量不足、地区差异明显的特点,因此可通过南水北调、回收利用、地下水回灌等手段进行区域性的合理配置,缓解北方地区水资源短缺的矛盾,并做到地表水和地下水有机结合,互相补充,实现地表水和地下水开发达到最大效益(李锋瑞和刘七军,2009)。

3) 提高水资源利用效率

长期以来,我国一直实行粗放型资源利用的模式,水资源浪费严重,利用效率低下,与我国水资源短缺和匹配不合理的现实极不协调。因此,必须要把节水放在首位,依靠科技手段全面推行各种节水技术,发展节水型产业,提高水资源利用效率。

4) 科学保护水资源

有效保护水资源是基于我国水体污染越来越严重、水环境日趋恶化、水体功能下降的现状而提出的一项治本措施。必须加强水资源的科学管理,抓紧治理水污染源,加强水源地的保护,实行在排污总量控制下达标排放,提高污水处理的回用率。同时加强法律法规建设,强化流域水系的有效保护和监督(杨木壮等,2014)。

第二节 地表水资源调查

一、调查内容

(一) 地表水资源量

地表水资源量是指河流、湖泊、冰川等地表水体中由当地降雨形成、可以逐年更新的动态水量,用天然河川径流量表示。要求通过实测径流还原计算和天然径流量系列一致性分析处理,提出系列一致性较好、反映近期下垫面条件的天然年径流量系列,作为评价地表水资源量的基本依据。

(二) 地表水水质

地表水水质是指地表水体的物理、化学和生物学的特征和性质。评价内容包括各水资源分区地表水体的水化学类型、水质现状(含污染状况)、水质变化趋势、供水水源地水质以及水功能区水质达标情况等。

二、调查技术方法

(一) 地表水资源量调查

(1) 单站径流资料统计分析应在以往工作的基础上进行补充分析。

(2) 选取集水面积为 $300\sim5000 km^2$ 的水文站(测站稀少地区可适当放宽要求),根据还原、修正后的 1956—2000 年天然年径流系列均值,绘制同步期多年平均年径流深等值线图。

(3)在单站径流量分析计算的基础上,计算各计算分区的天然年径流量系列。分析计算三级区和地级行政区与年降水量系列相应的年径流量系列的统计参数和不同频率($P=20\%$、50%、75%、95%)的年径流量。

(4)按不同自然地理类型区,选取受地表水开发利用影响较小且径流资料较齐全的代表站,分析天然河川径流量的年内分配特征。

(5)选取国界附近及沿海的水文站,根据实测径流资料计算流入国境水量、流出国境水量、流入国际界河水量和入海水量。选取省界附近的水文站,根据实测径流资料计算入省境水量、出省境水量和流入省际界河水量。按1956—2000年逐年分别进行统计,并分析其年际变化趋势和空间分布特征。

(二)地表水水质调查

(1)水化学类型分析。要求在第一次全国水资源评价相关成果的基础上进行必要的补充。选用钾、钠、钙、镁、重碳酸根、氯根、硫酸根、碳酸根等项目,采用阿廖金分类法划分地表水水化学类型,并调查分析总硬度及矿化度。

(2)现状水质评价。统一以2000年为基准;若2000年数据不全可进行补测或用2000年前后1~2年内的数据代替。要求按河流、湖泊(水库)分别进行评价。河流水质评价项目为pH值、硫酸根、氯离子、溶解性铁、溶解氧、高锰酸盐指数、五日生化需氧量、氨氮、硝酸盐氮、亚硝酸盐氮、氟化物、挥发酚、总氰化物、总砷、总汞、总铜、总铅、总锌、总镉、六价铬、总磷、石油类、水温、总硬度等24项。统一要求的必评项目为溶解氧、高锰酸盐指数、氨氮、挥发酚和总砷等5项。标准采用《地表水环境质量标准》(GB 3838—2002)。

(3)底质污染评价。对污染较重的河流、湖泊(水库),要求进行底质污染现状调查评价。评价项目选用pH值、总铬、总砷、总铜、总锌、总铅、总镉、总汞、有机质等9项,标准采用《土壤环境质量 农用地土壤污染风险管控标准(试行)》(GB 15618—2018)、《土壤环境质量 建设用地土壤污染风险管控标准(试行)》(GB 36600—2018)。

(4)水质变化趋势分析。选择具有代表性的水质监测控制站,包括大江大河大湖及重要水库的控制站、独流入海河流的出口控制站以及人口50万以上重要城市的下游控制站等,进行水质变化趋势分析。

(5)水资源分区水质评价。在河流、湖泊(水库)等地表水体水质现状评价的基础上,以水资源三级区为单元进行。

(6)水功能区水质达标分析。水功能区水质达标分析范围应包括已进行水功能区划的全部范围,各地可在水利部于2002年颁布试行的《中国水功能区划》的基础上,适当扩充、调整。要求将分析成果归并到水资源三级区。

(7)供水水源地水质评价。重点是集中式饮用水水源地,包括水功能区划所确定的保护区中的集中供水水源区、开发利用区中的饮用水水源区,以及20万人口以上城市的日供水量在5万t以上的饮用水水源地等。评价标准采用《地表水环境质量标准》(GB 3838—2002),对标准所列的全部水质项目进行水质级别和达标评价。对缺少有毒有机物评价数据的集中式饮用水水源地,要进行补充监测,对主要超标物,要统计超标率。

第三节 地下水资源调查

一、地下水资源调查的目的与任务

地下水资源调查又称水文地质调查,其目的是查明天然及人为条件下地下水的形成、赋存和运移特征及地下水水量、水质的变化规律,为地下水资源评价、开发利用、管理和保护以及环境问题防治提供所需的资料。虽然地下水资源调查的任务视不同的用途和精度要求而变,但都应查明地下水系统的结构、边界、水动力系统及水化学系统的特征,具体需查明以下3个基本问题。

(1)地下水的赋存条件。查明含水介质的特征及埋藏分布情况。

(2)地下水的补给、径流、排泄条件。查明地下水的运动特征及水质、水量变化规律。

(3)地下水的水文地球化学特征。不仅要查明地下水的化学成分还要查明地下水化学成分的形成条件。

地下水资源调查是一项复杂而重要的工作,其复杂性是由地下水自身特征所决定的。地下水赋存运动于地下岩石的空隙中,既受地质环境制约,又受水循环系统控制,地下水水量、水质影响因素复杂多变,因此地下水资源调查需要采用种类繁多的调查方法,除采用地质调查方法之外,还要应用各种水资源调查方法,调查工作十分复杂。地下水资源调查又是一项基础性工作,其成果为国民经济发展规划及工程项目设计提供科学依据,为社会经济可持续发展及生态和环境保护服务,是一项极为重要的工作。这就要求地下水资源调查人员既要掌握地下水的基本理论并具有较高水平的专业知识,又要熟练掌握地下水资源调查的基本方法,还要熟悉一些非专业技术在地下水资源调查中的应用方法。

二、地下水资源调查的工作步骤

地下水资源调查工作一般分三步进行,即准备工作,野外工作和室内工作。

(一)准备工作

准备工作包括组织准备、技术准备及物资后勤管理工作准备,其核心是技术准备工作中调查设计书的编写。

1. 地下水资源调查设计书的定义

地下水资源调查设计书是调查工作的依据和总体调度方案,是完成地下水资源调查工作的关键环节,在编写设计书之前应充分收集、整理、研究前人资料,如水文、气象、地理、地貌、地质及水文地质等资料,根据现有资料确定调查区的研究程度,对调查区水文地质条件和存在问题有初步认识。当缺乏资料或资料不足时应组织有关人员进行现场踏勘获得编制设计书所需的资料。

2. 地下水资源调查设计书的主要内容

第一部分,对调查区已有研究工作的评述和阐述调查区的地质、水文地质条件内容,包括:①调查工作的目的、任务,调查区位置、面积及交通条件,调查阶段和调查工作起止时间;②自然地理及经济地理概况;③调查区地质、水文地质研究程度和存在的问题;④调查区地质、水文地质条件概述。

第二部分,调查工作设计,内容包括:①计划使用的调查手段,各项调查工作布置方案,调查工作所依据的主要技术规范,调查工作量及每项工作的主要技术要求。布置调查工作时,既要满足有关规范对工作量定额及工作精度的要求,又要考虑保证完成关键任务(如供水中的地下水资源评价),防止平均使用勘察工程量。②物资设备计划、人员组织分工、经费预算及施工进度计划等。③预期调查工作成果。

(二)野外工作

野外工作时应按照设计书的要求在现场进行各项地下水资源调查。要求调查人员对设计内容及要求有全面的了解,同时要有高度的责任心和严谨的科学态度,应高质量地进行观察、测量,认真进行原始资料的编录,正确绘制野外图件。野外工作中要注意各工种与各工作组之间的协调配合,注意发现问题,及时总结经验。随着工作进展和资料的积累,同时还应注意丰富和修改原设计,使之更完善、更符合客观实际。

(三)室内工作

室内工作是将野外调查获得并经过正式验收的各种资料及采集的样品,带回室内进行校核、整理、分析、测试、鉴定,经过综合分析,编制各类成果图件,论证调查区地下水的形成条件、运移规律,对水质水量进行分析计算,探讨解决生产科研问题的途径和措施,编制出符合设计要求的高质量图件和报告书。

三、地下水资源调查的方法

地下水资源是水资源的一部分,由于其埋藏于地下,其调查方法要比水资源调查更复杂。除需要采用一些地表水资源调查方法外,因地下水与地质环境关系密切,还要采用一些地质调查的技术方法。最基本的调查方法有:地下水资源地面调查(又称水文地质测绘)、钻探、物探、野外试验、室内分析、检测、模拟试验及地下水动态均衡研究等。

(1)地下水资源地面调查(又称水文地质测绘),是认识地下水埋藏分布和形成条件的一种调查方法,其工作特点是通过现场观察、记录及填绘各种界线和现象,并在室内进一步分析整理,编制出反映调查区水文地质条件的各种图件,并编制出相应的地下水资源调查报告书。其观测项目一般包括地下水露头调查、水文气象调查、植被调查及与地下水有关的环境地质问题调查。

(2)钻探,最主要的是水文钻探(按国家标准,水文地质钻探称水文钻探)。水文钻探是直接探明地下水的一种最重要、最可靠的勘探手段,其基本任务是:揭露含水层,探明含水层的埋藏深度、厚度、岩性和水头压力,查明含水层之间的水力联系;借助钻孔进行各种水文地质试验,确定含水层富水性和各种水文地质参数;通过钻孔(或在钻进过程中)采集水样、岩土样,确定含水层的水质、水温和测定岩土的物理力学和水理性质;利用钻孔监测地下水动态或将钻孔作为供水井。

(3)地球物理勘探,简称物探,它是以地壳中岩、矿石之间物理性质差异(如密度、磁性、电性、弹性、放射性等)为物质基础,应用物理学原理观测和研究调查地质体与周围地质体间物理性质差异引起的相应地球物理场(如重力场、地磁场、电场等)在空间上的局部变化(称为地球物理异常),推断地下地质构造或地质体的形态、埋深、大小,从而达到地质调查的目的。

(4)野外试验,如野外抽水试验,是通过从钻孔或水井中抽水,定量评价含水层富水性,测定含水层水文地质参数和判断某些水文地质条件的一种野外试验工作方法。抽水试验的方法,按井流理论分为稳定流抽水试验和非稳定流抽水试验;按干扰和非干扰理论分为单孔抽水试验及干扰抽水试验;按抽水试验的含水层数目分为分层抽水试验和混合抽水试验。

随着现代科学技术的发展,不断有新的地下水资源调查技术方法产生,包括航卫片解译技术、地理信息系统(GIS)技术、同位素技术、直接寻找地下水的物探方法及测定水文地质参数的技术方法等,这些方法都大大提高了地下水资源调查的精度和工作效率。

参考文献

李锋瑞,刘七军,2009. 我国流域水资源管理模式理论创新初探[J]. 中国人口·资源与环境,19(6):55-58.

美国不列颠科百科全书公司,2007. 大不列颠百科全书[M]. 北京:中国大百科全书出版社.

曲格平,1994. 环境科学词典[M]. 上海:上海辞书出版社.

杨木壮,林媚珍,等,2014. 国土资源管理学[M]. 北京:科学出版社.

张晓宇,窦世卿,2006. 我国水资源管理现状及对策[J]. 自然灾害学报,15(3):91-95.

中国大百科全书总编辑委员会,1992. 中国大百科全书[M]. 北京:中国大百科全书出版社.

第四章　草地资源调查

第一节　草地资源类型

草地资源是地被植物,以草本或半灌木为主,或兼有灌木和稀疏乔木,植被覆盖度大于5%、乔木郁闭度小于0.1、灌木覆盖度小于40%的土地,以及其他用于放牧和割草的土地。

草地资源可以划分为天然草地和人工草地两大类型。

一、天然草地

天然草地是指优势种为自然生长形成,且自然生长植物生物量和覆盖度占比大于或等于50%的草地。天然草地的类型采用类、型二级划分。

我国天然草地可以划分为草原、草甸、草丛和草本沼泽四大类(沈海花等,2016)。

（一）草原

1. 温带草原

温带草原是指温带半干旱至半湿润环境下多年生草本植物组成的地带性植被类型。草原地区冬季寒冷,夏季温热,降水较少,蒸发强烈；土壤淋溶作用微弱,钙化过程发达,限制高大乔木的生长。草原植物的群落结构简单,季相显著,主要有旱生的窄叶丛生禾草,如隐子草、针茅、羊茅等属,以及菊科、豆科、莎草科和部分根茎禾草等。

依水热条件不同,草原可以划分为典型草原、荒漠化草原和草甸草原等类型。典型草原是草原中分布最广泛的类型,由典型旱生草本植物组成,以丛生禾草为主,伴生少量旱生和中旱生杂类草及小半灌木和灌木。荒漠化草原为最干旱类型,由强旱生丛生小禾草组成,并大量混生超旱生荒漠小灌木和小半灌木。草甸草原是草原中较湿润类型,由中旱生草本植物组成,常混生大量中生或中旱生双子叶杂类草及根茎禾草和苔草。

按热量生态条件,草原可分中温型草原、暖温型草原和高寒型草原。在水分状态不稳定和发生干旱的盐渍化条件下,还会形成盐湿草原或碱性草原。在欧亚大陆和北美大陆温带地区,森林带和荒漠带间构成了欧亚-北美环球草原带；南美洲南部和亚热带非洲,也有一定面积的草原,但远不及北半球发达。在中国,草原广布于东北地区西部、内蒙古、黄土高原北部、西北荒漠地区山地和青藏高原大部分地区。此外,草原还可越带出现在荒漠区山地并在垂直带谱中占据相应位置。由耐寒的旱生多年生草本植物为主(有时旱生小半灌木)组成的植物群落,分布于温带,是一种地带性植被类型。草原地区年降雨量较少,而且降水多集中于夏秋两季,冬季少雪严寒,具明显的大陆性气候。植物以丛生禾本科为主,如针茅属、羊茅属等。此外,莎草科、豆科、菊科、藜科植物等占有相当比重。中国草原是欧亚草原的一部分,由东北经内蒙古直达黄土高原,呈连续带状分布。此外,还见于青藏高原、新疆阿尔泰山前地区以及荒漠区的山地,大致从北纬 51°起南达北纬 35°。

2. 泛滥草原

泛滥草原又称河漫滩草地。指湖泊四周、河道两岸滩地、山麓河道谷地,由于长期洪水泛滥所带泥沙的淤积,或河水溢出河床所带泥沙的沉积,而形成大面积或狭长的平坦草地。沿海由于海水经常回流泛滥、泥沙不断淤积,亦形成大面积滩涂草地。泛滥草地主要分布于河流下游低地、湖泊周围以及沿海滩涂。土壤为淤积草甸土、湖土,海涂为盐碱土,土层深厚、较肥沃。植被以水生、湿生植物为主,主要有芦苇、莎草科植物、菱草、水蓼、鸭跖草、双穗雀稗、长芒稗,以及大穗结缕草、獐茅、盐蒿、碱蓬、大米草等。以禾草为主的草地,产草量高,草质优良,适口性好,适于放牧或刈草用。以杂类草盐蒿占优势草地的草质差,饲用价值较小。

3. 荒漠草原

在干旱条件下发育形成的真旱生的多年生草本植物占优势、旱生小半灌木起明显作用的植被性草地称为荒漠草原或漠境草原。生境及植物类型具草原向荒漠过渡的特征。分布于内蒙古中北部、鄂尔多斯高原中西部、干草原以西及宁夏中部、甘肃东部、黄土高原西部和北部、新疆的低山坡。土壤为淡栗钙土、棕钙土和淡灰钙土,腐殖质层薄。植被具有明显旱生特征,组成种类少,主要为针茅属的石生针茅、沙生针茅、戈壁针茅,蒿属的旱篙子蒿,以及无芒隐子草、藻类及一年生植物。植株高 23～30cm,覆盖度 30%～40%,产草量低,每公顷产干草仅 2～3kg,适于羊、马等放牧。

4. 高山草原

海拔 4000m 以上,在高寒、干燥、风强条件下发育而成的寒旱生的多年生丛生禾草为主的植被型草地称为高山草原(高寒草原)。分布于青藏高原北部、东北地区、四川西北部,以及昆仑山、天山、祁连山上部。混生垫状植物、匍匐状植物和高寒灌丛,如地梅、蚤缀、虎耳草、矮桧等。植物分布较均匀,层次不明显。草层高 15～20cm,覆盖度 30%～50%,产草量低。宜作夏季牧场,适于放牧牛、羊、马等家畜。

(二)草甸

草甸是在适中的水分条件下发育起来的以多年生中生草本为主体的植被类型。草甸与草原的区别在于草原以旱生草本植物占优势,是半湿润和半干旱气候条件下的地带性植被;而一般的草甸属于非地带性植被,可出现在不同植被带内。

草甸的类型多样。根据植物地形学的方法,按照草甸分布的地形部位将其分为河漫滩草甸、大陆草甸、低地草甸、亚高山草甸和高山草甸等。

1. 河漫滩草甸

由于受到周期性洪水的影响,地下水位较低,加上可能出现的盐渍化和人为干扰的影响,河漫滩上通常无林。

河漫滩草甸比较年轻。由于不同地形部位的湿度条件不同,草甸植被的群落类型也有所不同。在比较干旱的地段以双子叶植物占优势;在中度湿润的地段通常是禾本科植物居多;在最湿润的地段通常是苔草占据优势。

2. 大陆草甸

大陆草甸主要分布在森林草原带和落叶阔叶林带，多系人为次生影响形成。从生态类群来说，以中生和旱中生植物为主，同时混有中旱生和真旱生植物。

3. 低地草甸

低地草甸分布于地势低洼、地下水位较浅的地方。由于地下水位较高，低地草甸常遭受沼泽化。

4. 亚高山草甸

亚高山草甸分布于山地森林上界附近的地段，种类丰富，有的以禾草为主，有的以杂类草为主，外貌华丽。草本层可有多个亚层，地表有地被层。

5. 高山草甸

高山草甸在我国又称高寒草甸，由耐寒冷中生多年生草本植物占优势。草群低矮，结构简单，层次划分不明显，一般仅具草本层，在比较湿润的地方还有地被层，优势种有嵩草属、苔草属、龙胆属、蓼属等。主要种类因适应寒冷气候，具有丛生、莲座状、叶片小并被茸毛，生长期短，以营养繁殖为主的特点。

此外，按草甸优势植物的生态特性，可以分为：典型草甸、草原化草甸、沼泽化草甸、盐生草甸和高寒草甸。

1）典型草甸

典型草甸又称真草甸，主要由典型中生植物组成，适生于中等湿度的生境。土壤为排水良好的黑土，富含有机质，排水良好。优势植物以宽叶、中生的多种杂类草为主，外貌华丽，构成所谓的"五花草甸"。

五花草甸在中国主要分布于东北及内蒙古东部的针、阔叶混交林带和落叶阔叶林带，草高大且密生，生殖枝高达1m，叶层高一般为40～50cm，总盖度达80%～95%。产草量高，而且比较稳定，年产鲜草达每平方千米1000t以上。种类组成丰富，种的饱和度高，每平方米20～25种，上层的优势种有大型高株的百合科杂类草，十分醒目，这也是远东地区典型草甸的共同特征。常见朝鲜百合、藜芦、小黄花菜等，此外，尚有紫花鸢尾（玉蝉花）、黄花败酱、山野豌豆等。丛生型的日荫苔草，常为下层优势植物。

2）草原化草甸

草原化草甸以旱中生植物为主，土壤为草甸黑土，集中分布在森林带向草原带的过渡地带，也出现在草原带内土壤水分条件较好的阴坡或宽谷低地上。东北大平原和内蒙古东部广泛分布的羊草-杂类草草甸就是一个代表，草群茂密，总盖度达70%～90%，叶层高一般约50cm。种的饱和度为每平方米15～20种，混有多种中生杂类草，如地榆、五脉山黧豆、野火球、黄金菊、箭头唐松草、蓬子菜等，但旱中生禾草-羊草在群落中仍起优势作用，年产鲜为每平方千米300～600t，优良牧草占60%～80%。羊草是上繁草，适于调制干草，这类草甸是中国的最佳割草场之一。草原化草甸在西西伯利亚的森林草原带也有广泛分布，其代表植物为河岸生雀麦、沙生驴喜豆、六瓣蚊子草以及草甸鼠尾草等。此外，草原化草甸还见于北美洲的混合草原带。

3）沼泽化草甸

在草群中混生有相当多的湿生草本植物，是草甸向沼泽过渡的类型，发育于地势低洼、排水不畅、通气不良的生境。在地下有永冻层的地区,水分不易下渗,土壤过度潮湿,或者在低温的嫌气条件下有机质又不易分解,于是产生了半泥炭化的腐殖质,在这样的地段上常常形成沼泽化草甸。组成沼泽化草甸的植物种类相对贫乏,多由喜湿的莎草科植物占居优势地位。

在温带的低地和河谷湿地,常由苔草和湿生杂类草构成沼泽化草甸,例如,以瘤囊苔草-小花地榆为优势种的沼泽化草甸就广泛分布在大、小兴安岭及长白山地上。另外,青藏高原的湖滨、山间盆地和高山冰川的前缘等地区海拔高,气温低,地下具有不透水的永冻层,土壤强度潜育化,地表经常处于过湿状态,在这里,莎草科的蒿草代替苔草形成沼泽化草甸,草质柔软,适口性好,是高原和高山地区良好的季节性天然牧场。

4) 盐生草甸

盐生草甸由盐中生草本植物组成,分布在具有不同程度盐碱化土壤的低地及海滨。表土含盐分偏高,生境条件严酷,植物具备抗盐的生态特性。有些植物的根系深,以躲避含盐分高的表土,例如,大叶白麻、甘草、芨芨草等。有些植物的叶片多汁肉质化,例如,几种碱蓬、盐爪爪、西伯利亚蓼等;有些植物有泌盐能力,以免体内积聚过多金属离子,例如二色补血草、柽柳等。芨芨草草甸是盐生草甸代表,广布于欧亚大陆的草原带和荒漠带,在中国的内蒙古、宁夏、甘肃、青海和新疆等地分布很广。这类草甸常常出现在干河谷、古河滩和内陆湖盆四周的低平盐碱化滩地上,面积广阔。芨芨草具有高大的株丛,丛冠径130～200cm,草高100～200cm,形成大的丘状植丛,群落较稀疏,平均年产鲜草每平方千米300～400t。冬季大家畜采食其干枯梢部,春季的初生绿叶为各种家畜所喜食,因此,芨芨草草甸在牧区广泛被用作冬春季放牧场。

5) 高寒草甸

在高山和高原的湿润而寒冷的生境中,分布着湿冷中生草本植物,组成高寒草甸,它们也经受着生理性干旱。大面积的高寒草甸分布在中国青藏高原的东部及其周围的高山,例如祁连山、天山和横断山,是这些山地的植被垂直带谱中的组成部分。高寒草甸的下部与高寒灌丛呈复合分布,上部与高寒垫状植被接壤。一般海拔 3500～5000m。分布界线从北向南逐渐升高。

高寒草甸的地势高,日照强,风力大,气温低,最热月份也有时出现霜冻。土层薄,在一定的深度下存在着永冻层,因此,高寒草甸植物的根系盘结,形成坚实的"地毯式"草皮层,耐践踏。草层低矮,盖度大。密丛型短根茎的小形蒿草属植物是这里的优势种,例如矮小蒿草、矮生蒿草、线叶蒿草、禾叶蒿草等。黑褐苔草、珠芽蓼、圆穗蓼、高山龙胆、华丽风毛菊以及异花针茅等是习见的伴生种。这些植物大都具有低矮、被毛茸和营养繁殖力强等适应高寒气候的生态习性。矮小蒿草高寒草甸分布最广,草质营养丰富,适于牧养牦牛和藏羊。

(三) 草丛

草丛是指以草本植物为主的植被类型。

1. 禾草草丛

禾草草丛是指主要由热带亚热带禾草占优势组成的草丛。它们分布范围相当广泛,大都适生于酸性土。草丛的类型很多,分布广的有野古草、金茅和白茅等。

(1) 热带禾草草丛,由热带禾草类植物组成。

(2) 亚热带禾草草丛,本类型分布于亚热带丘陵和山地上,由多年生禾草等中生性植物为主组成,在潮湿的山地上部则以金茅等占优势。

(3)石灰岩禾草草丛,分布在石灰岩地区,该类型因人为活动和放牧的影响而出现。

2. 蕨类草丛

蕨类草丛指主要由中生性的蕨类占优势所组成的灌草丛,多为森林经反复砍伐或农地废弃后所形成的次生类型。

3. 海滨沙生草丛

海滨沙生草丛分布于海岸沙滩上,由于沙滩上各个土壤带的松紧度和含盐量不同,因而植被形成明显的生态系列。

(1)沙生草丛。沙生草丛是指分布在滨海沙地上,由各种矮小的草本和匍匐状的草本或藤本植物所组成的植被。分布面积不大,多成不连续的小片状或带状分布。所在地为风沙土,生长条件差,草丛矮小稀疏,高度多在 30cm 以下,组成简单。

(2)海滨河口草丛。本类型分布于沿海海湾及韩江、珠江、鉴江等河口低地,包括海滨、河口的一些沼生植被和季节性积水地的湿生草丛。

4. 湿生草丛

湿生草丛分布于土壤过度潮湿并常具有泥炭的生境中,由草本植物占优势,莎草科植物起着重要作用的湿生植物群落组成。

(1)湿中性草丛,本类型主要分布在河流的冲积地上,所在地常受河水泛滥的影响。群落组成成分大多数是湿中生性的种类,其间一般没有乔木的分布,灌木的数量也很少。

(2)低地湿生草丛,本类型散布在丘陵谷地、海滨台地和河岸阶地。

(3)山地湿生草丛,本类型分布于地势较高的地方,云雾多,湿度大。

(四)草本沼泽

典型的低位沼泽就是草本沼泽。经常极度湿润,以苔草及湿生禾本科植物占优势,几乎全为多年生植物;很多植物是根状茎,常聚集成大丛,如芦苇丛、香蒲丛、苔草丛等。

1. 生活型草本沼泽

沼泽植物生长在地表过湿和土壤厌氧的生境条件下,其基本生活型以地面芽植物和地上芽植物为主。密丛型的莎草科植物如苔草属、棉花莎草属,嵩草属等占优势,用地面芽分蘖的方式,适应于水多氧少的环境,并形成不同形状的草丘:点状、团块状、垄岗状、田埂状等。后3种草丘的形成,除与组成植物的生物学特征有关外,还与冻土的融蚀有关。它们是形成泥炭的主要物质来源。此外,沼泽植物一般茎的通气组织发达,这也是对氧少的适应。

森林沼泽中有高位芽和地上芽的乔木及灌木。贫养沼泽中乔木发育不良,孤立散生,矮曲、枯梢,生长慢,形成小老树。如中国兴安岭的沼泽中,树龄 150 年的兴安落叶松树高仅 4.5m;北美的北美落叶松,树龄 150 年,树高仅 30cm。灌木有桦属、柳属。小灌木有杜香属、越橘属、地桂属、酸果蔓属、红莓苔子属等。它们在贫养沼泽中,往往形成优势层片,种类多,盖度大。

在中养和贫养沼泽中,地面芽苔藓植物种类多,盖度大,常形成致密的地被层和藓丘。其中以泥炭藓最发达。泥炭藓丘高度不一,中国和日本的藓丘一般较矮,小于 0.5m,欧洲和北美的稍高。

2. 生态型草本沼泽

根据沼泽水和泥炭营养状况的不同,沼泽植物分富养植物和贫养植物。在以地下水补给为主的营养较丰富、灰分含量较高的条件下生长的植物,称为富养植物,如芦苇、苔草、桤木、落羽杉等;在以大气降水补给为主的营养贫乏、灰分含量较少条件下生长的植物,称为贫养植物。贫养植物对恶劣环境具有特殊的适应性:有的植物顶端具有不断生长的能力,如泥炭藓和桧叶金发藓,有的植物具有生长不定根的能力,如圆叶茅膏菜,因此它们能从沼泽表面吸收养料和水分。有的沼泽植物具有旱生结构,如叶片常绿,革质,有绒毛等,这样可以防止水分过分蒸腾,也是对强酸性基质的适应。沼泽中还有营动物性营养的捕虫植物,利用叶片上的腺体,消化动物的蛋白质,以弥补营养不足。中国有多种茅膏菜和猪笼草,北美有瓶子草和捕蝇草,南美火地岛则有茅膏菜和捕虫菜。

二、人工草地

人工草地是指优势种由人为栽培形成,且自然生长植物的生物量和覆盖度占比小于50%的草地。人工草地包括改良草地和栽培草地。

当前还没有一个被人们普遍接受的人工草地分类系统,在不同地区和不同的需要下使用着一些不同的分类方法,分别包括按热量带、利用年限、牧草组合、培育程度、复合生产结构、生活型划分的人工草地类型。

(一)按热量带划分的人工草地类型

1. 热带草地

热带草地是由喜热不耐冷的热带牧草建植的草地,热带有禾本科草7000~10 000种,这些种主要来自暖季草族,如须芒草族、黍族和虎尾草族的种。热带禾本科草大多为C_4植物,具有较高的光合速率,导致较高的生长速度和干物质产量,但它们的消化率低于温带禾本科草。生产上利用的热带禾本科草主要有雀稗属、臂形草属、狼尾草属、黍属、狗尾草属、羡黎草属、虎尾草属、马唐属、须芒草属、双花草属、稗属等。热带栽培豆科牧草品种主要是槐兰族、田皂角族、山蚂蝗族和菜豆族。热带豆科牧草引入栽培的研究开始于20世纪40年代,广泛而深入的研究开始于20世纪60年代。热带豆科牧草在混播草地中的竞争力和持久性不如温带豆科牧草,其主要原因是热带土壤中养分不足,特别是磷和钙,土壤的酸性大,缺少或不能利用相应的根瘤菌株等。生产上利用的主要豆科草种有柱花草属、山蚂蝗属、威氏大豆、大翼豆属、银合欢、毛蔓豆、美洲田皂角、荚豆、紫扁豆、三裂叶葛藤、罗顿豆、黄虹豆等。热带混播人工草地的主要成分是豆科牧草,禾本科牧草的作用在于防止杂草入侵和利用豆科牧草根瘤菌所固定的氮素。从产量上说,禾本科牧草可能比豆科更大一些;从质量上说,豆科牧草是必不可少的。热带人工草地由于全年可以生长,植株高大,是人工草地中产量最高的类型。

2. 亚热带人工草地

亚热带在气候条件上是热带与温带的过渡地带,夏季气温可能比热带更高,冬季气温可以低于0℃并有霜。建植亚热带人工草地的草种,在靠近热带的一侧多使用热带草种,在靠近温带的一侧多使用温带草种。亚热带人工草地一般也可以全年生长,但冬季生长速度明显变低或停滞,部分植株甚或死亡,草层高度大,产量可以达到热带人工草地的水平。需要特别指出的是,亚热带人工草地的牧草既要耐受夏季的高温,又要抗御冬季的霜冻,因此混播牧草尤其是豆科牧草的抗寒越冬能力,是建植人工草地需要考虑的最主要的因素之一。热带牧草中抗寒性强、适于亚热带栽培的草种,有杂色黍、毛花雀稗、宽花雀稗、隐花狼尾草、象草、罗顿豆、大翼豆、圭亚那柱花草、银合欢、紫扁豆及几种山蚂蝗等。亚热带人工草地混播的豆科和禾本科牧草之间的关系,也像上述热带混播草地一样,这里不再赘述。

3. 温带人工草地

温带的特点是有一个较长而寒冷的冬季,一年生人工草地的牧草在冬季死亡,多年生人工草地则有一个长短不等的冬眠期,因此,温带人工草地牧草最明显的特性是具有一定的耐寒性和越冬性。如果说热带、亚热带人工草地必须是禾本科—豆科混播草地,那么由于温带豆科牧草的竞争力较强,禾本科牧草的可食性和消化率较高,除了两者的混播草地外,豆科或禾本科的单播草地十分普遍,如紫花苜蓿草地、多年生黑麦草草地以及一年生的箭筈豌豆草地、燕麦草地等。有关温带人工草地管理方面的研究已经有一个多世纪,所以建植人工草地的牧草品种比较丰富。主要的禾本科栽培牧草有早熟禾、剪股颖属、雀麦属、䅟草属、猫尾草属、鸭茅、羊茅属、黑麦草属、狗牙根属、看麦娘属、燕麦属、高粱属的种和品种。主要的豆科栽培牧草有苜蓿属、三叶草属、百脉根属、胡枝子属、小冠花属、紫云英属、红豆草属、草木樨属、野豌豆属、羽扇豆属、山黧豆属、豌豆属的种和品种。

4. 寒温带人工草地

寒温带是温带和寒带的过渡地带。气候的特点是冬季很长,十分寒冷,极端最低温度可在−35℃以下;相反,夏季日照很长,虽然22℃以上的典型夏季气温不超过一个月,但10℃的时期可达70~110d,极端最高温度也可达35℃以上。年降水量一般在150~500mm之间,但由于气温低,蒸发量小,表现较为湿润。在这种气候,尤其是这种热量条件下,典型的温带牧草如紫花苜蓿、红豆草、二年生的草木樨以及多年生黑麦草等难以越冬,而喜冷和耐寒的牧草如无芒雀麦、猫尾草、伏生冰草、草地早熟禾以及寒带和高山带人工草地使用的一些种可以很好地生长。

5. 寒带和高山带人工草地

寒带大致以极圈为界线,夏季短暂,最热月平均气温不超过10℃,且经常有霜;冬季漫长,十分寒冷,且有强风;一年之内辐射变化很大,夏季长昼,冬季长夜;降水量超过蒸发量,但绝对量也不过200~400mm。土壤潜育化、泥炭化和呈强酸性,永冻层接近地面,这样就决定了地面极度有机化和在大、中地形部位上形成热喀斯特地貌。高山带的气候条件大致与寒带相同,但辐射很强,日照长度取决于其所处的纬度,不一定是寒带的长昼和长夜。降水量差异很大,土壤湿度可以从极干到极湿。土壤酸度可以从酸性到碱性。在寒带和高山带的上述生境条件下,栽培牧草的生长期很短,并在冬季来临时,生长会陡然中止。较厚的雪被层对牧草的越冬和翌年生长有重要的作用。夏季的长日照在一定程度上弥补了生长期短的缺陷。寒带和高山带的栽培牧草以禾本科为主,主要的有草地早熟禾、羊茅、紫羊茅、极地剪股颖、苇状极地剪股颖、猫尾草、无芒雀麦、彭披雀麦、堰麦草、加拿大拂子茅、极地冰草。真正适用于寒带和高山带的多年生豆科牧草尚未培育出来,但在寒带的南部—森林冻原带和亚高山带的某些地区,冬季有积雪层时,可以栽培红三叶、白三肠十、杂三叶、牛角花、黄花苜蓿以及一年生的箭筈豌豆和豌豆等。

(二)按利用年限划分的人工草地类型

根据草地的利用年限和打算持续利用的年限,可以将人工草地划分为临时人工草地和永久人工草地两大类。

1. 临时人工草地

临时人工草地指在轮作系统内利用年限不超过5年的短期利用的播种草地。临时草地有单播临时草地和混播临时草地之分。临时人工草地除了在短期内获得高额牧草产量外,还可以改善土壤结构、恢复土壤肥力,为作物提供良好的生长条件。临时人工草地主要用于割草,再生草用于放牧,因此多为产奶农场建植和利用。由于利用年限较短,临时人工草地的建植和管理成本较高。

2. 永久人工草地

永久人工草地指在轮作系统以外利用年限超过5年的长期利用的播种草地。永久人工草地通常由多年生禾本科和豆科牧草,或落籽自生的一年生豆科牧草,如地三叶和多年生禾本科牧草混播而成。人工永久草地一般可以连续利用20年以上而不必重新播种,因此在建植和管理费用上相较临时草地低。为了维持永久草地的植物学成分和高产,施肥、排灌和补播是重要的管理措施。永久草地以放牧利用为主,但也可以刈牧兼用。在英国新的农业用地分类中,永久草地又被分为重播草地和老龄草地两部分。重播草地是播种后利用了5年以上但少于20年的草地,老龄草地是已利用了20年以上并准备继续利用的草地(Lazenby et al.,1983)。

(三)按牧草组合划分的人工草地类型

这是根据植物学成分的特征划分的人工草地类型。

1. 单播人工草地

单播人工草地是在同一块土地上播种一个牧草种或品种建植而成的草地。单播人工草地播种方法简单,易于培育和收割,管理费用低。单播人工草地主要用作割草地和种子田。单播人工草地可分为以下两种。

(1)豆科单播人工草地。包括一年生豆科单播人工草地,如箭筈豌豆草地;二年生豆科单播人工草地,如白花草木樨草地;多年生豆科单播人工草地,如紫花苜蓿草地。

(2)禾本科单播人工草地。多在生境不良,豆科牧草生长不宜的条件下建植,如高寒、潮湿多雨、土壤酸度大、含钙少、地下水位高的地区等。禾本科单播人工草地也有一年生单播草地,如多花黑麦草草地、多年生单播草地、多年生黑麦草地等。

单播人工草地具有较多缺点,如杂草容易孳生,病虫害易猖獗,对土壤营养元素吸收单一、牧草营养成分不易完全等。

2. 混播人工草地

混播人工草地是指将两种或两种以上的草种同时或先后播种在同一块土地上而形成的草地。2~3种牧草的混播称为简单的混播,4种以上的混播称为复杂的混播,混播草地根据其种的组成可分为下列类型。

(1)多年生禾本科—豆科混播草地。这个类型是混播草地中最常用的类型,占有重要的地位。混播的草种组成临时草地时多用1~3种,组成永久草地时多用5~6种或更多。由于在利用尤其是在放牧利用的过程中,豆科牧草会逐渐减少乃至消失,为此除合理选用草种外,在管理上需注意合理施肥(如少施氮肥,多施磷肥和钙肥),合理使用有效的豆科牧草根瘤菌。选育耐氮肥的豆科草种以及及时地补播等。

(2)一年生禾本科—豆科混播草地。这是临时草地混播的重要类型之一,如燕麦+箭筈豌豆草地等。

(3)多年生禾本科混播草地。这个类型的混播草地主要是为了利用廉价的氮肥而发展起来的。在大量施用氮肥的情况下,对氮素敏感的禾本科草同样能获得高产。不同生活型和生长型的禾本科草组合,也能充分发挥种间互补和充分利用空间的作用。

(4)多年生豆科混播草地。这类草地主要是为了解决蛋白质不足而发展起来的,其优点是牧草有稳定的高产量,粗蛋白含量高,不易倒伏、便于收割,饲喂牛羊可减少膨胀病的发生,能减轻病虫害,可迅速提高土壤氮素等。

(四)按培育程度划分的人工草地类型

1. 人工(栽培)草地

这是将原有植被破坏后,播种牧草,完全改变了植被成分,并在施肥、排灌、除莠、补播、耕耙、防治病虫害、合理利用等培育措施下形成的高产优质草地,也称治本(根本)改良的草地或完全的人工草地。

2. 半人工草地

这是在不破坏或少破坏天然植被的基础上,给予施肥、排灌、补播、休闲、防治病虫害、合理利用等培育措施,提高了牧草产量和质量,并改善了植物学成分的草地,是治标(表面)改良的草地。它由于基本上仍保持了原有的植物学成分,因此被称为半人工草地或半天然草地,也可称近天然草地。

(五)按复合生产结构划分的人工草地类型

人工草地的建植、管理可以和农作、林木、果树等生产组分结合在一起,构成一个较复杂的生产系统,从而获得较单一生产类型更高的经济效益、生态效益,这样的生产系统称为复合农业生产系统。根据牧草与其他生产组分结合的情况,可以将人工草地划分为下列3种类型。

1. 农草型人工草地

农草型人工草地就是和农作物生产结合在一起的播种草地,草田轮作就是这种结合的形式,其特点是农作物和牧草在时间上的结合,如年内的复种形式和年际的轮种形式,前者是短期一年生的豆科草地,如箭筈豌豆草地、毛苕子草地、紫云英草地等,后者是短期利用的多年生豆科或禾本科—豆科草地。

2. 林草型人工草地

林草型人工草地是与林业生产相结合的播种草地,其特点是森林和草地在空间上的结合。林草型人工草地可以是在森林中进行择伐或皆伐,改善地面光照条件后播种建立的草地;也可以是在耕作后的土地上,按一定的间距带状或块状播种牧草和种植树木建立的草地和森林相结合的复合人工植被。与森林相结合,对保护人工草地,改善环境条件,提高生产力均有好处。林草型人工草地近年来在北欧、日本、印度、南美等地有很大的发展,适用的草种也很多。

3. 果草型人工草地

果草型人工草地是果园与家畜饲养业相结合的纽带,是现代复合农业的一种重要形式,其特点是果树和牧草在种间上的结合。这种结合表现为在果草优化组合的基础上,在果树的间隙种植牧草,形成好似树草混播的人工草地。这样可以在多层次上利用日光能,生产多种产品,增加收入;同时还可以提高土壤有机质,改良土壤结构,给果树提供氮素营养,保持水土等。果草型人工草地以栽培耐阴的豆科牧草为主,也可有一定的禾本科草。果草型人工草地近年来在热带经济树木种植园如椰树园、橡胶园和油棕园等也获得了很大的发展。

(六)按生活型划分的人工草地类型

根据草原或草地的定义,生长草本、灌木或乔木并可为家畜放牧或割草后利用的植物群落,都可包括在草原或草地的范围之内,因此,可以根据人工饲用群落主要成分的生活型划分人工草地的类型。

1. 人工草本草地

人工草本草地是典型的人工草地,它是以草本植物为基本成分的人工群落,前面已详细论及,不再赘述。

2. 人工灌丛草地

人工灌丛草地是以栽培的灌木为基本成分的人工群落。由于灌木的适应性和抗逆性强,建植和利用得比较广泛,可稳定生产优质的嫩枝叶饲料供家畜和野生动物摘食饲用。灌木的栽培种在热带和亚热带地区主要有银合欢、木豆、羊紫荆、木兰、灌木更豆、禾禾巴等。温带地区有紫穗槐、二色胡枝子、美丽胡枝子、三齿苦木、滨藜、驼绒藜等。

3. 人工乔林草地(饲料林)

人工乔林草地是以乔木为主的人工饲用群落,可为家畜和野生动物提供稳定而优质的枝叶饲料,并能改善放牧条件(冬季避风,夏季遮阴)。人工乔林草地的栽培树种以阔叶树为主,针叶树一般不能建植饲料林。热带和亚热带的树种主要有羊蹄甲、破布木属、厚壳树属、榕属、扁担杆属、白背桐属、香椿属、金合欢属等的种(赵勇斌等,1993)。温带地区有栎属、槐属、杨属、柳属、桦属、桤属、梭梭属等的种。

第二节 草地资源概述

一、草地资源的功能

草地资源为人类提供了多种产品和服务,主要包括:提供净初级生产物质、碳蓄积与碳汇、调节气候、涵养水源、水土保持和防风固沙、改良土壤、保持生物多样性等(于格等,2005)。

(一)提供净初级生产物质

草地资源中的植物群落,通过光合作用提供净初级生产物质,为消费者和分解者提供必需的物质和能量。草地资源提供初级生产物质的功能具有重要的意义和价值,它既是草地生态系统的多种功能能否正常发挥的基本条件,同时也是进行次级物质生产的基础(周寿荣,1998)。

(二)碳蓄积与碳汇

草地资源是陆地生态系统的重要组成部分,可以通过光合作用吸收大气中的CO_2。因此,草地资源对调节大气成分具有重要的作用。同时,草地资源也是受人类干扰较严重的生态系统,一旦草地受到破坏后,草地中存储的大量的碳将重新回到大气中,这必将增大CO_2的排放,加剧温室效应和全球变暖。显然,草地资源的碳蓄积及碳汇作用,对于全球温室气体减排具有重要的意义。

(三)调节气候

草地资源对气候的调节主要表现为吸收温室气体,改变地表反射率,进而改变地表温度,调节湿度。

随着人类活动的加剧,大气中温室气体的浓度显著增高。草地资源可以吸收大量CO_2,储存于植物体和土壤中。研究表明,天然草原是N_2O的弱源,是CH_4的汇,即天然草地排放N_2O,吸收CH_4。

地表植被的蒸腾作用能够增加草地区域内的相对湿度,进而能够在一定程度上增加区域的降水量;同时草地植被保护土壤不受阳光直射,从而降低了地面温度和减少地面热流上升,最终达到改变区域气候的功能。草地植物的光合作用和蒸腾作用都需要水分,从土壤中进入植物体内的水分,有95%~97%通过蒸腾作用损失,同时还通过细胞壁排出水汽。根据计算,草地植物每生产1kg的干物质,需要蒸腾掉100kg的水分,这些水分可以增加空气的湿度。草地资源的存在,可以在一定程度上调节区域的大气湿度。因此,可以说草地等植被类型是改善局地生态环境的重要物种(周寿荣,1998)。

(四)涵养水源

天然草地不仅具有截流降水的功能,而且相较空旷裸地有较高的渗透性和保水能力,对涵养水源有着重要的意义。王根绪等(2003)通过在青藏高原上进行土地覆盖与土壤含水量之间关系的测定试验,得出以下结论:广泛分布于青藏高原河源区的高寒草甸草地,植被覆盖度与土壤水分之间具有显著的相关关系,尤其是在0.2m深度范围内土壤水分随植被覆盖度呈二次抛物线趋势增加。在保持原有的植物群落和较高植被覆盖度时,土壤上层具有较高的持水能力,降水通过表层向深层土壤渗透的速度缓慢,且具有较均匀的土壤水分空间分布,水源涵养的功能十分明显。而当高寒草甸退化后,土壤趋于干旱,持水能力减弱,即使在进行了人工土壤改良之后,土壤水分含量与持水功能也不再会有明显改善。

(五)水土保持和防风固沙

草本植物群落对地表形成一定的覆盖,其根系固结着土壤,使土壤可以免受水分侵蚀。所以草地资源对于防止水土流失、减少地面径流作用显著。

草地生态系统对防风固沙同样具有重要的作用。根据风沙物理学的基本理论,植被通过覆盖地表、增大空气动力学粗糙度、提高摩阻速率等生态过程来降低近地层气流的影响,从而实现对地表的保护作用。植被主要通过3种生态过程对地表土壤形成保护作用：覆盖部分地表，使被覆盖部分免受风力的直接作用；增加下垫面粗糙度，吸收和分散地面以上一定高度内的风动量，从而达到减弱到达地表面风动量的目的；拦截运动的沙粒，促使其沉积（Wolf et al.，1996；张华，2003）。

（六）改良土壤

草地植被在土壤表层下面具有稠密的根系并残遗大量的有机质。这些物质在土壤微生物的作用下，能够促进土壤团粒结构的形成，从而具有改良土壤、培养肥力的功能，同时由于土壤腐殖质与钙质胶结，能够在一定程度上提高土壤的抗蚀性。

（七）保持生物多样性

草地资源在地球上分布十分广泛，跨越多种水平气候区和垂直气候带。自然条件的复杂性，带来了物种种群和群落的多样性，致使草地资源中蕴藏着丰富的生物种质资源。这些物种资源对自然群落的演替、对自然种群的发展和物种的演化起着重要的作用。也就是说，草地资源是动物和微生物的重要栖息地，保存了大量有价值的物种，这些物种通过自然选择和杂交，可能产生一些新的特性和变种，这必将进一步推动草地资源中动物种群的发展。

二、我国草地资源概况

（一）发展现状

2021年8月26日上午，自然资源部召开新闻发布会，公布第三次全国国土调查主要数据成果。数据显示，截至2019年12月31日（标准时点），全国草地26 453.01万 hm^2（396 795.21万亩）。其中，天然牧草地21 317.21万 hm^2（319 758.21万亩），占80.59%；人工牧草地58.06万 hm^2（870.97万亩），占0.22%；其他草地5 077.74万 hm^2（76 166.03万亩），占19.19%。草地主要分布在西藏、内蒙古、新疆、青海、甘肃、四川等6个省（自治区），占全国草地的94%。

（二）存在的问题

1. 草地退化严重，鼠害草地面积呈不断扩大趋势

我国有84.4%的草地分布在西部。由于不合理的利用，草原生态系统遭到严重破坏。1999年，西部地区可利用草地面积为2.6亿 hm^2，占西部草地总面积的81.4%；草地鼠害面积为1.23亿 hm^2，占可利用草地面积的47.3%。1986—1999年，西部地区可利用草地面积快速减少，每年平均减少100万 hm^2 以上；而退化草地面积和鼠害草地面积则明显增加（刘高朋和马翠，2020）。

2. 草地质量持续下降，草地生态承载力降低，草地超载现象越来越严重

我国草地在总面积减少的同时，草地质量也在不断下降。主要表现在草地等级下降、优良牧草的组成比例和生物产量减少、不可食草及毒草比例和数量增加等方面。由于草地质量不断下降，大多数地区的草地承载力也持续下降，如内蒙古、新疆、甘肃的草地承载力显著下降；而草地负载的牲畜数量不仅没有相应下降，反而增加了，因此各地区草地超载情况越来越严重,其中新疆、内蒙古和宁夏的超载率较高,分别达到184%、165%和172%。以内蒙古为例,该区每只羊拥有的草地面积由20世纪50年代的3.3hm^2,减少到80年代的0.87hm^2,到90年代末仅为0.42hm^2。这种恶性循环的局面如不及时加以控制,必将给当地的畜牧业生产和自然生态环境带来严重后果。

3. 草地生态功能下降,沙化草地已成为重要的沙尘源区

草地不但具有重要的经济价值,还具有极其重要的生态调节与保护功能。但长期以来,草地的生态功能及综合价值未受到应有的重视,部分地区把天然草地当作宜农荒地开垦,致使草地面积不断减少。根据遥感调查,20世纪90年代的后5年,西部地区所减少草地的54.86%转化为耕地,29.80%转化为未利用土地;再加上过牧、樵采、过垦、滥挖屡禁不止,致使该地区草地植被破坏严重,草地的生态屏障作用日渐降低,成为重要的沙尘源区(刘高朋和马翠,2020)。

(三)改善措施

1. 从全流域(区域)的角度进行草地退化治理

治理退化的草地,要从根本上解决问题,树立全流域、大生态的观念,要加强宏观调控,统筹规划,协调好流域、区域的关系,确保草地生态用水。严格控制草原地区的地下水开采,严禁在缺水地区建设高耗水项目。

2. 紧急启动区域性的草地生态环境保护规划

目前许多草原地区都已开展了各种各样的生态环境规划,但大部分是以行政单元为基础,缺乏区域、流域的整体思想,因此难免顾此失彼,虽然局部环境可能得到好转,但也可能影响到草地的整体环境。因此,应站在国家的高度,从全局的利益出发,统筹规划,长远规划,以区域、大流域作为规划的基础范围,协调好区域经济发展和草地生态保护的关系。

3. 改变草地生态保护资金投入机制

国家应对有利于生态保护的长期投资项目给予政策上的优惠和支持。各级政府应增加生态环境保护的投入,逐步建立流域补偿、资源开发补偿、遗传资源惠益共享的生态补偿机制。生态保护投入应按照事权划分的原则,中央政府主要负责以生态效益为主的天然草地的保护与恢复,生态功能保护区、自然保护区等的投入,对有经济效益的生态建设应采取国家指导、谁受益谁投资的原则。

4. 改善人与自然的关系

草地生态环境的保育、改善,重在改变人与自然的关系。如果不能从根本上改变人与自然的关系,再多的投入也只能是边治理边破坏。首先,应调整人的经济行为,改变只注重眼前利益、忽视长远利益,只注重个人利益、忽视国家利益的行为;其次,国家在生态保护与建设、产业结构调整的资金投入上,应从解决根本问题入手,而不是简单的建设工程投资;最后,在管理上,应采取生态系统的方式,充分考虑人与自然的协调发展。

三、我国天然草地概况

(一)发展现状

中国是草地资源大国,拥有的各类天然草地4亿hm^2,约占国土面积的41%,仅次于澳大

利亚,居世界第二位。我国天然草地主要分布在年降水量 400mm 以上的干旱、半干旱地区,南方和东部湿润、半湿润地区以及东部和南部海岸带等。

中国天然草地资源分布的 3 个主要区域如下。

1. 北方温带草地区

北方温带草地区位于 400mm 等雨线的西北,以大、小兴安岭向西、西南直至新疆西部国境线,它的面积约占全国草地总面积的 41%,其中温带草原是中国最主要的草地畜牧业地区。地带性草地依次为草甸草原—典型草原—荒漠草原—草原化荒漠—温性荒漠更替分布。东部是以羊草、贝加尔针茅草甸草原为主的呼伦贝尔草地和松嫩草地,中东部是以大针茅、克氏针茅草原为主的锡林郭勒草地和科尔沁草地,中部是以克列门茨针茅、短花针茅荒漠草原为主的乌兰察布草地,西部是荒漠背景中的山地草原,如祁连山、天山等山地草原。该地区以山地草甸和山地草原为主体,在北疆形成伊犁、阿尔泰 2 片牧区草地。

2. 青藏高原高寒草地区

青藏高原草地连片,约占全国草地总面积的 38%。地带性草地为各类高寒草地,由东南向西北依次为高寒草甸—高寒草甸草原—高寒荒漠草原—高寒荒漠更替分布。东部、东南部是以几种小型嵩草、紫羊茅、藏北嵩草高寒草甸为主形成的阿坝草地、甘孜草地、甘南草地和环青海湖草地 4 片牧区草地;中部是以紫花针茅为主形成的高寒草原;西北部逐渐过渡为高寒荒漠。该地区草地水热条件差,生产力低,还有 12% 的草地目前难以利用。

3. 南方和东部次生草地区

该区草地面积占全国草地总面积的 12%,绝大部分系森林植被屡遭破坏后形成的次生草地,以秦岭—淮河一线为界,以南为热性草丛草地。此外,沿湖滨、河流、海岸带分布有一部分隐域性低地草甸草地。草地分布零星,产草量高,但草质差,目前利用条件尚不充分。

(二)存在问题

1. 天然草地面积不断减少

过量放牧造成天然草场草原生产能力逐渐退化,生态环境逐渐变差,此外各种工程项目建设占用大量天然草地,同时在项目施工中不注重对周围草场的生态环境保护,随意践踏草场,随意破坏草场设施,使草地面积锐减,草地生产能力逐渐变差。另外很多农牧民群众在发展农业产业过程中,大面积草原被开垦转变成农业用地,山地草甸生态系统十分脆弱,开垦后又不能种植农作物,使原有的生态群落遭受严重破坏,天然草场面积锐减。

2. 天然草地荒漠化、石漠化现象加重

很长一段时间内,冬春季节干旱和载畜量较大是影响天然草场不合理利用的主要问题。超载放牧使草地植被不能得到休养生息,导致草场退化严重,天然草场植被覆盖率呈现逐渐下降趋势,进而造成草场水土严重流失,逐渐陷入覆盖率越低、水土流失越严重的恶性怪圈。植物生长条件变差,难以在草场上生长,种群结构发生严重变化,优质牧草数量显著下降,草场稳固土壤的防护能力逐渐变差,加重沙漠化进程(麦丽亚·伊尔斯比克等,2020)。

3. 草地监管力度弱

基层地区的草原监理队伍较为薄弱,整体监管成效较差。由于监管人员数量较少,基础设备投入不足,造成技术推广体系不完善、不全面,使草场生产管理推广等各项技术难以在基层地区得以普及。近年国家和政府部门高度重视草原生态环境保护,并实施多个生态项目,但是由于资金投入不足,对天然草场的保护作用有限,并且普遍存在草畜不配套、后期管理不善的问题。

4. 牧草品种单一

在天然草场改良过程中,很多地区未结合草场植被的生长特性,改良措施比较单一,选择的牧草品种比较单一,主要以禾本科牧草为主,没有构建有效的混交群落,使整个草场的生态系统比较单一,缺乏生物多样性。整个草场的抵抗能力较差,一旦蝗虫鼠害暴发流行,很容易加重对天然草场的破坏。

(三)改良措施

1. 春季休牧

大力实施退耕还草工程,能使天然草场的植被休养生息。春季连续在同一个草场放牧,会导致刚萌发的牧草被啃食殆尽,难以生长发育。因此在天然草场利用过程中,应指导养殖户春季停止放牧,随着休牧时间的延长,草场牧草生产量会迅速增大,牧草能得到充分生长,能加速生态群落结构完善,也能进一步增强草场的耐受能力。春季为保证牲畜健康生长,应充分利用辖区范围内的各种饲草资源,适度发展饲草种植基地和草产品加工产业,转变养殖户的养殖模式,逐渐由放牧养殖向舍饲集约化养殖转变,并及时对牲畜产品加工输出,这是解决草地畜牧养殖产业和草原生态环境保护矛盾的最有效途径(王庆国等,2010)。另外还应进一步加强人工种草比例,通过利用夏末秋初的空闲时间种植饲用燕麦、青稞等青干草,保证牲畜在春季有优质的青草来源。在整个禁止放牧期间,可以向牛羊群增加适当的精饲料,这样能有效避免春季牛羊掉膘。在天然草原植被恢复时,通过建植或者补种,能在短时间内构建大面积的人工草场,满足牲畜饲草来源,并加速天然草场生态环境恢复。在放牧管理中,科学合理地利用人工草地是解决春季牲畜养殖问题的另外一个有效途径。

2. 划区轮牧

牛羊在放牧养殖中会对某一种或某一类牧草具有选择性,如果长时间在同一个地块放牧,会导致牧草中的植物群落结构发生变化,改变牧草群落中的数量,使劣质牧草数量不断增加,优质牧草数量逐渐下降,草场生产能力逐渐下降。新疆地区冬春季节干旱,春季干旱少雨,牧草生长速度较为缓慢。受到无霜期短、干旱气候对牧草生长产生的影响,牧草生长周期相对较短,地上和地下牧草的生物量普遍较低,如果连续在同一个地块放牧,会造成牧草再生能力逐渐变弱(刘荣,2010)。因此,在今后放牧养殖中,应对各个放牧区域进行科学划分,在不同草场轮换交替放牧,给不同草场休养生息的机会、加速牧草生长,以保护天然草场生态环境、提高草场生产能力。

3. 加强草地监测,掌握草地演变规律

通过对天然草场进行有效监测,认真做好天然草场生态监测预警工作,掌握辖区范围内天然草场的实际面积变化、草场生产能力、载畜情况、生态环境状况、草地病虫害发生情况,能为草场利用制定科学有效的方案。同时还能根据草地的生产能力确定最佳承载量,避免过度放牧、超载放牧,确保天然草场实现可持续发展。

4. 加大基础设施建设,提高保护利用效果

要广泛依托各个生态项目,不断完善基层草地的基础设施建设。通过修建围栏,推行以草定畜、划区轮牧的制度,真正达到草畜平衡,提高草地资源利用效率。通过转变传统养殖模式,将牛羊圈养在圈舍中集中养殖;通过构建饲草饲料基地,倡导农民群众加强人工种草,减轻对天然草场造成的压力,促进天然草场植被快速恢复(邱馨慧等,2013)。另外,还应重点做好天然草场各种病虫鼠害和有毒有害杂草的防除工作,掌握病虫害实际流行特点,及时采取措施防控,只有这样才能降低各种内在因素对草场生产产生的影响,维护草原生态平衡。

四、我国人工草地概况

(一)发展现状

我国近5年来各类人工草地面积达到2000万hm^2以上,商品草生产400万t,主要有紫花苜蓿、羊草、青贮玉米、黑麦草、燕麦、苏丹草(卢欣石,2013)。2012年全国苜蓿种植面积为133万~167万hm^2,主要分布在甘肃、宁夏、内蒙古、黑龙江、辽宁、河北等地(豆明,2013)。我国单位面积草地的畜产品生产水平只相当于新西兰的1/80,美国的1/20,澳大利亚的1/10。发达国家的畜牧业产值平均占农业总产值的60%~70%,而我国畜牧业产值仅占农业总产值的35%左右,其中草地畜牧业仅占5%,与畜牧业发达国家存在巨大差距。

我国在优质牧草品种选育、种植技术、田间管理到收获加工等过程都远落后于畜牧业发达国家。就苜蓿品种而言,全世界育成品种1000余个,仅苜蓿在美国就有220多个经过审定的品种提供给种植户;而我国60年来育成160余个各种牧草新品种,其中苜蓿6个种植区,育成品种35个,包括抗旱(草原1、2、3号)、抗寒(龙牧)、高产(中苜、公农、甘农)、耐盐(中苜)、抗病(中兰、新牧)、抗虫(甘农)等,在国内大面积推广不足20种(杨青川和孙彦,2011)。在草产品收获方面,畜牧业发达国家牧草收获过程中田间损失率和储藏损失率均在5%以下,我国牧草收获过程中田间损失率高达20%以上,储藏损失量也高达15%。畜牧业发达国家加工生产的草产品包括干草、青贮饲料、草块与草颗粒、草粉、秸秆和叶蛋白等六大类,在苜蓿叶蛋白药品、食品、饮料、化妆品、洗涤用品等开发应用方面发展迅速,而我国的草产品加工77%以上还停留在原始的草捆阶段(李凌浩等,2016)。

(二)存在问题

当前的主要问题是,我国人工草地生产与生态功能分块管理,草地管理目标、模式与技术"单一",资源要素在空间与时间上缺乏优化配置,牧草带、饲养带、生态功能区分离,产业链内部耦合与级联效应相互抵消。这在退耕还草、风沙源治理、发展苜蓿振兴奶业等几个大的国家战略与行动计划中均有所表现。此外,十分缺乏具有区域特色的草原牧区发展新模式。"生态草业"强调草地的生态和生产功能的协调发展,通过科学配置草地的生态和生产功能,利用10%左右的优质土地建立集约化高产人工草地,90%草地以保护为主,在恢复退化草地的同时大幅度提高草地生产力和生产功能,实现我国草业良性可持续发展,从而改善民生、保障我国粮食和国土生态安全(张新时,2000;李凌浩,2008;方精云,2012)。

(三)建设原理

1. 可持续性原理

水分有效供应是限制未来世界人工草地,特别是灌溉苜蓿人工草地可持续性的第一因素。当前,世界上1/3的人口面临水资源匮缺,到2025年水资源需求量将增加50%。人工草地未来可持续发展必须考虑如何提高水分利用效率。同时,不合理灌溉(过量、不足、不均匀)比其他任何管理措施对苜蓿产量的制约都大。因此需要依据水分资源分布的时空特征去规划人工草地布局,以最大限度地节约用水。在半干旱地区,大力推广节水灌溉技术,并加快旱作人工草地建植技术的研发。在降水量高、地形陡峭、易产生径流的丘陵地区,要十分注重避免氮素淋溶损失对周边水体产生氮富集,污染饮用水、河流、水体生态系统及入海口环境(Foley et al.,2011)。对于具有高度固氮能力的豆科人工草地,这个问题可能导致与全球农田施氮肥类似的新的全球氮循环热点问题。长期大规模单一牧草品种种植会对区域生物多样性,特别是土壤生物网和地上食物链产生严重影响(Tilman et al.,2002)。因此,要十分重视发挥人工草地的生态系统服务功能;注重混播半人工草地建设,发挥生物多样性的补偿功能,保持一定的生态异质性;延长人工草地利用年限,增强其稳定性。

2. 生产力调控原理

人工草地管理的总体思路是,在可持续性原理的大框架下开展设计,将精准农业的发展思路引入到草地管理的实践中,建立"精细草业"的概念与理论体系,研发出高度人工设计和定向干预的人工草地调控技术,通过对草地生态系统进行适应性管理,最终实现"生产力提高、稳定性维持和固持力提升"的目标(李凌浩等,2012)。精细草业的思路是在未来草地管理与草业可持续发展的实践中,要精心规划技术路线,精准设计实施方案,精良装备技术手段,精确调控环境要素。具体而言,在人工草地管理与调控中,要以地块为基本单元,以目标物种和功能群为基本对象,对水、土、气、生要素的调控要精准集约,对地上与地下过程调控要精确定位,对生态系统功能与过程的时空动态要精致耦合。

3. 生产-生态功能协同原理

通过科学配置草地的生产功能和生态功能,实现生产和生态功能的双赢。注重人工草地与天然草地的功能互补与置换效应。即利用少量边际/退耕农田草地,建立集约化人工草地,使优质饲草产量大幅提高,从根本上解决草畜矛盾;对大部分天然草地进行保护、恢复和适度利用,提升其生态固持能力、生态屏障作用和生态旅游功能,高度重视发挥人工草地的生态系统服务功能。草地管理目标、模式与技术"多元化",资源要素在空间与时间上优化配置,牧草带、饲养带、生态功能区要高度耦合,放大产业链之间的级联效应。大力发展具有国家、区域特色的人工草地发展新模式。注重人工草地在促进社会发展、经济社会和环境健康方面的重要功能(李凌浩等,2016)。

第三节　草地资源调查

一、调查目的与意义

草地是畜牧业重要的物质基础,与森林的作用一样,它也具有防风、固沙,涵养水源、维护生态平衡,制造氧气,参与自然界中的物质循环,为动物等消费者提供食物即能量与物质,吸收二氧化碳的同时放出氧气,净化空气、消除环境污染的重要作用。因此它是可更新的自然资源,如利用合理、管理得当,可以取之不尽,永续利用。若只取甚至过取以为取之不尽,不予以合理利用、管理加投入,则必将造成草地资源退化、沙化、盐渍化,直至资源枯竭,进而水土流失,由此生态环境遭到彻底破坏,生存条件恶化,其地上"居民"不得不迁往他乡异地。通过快速查清资源的特点及现状,即摸清家底,研究其今后的发展方向或演变趋势。力求向人类希望的方向发展演变,为国家在草原畜牧业管理方面制定政策法规提供科学的理论依据;为草原畜牧业建设规划提供依据;为国土资源管理服务;为草地资源合理利用和牧场建设服务。

二、调查内容

(一)草地自然条件

1. 气候条件

1)光照资源

(1)太阳辐射。太阳以电磁波的形式向外传递能量,称太阳辐射(solar radiation),是指太阳向宇宙空间发射的电磁波和粒子流。

(2)光照强度。光照强度是指单位面积上所接受可见光的能量,简称照度,单位为勒克斯(lux 或 lx)。由于作物的干物质总量中有 90%~95%来自光合作用,因此太阳的光照与作物关系密切,大多数作物生长发育需要一定的光照强度。

(3)光照长度。白昼光照的持续时间,又称日长、昼长。包括白天有太阳光直接照射地面的时段和只有漫射光的多云天、阴天时段及曙暮光时段。各地的白昼长度既随纬度变化,又有季节变化;纬度越高,昼夜长度的季节变化也越大。

(4)光照质量。光照质量是指太阳辐射中紫外线、可见光和红外线等部分的比例,它随纬度、海拔高度、大气干燥度及季节的不同而异。

2)热量资源

热量资源是指人类生产活动和生活可利用的热量条件,地球表面的热量来源于太阳辐射。就全球范围而言,热量分布的总趋势与纬度大致平行,由低纬度向高纬度呈带状排列,形成了地球上的热量地带性特征。我国的气候在划分东部季风区、西北干旱区及青藏高寒区的基础上划分为温带、亚热带和热带 3 个温度带。若按高寒气候区、温带、亚热带和热带 4 个温度带进行统计,它们的面积分别占全国陆地总面积的 26.7%、45.6%、26.0%和 1.7%。在不同的温度带,有其相应的自然景观、土地类型及其土地利用特征。衡量热量特征的指标较多,但与土地利用及其生产潜力关系较为密切的指标主要有温度、积温和无霜期(伍光和等,2008)。

3)降水资源

水分是土地利用的基本自然条件之一,水、光和热因素共同决定了一个地区气候生产力的高低。地球上的水资源分为大气降水和地下水两部分,其中降水是影响土地资源利用与生产力的关键因素之一。降水量取决于大气环流、海陆分布和地形条件等,与气候带的关系十分密切。一般而言,凡强对流、锋面活动强烈、气旋频繁、盛行海洋季风的地区,降水均较为丰富;反之,则降水稀少。

我国年平均降水量约629mm,全年降水总量超过60 000亿 m^3,但降水量在空间和时间分布上极不平衡。由于受地形和气候影响,降水量大致自东南向西北递减,依次可分为湿润区、半湿润区、半干旱区和干旱区,各区面积分别占全国陆地总面积的32.2%、17.8%、19.2%和30.8%。可见,全国水资源丰富和贫乏的地区分别各占陆地总面积的50%。同时,由于受太平洋季风和印度洋季风的影响,我国降水量年际和年内变化都较大。4—9月降水量可占全年降水量的80%以上,北方一些地区冬春几乎无降水;南方年降水量变化率较小,一般为10%~15%,北方较大,一般为20%~30%。

4)风力资源

风是由空气流动引起的一种自然现象,它是由太阳辐射热引起的。太阳光照射地球表面上,使地表温度升高,地表的空气受热膨胀变轻而往上升。热空气上升后,低温的冷空气横向流入,上升的空气因逐渐冷却变重而降落,由于地表温度较高又会加热空气使之上升,这种空气的流动就产生了风。

5)灾害性气候

灾害性气候是指旱涝、雪灾、寒流、大风、冰雹、霜冻及其发生的时期与频率、危害程度、防御的可能性及历史状况。

2. 土地条件

1)土地利用类型

包括:农业用地、林业用地、草业用地、水产业用地、居民点、厂矿用地、交通用地、军事用地、特殊用地、难利用土地。

2)地形地貌

(1)海拔高度。海拔高度对土地特性的影响主要表现在水热条件的再分配方面。气温随海拔升高而降低,一般而言,海拔每上升100m,气温将下降0.5~0.6℃;在一定范围内,降水量随海拔升高而增多,到极大值后,则随海拔继续升高而下降。由于海拔高度变化引起区域水热条件的再分布,必然导致不同海拔高度生态环境的变化,从而对农业生产上的作物布局以及耕作制度等产生一定的影响。一般而言,喜温作物分布高度较低,而喜凉或耐寒作物分布高度则较高。随着海拔升高,自然环境恶化的可能性增大,人类活动必然减少。一般而言,海拔大于3000m的地区不宜人类居住,海拔1000~3000m的地区,人类可以居住,但生存的环境条件较差;世界上绝大多数人居住在海拔小于500m的地区。

(2)地面坡度。地面坡度对土地特性及其利用的影响主要表现在土壤侵蚀、农田基本建设、交通运输、灌溉和机耕条件以及建筑工程投资等方面。地表起伏越大、坡度越陡,土壤侵蚀作用愈强,水土流失量在一定条件下增多。地表起伏越小,对于农田水利化与机械化越有利。一般来说,坡度越大,农田平整的土石方量也越大,小于12m的地面起伏可以平整,更大的起伏要考虑修筑梯田。对于建设用地来说,地面平坦,排水良好,工程土方量少,则可节省开发投资,反之,则投资增大。

(3)地貌类型。地貌按形态可分山地、平原、丘陵、高原和盆地五大类。不同地貌具有不同的特征,从而深刻影响着土地资源的类型、特性及其开发利用。各种地貌类型对于土地利用的作用不同。平原一般来说海拔低,地势平坦,土地集中连片,有利于发展农垦、机耕和灌溉,成为种植业发展的主要基地和城镇用地区。但不同成因的平原对农业的影响也不一样。其中,山前平原具有优越的农业生产条件,常为集约化生产基地;冲积平原是主要农业区和耕地、人口集中分布的地区;湖积平原是我国重要的粮食和水产品生产基地;滨海平原在南方是良好的农垦区,而在北方由于降水量少,土壤脱盐较差,且淡水资源有限而使农业开发利用受到一定限制。

3)土壤

土壤是陆地上能生长植物的疏松表层,是在生物、气候、地形、母质、时间等五大成土因素综合作用下形成的历史自然体。土壤是土地资源的重要组成要素,它的类型及其分布、理化性质及生产能力均直接影响甚至决定着土地资源的特性、开发利用方向及其生产力的高低(伍光和等,2008)。

(1)土壤理化性状。①土壤层度与有效土层厚度(多指耕作层)。土层厚度指土壤剖面中作物能够利用的、母质层以上的土体总厚度。对大多数作物来说,最佳土层厚度应>100cm,临界土层为50cm,农作物最佳的耕作层厚度为20～25cm。②土壤质地。土壤质地指土壤矿物颗粒的组成比例,反映土壤的透水性、通气性、保水性、保肥性、供肥能力以及耕作性能。土壤质地分为砂土、砂壤土、轻壤土、中壤土、重壤土、黏土。壤土是农业生产较为理想的类型,多分布在平原地区,由冲积母质发育而成。③土壤有机质。土壤有机质是指土壤中含碳的有机化合物,其含量与土壤肥力水平密切相关,是土壤肥力水平综合评价的重要指标。虽然有机质仅占土壤总量的很小一部分,但它在土壤肥力上所起的作用却是显著的。通常在其他条件相同或相近的情况下,在一定含量范围内,有机质的含量与土壤肥力水平呈正相关。④可溶性盐类。可溶性盐类指由 Na^+、Mg^{2+}、Ca^{2+}、CO_3^{2-}、HCO_3^-、SO_4^{2-}、Cl^- 等离子形成的盐类。通常情况下,土壤可溶性盐类总量≥0.3%时,将影响作物根系对水分的吸收;达到0.5%时,作物根系对水分的吸收受到明显的抑制作用;达到0.7%时作物严重减产;≥1%时成为盐化土壤,作物难以生长。⑤土壤酸碱度(pH值)。土壤酸碱度(pH值)对土壤肥力及植物生长影响很大,我国西北、北方不少土壤pH值大,南方红壤pH值小。因此可以种植与土壤酸碱度相适应的作物,如红壤地区可种植喜酸的茶树等。土壤酸碱度对养分的有效性影响也很大,如中性土壤中磷的有效性大;碱性土壤中微量元素(锰、铜、锌等)的有效性差。在农业生产中应该注意土壤的酸碱度,积极采取措施,加以调节。

(2)土壤的综合性状。①土壤肥力。土壤肥力是土壤的基本属性和本质特征,指土壤为植物生长供应和协调养分、水分、空气及热量的能力,是土壤物理、化学和生物学性质的综合反映。土壤有四大肥力因素,即营养因素(土壤养分、水分)、环境条件(空气、热量)、土壤有机质、各养分含量和组合关系。②土壤水分状况。土壤水分状况反映土壤供水能力,影响因素主要有土壤水分含量、补给与排泄,水分状况影响土壤肥力。③土壤适宜性。土壤各种性状满足不同作物生长要求的程度,是进行土地适宜性评价和土地生产潜力评价的主要指标。

3. 水资源条件

1)地表水

包括:地表水类型、数量和质量。地表水系主要有河流、湖泊、冰川、沼泽等,地表水的质量直接影响草地资源的利用。我国河川径流资源丰富,流域面积在 $100km^2$ 以上的河流约有5万余条,径流总量约2.7万亿 m^3;我国现代冰川面积约5.7万 km^2,总储水量近3.0万亿 m^3;全国天然湖泊面积在 $1km^2$ 以上的有2800多个,总面积约8万 km^2;沼泽总面积约11万 km^2。其中大部分为可开垦的荒地。

2)地下水

地下水是水资源的重要组成部分。在土地资源开发利用中,要考虑地下水的埋藏条件、含水层性质、供水、排水、水质和影响区域土地质量的相关因素。

(1)地下水类型、补给与排泄。地下水有包气带水(土壤水、上层滞水)、潜水、层间水三大类型。包气带水与大气降水和蒸发作用关系密切,并随季节性气候条件变化,水量极不稳定,分布区与补给区一致;大气降水的渗入是潜水的主要补给源,由于地面与潜水面之间没有隔水层,因此在潜水分布区降水几乎可以直接渗入补给;层间水与大气基本隔绝,很少受到大气降水的影响。层间水分布区与补给区不一致,经常相距较远。

(2)地下水的水质和矿化度。地下水的水质主要指地下水的理化性质。在区域土地资源评价中,重点是分析地下水的化学成分,而对地下水物理性质考虑较少,一般仅是温度、气味、导电性和放射性等。地下水矿化度是指地下水中含有的各种化学成分的总量,常用 1L 水中含有可溶性盐的质量来表示(即 g/L)。地下水矿化度的高低直接决定其利用范围,矿化度 $< 1g/L$ 为淡水,可饮用和灌溉;$1\sim 3g/L$ 可勉强饮用和灌溉;$> 3g/L$ 不宜农用及饮用。

4. 生物资源条件

1)植物与植被

植物是生命的主要形态之一,包含了如树木、灌木、藤类、青草、蕨类,以及绿藻、地衣等熟悉的生物。植物可以分为种子植物、藻类植物、苔藓植物、蕨类植物等。植被就是覆盖地表的植物群落的总称。

2)动物

通常指分布在草原的动物群。草原景观开阔,运动迅速和穴居的动物种类占支配地位。前者如羚羊等有蹄类,后者以啮齿类为主。跳跃动物的类型,如亚洲的跳鼠、澳大利亚的袋鼠,尤其适应草原。有些鸟类亦属此生活型,如鸵鸟、鸸鹋、大鸨等。草原动物常混群共存,如东非的斑马、角马(Connochaetes)、鸵鸟和羚羊群。草原上极端的生境条件,使动物的种类贫乏而种的个体数量丰富,如美洲野牛、非洲羚羊、中国内蒙古的黄羊和草原田鼠,还有鸽群及成群的蝗虫等。

3)微生物

微生物包括细菌、病毒、真菌以及一些小型的原生生物、显微藻类等在内的一大类生物群体。

(二)草地社会经济条件

1. 人口、劳动力资源

(1)人口调查。包括:人口数量、增长速度、资源拥有量;人口构成与数值,如性别、年龄、职业、教育水平、民族构成；人口分布。

(2)人力资源调查。包括：人力的数量与质量，质量指劳动者的身体状况（健康和正常与否）、文化教育程度、技术熟练程度，创新意识和能力；人力资源的利用现状；人力资源的产业和季节的分配与使用；人力资源利用率和利用效果。

2. 生产与经济基础

(1)产业结构。包括：产业结构的形成与演变；合理性或不合理性及其原因和改进；政策基础；生产布局；结构优化的意义。

(2)生产水平。包括：劳动生产率；土地生产率和产品商品率。

(3)经济水平。包括：GDP；总投资及其分配；来源和效益；总收入及其分配。

(4)经济前景分析。包括：资金、物质等装备条件；资金来源渠道；投资方向；引进设备的可行性分析；科学技术条件；农业科学研究、教育和技术推广；管理条件，生产组织与计划管理。

3. 市场供需关系

(1)市场开拓与建设。包括：国内外市场现状与开拓、建设的方向；产品的竞争力、承受风险的能力、对市场的应变能力；经营者的市场意识，生产组织和经营方式现状；市场机制。

(2)商品流通渠道。包括：流通体系构成，畅通与否，购销形式适当与否；商品增长与市场容量；购销价格；疏通与理顺流通渠道的方案。

(3)社会需要与需求关系。包括：消费者数量与构成；国内外市场贸易状况与趋势；生产发展与产业结构调整的趋势；社会需求的趋势预测。

(4)市场信息和社会化服务。包括：信息产业发展现状；草业信息网络建设；社会化服务体系现状。

(三)草地动植物资源

1. 草地植物资源调查

(1)饲用植物资源。包括：野生饲用植物资源，需要查清其种类组成、数量、生态生物学特性、利用特征、饲用品质；人工栽培饲用植物资源，需要查清种类（或品种），产地及引种时间，品种的特征、特性，产量；同时需要进行饲用品质，栽培、管理技术，栽培面积和经济效益的调查。

(2)其他经济用途植物。按照资源类型划分为：饲用植物、食用植物、药用植物、工业用植物、环境用植物、种质植物资源类群。其调查内容包括：各类植物资源植物学特性及数量，各类植物利用特点，资源开发利用现状，资源开发利用条件。

2. 草地动物资源调查

(1)家畜资源。需要查清其种类、数量与分布等。

(2)野生动物资源。主要调查内容包括：种类，种群结构与数量，分布地区与环境条件，可供猎取量；目前已开发利用的种类、数量，产品销路，经济效益；已开发动物产业，人工驯养技术、条件与规模；为保证资源持续利用，采用的保护措施；野生动物保护的政策、法规的执行与落实情况。

(四)水土资源条件

1. 水资源供需平衡分析

(1)通过可供水量和需求量的分析,弄清楚水资源总量的供需现状和存在的问题。

(2)通过不同时期不同部门的供需平衡分析,预测未来,了解水资源余缺的时空分布。

(3)针对水资源供需矛盾,进行开源节流总体规划,明确水资源综合开发利用保护的主要目标和方向,以期实现水资源长期供求计划。

2. 农牧业用水影响因素的分析

农牧业用水影响因素包括用水结构、用水水平、流域开发、城镇建设、工矿企业发展、水利建设投资、人民生活水平等。

3. 土地利用结构和利用水平分析

土地利用结构是一定范围内的各种用地之间的比例关系或组成情况。同时分析土地利用的效率和集约程度。

4. 土地利用因素影响的分析

(1)自然因素。土地利用直接受制于自然因素的影响。

(2)经济因素。经济因素包括经济发展水平、产业结构、投入水平等。不同的经济因素决定了土地利用的方式、结构及如何利用。

(3)社会因素。社会因素如制度、人口、法规、政策、教育、技术乃至风俗和宗教都对土地利用构成较大的影响。其中,土地制度、人口和国家政策对土地利用的影响尤其明显。

三、调查方法与程序

(一)调查方法

1. 遥感技术

利用遥感技术,结合少量的地面实测,查清草地的类型和分布,确定草地的数量和质量,编绘草地资源图件。其核心是遥感资料的综合分析和准确判读(刘富渊和李增元,1991)。

2. 无人机遥感技术

无人机遥感技术作为继传统航空、航天遥感之后的第三代遥感技术,可快速获取地理、资源、环境等空间遥感信息,其结构简单、机体质量小、使用成本低、数字化和智能化程度高,应用范围和领域更为广阔。

倾斜摄影测量技术以大范围、高精度、高清晰的方式全面感知复杂场景,通过高效的数据采集设备及专业的数据处理流程生成的数据直观反映地物的外观、位置、高度等属性。以无人机为平台,搭载倾斜摄影测量设备,可获取二维和三维影像,从而实现牧草正射航拍影像和草丛高度的获取。无人机搭载相机获取草地大样方植被数码照片的方法可用于地面草地覆盖度数据的获取,结合地面实测、卫星遥感,建立大尺度的卫星遥感草地植被长势监测模型,对草地生态环境进行评估和监测(朝鲁门,2018)。

3. 实地调查

进行实地考察与调查主要是与所在县政府及其所属的畜牧局、草原站等相关部门、乡村干部和科研机构的科技人员进行座谈，了解当地草原生态的基本情况与存在的问题，并收集相关资料。在当地政府、畜牧局和草原站等部门的建议下，由部门工作人员陪同，选择有代表性的乡镇进行野外实地考察，同时，在当地乡镇政府工作人员的陪同下，由乡长或村主任做翻译，带领深入到牧户家中或牧场上主要以问卷的形式对牧户进行面对面的访谈，了解草地退化和牧户生产经营的基本情况（刘媛媛，2008）。

（二）调查程序

草地资源调查是在典型区调查和路线调查的基础上，充分利用"3S"一体化集成技术在空间定位、分析和管理以及可视化表达等方面的优势，以高分影像数据为主要数据源，结合20世纪80年代草调、国土二调、地理国情普查等数据，统一标准和程序，结合现代信息技术和数据库技术，快速、科学、高效地完成工作（中华人民共和国自然资源部，2016）。

草地资源调查包括准备工作、底图制作、外业调查、内业汇总、检查验收。

1. 准备工作

1）制定调查方案

确定调查的技术方法与工作流程、时间与经费安排、组织实施、质量控制措施、预期成果等。

2）收集资料

（1）收集草地资源及其自然条件资料，重点是草地类型及其分布、植物种类及其鉴识要点等资料。

（2）社会经济概况与畜牧业生产状况。

（3）国界和省、地、县各级陆地分界线，以及县级政府勘定的乡镇界线；草地资源、地形、土壤、水系等图件。纸质图件应进行扫描处理，并建立准确空间坐标系统。

3）培训调查人员

对参加的调查人员进行集中培训，内容包括遥感影像解译判读、草地类型判别、植物鉴定、样地选择与观测、样方测定等。

2. 底图制作

底图制作是综合最近一次草地资源调查图件和国土部门草地相关地类图件，补充图件中未划入确知的草地地块，在高分辨率遥感影像支持下进一步细化，形成清查工作底图，在野外进行现场核查。

1）底图制作的要求

（1）应保证图面清晰、地物明显、图斑边界清楚。

（2）基于1∶10万标准分幅制作并打印外业工作底图，图件中应包含标准图名、图幅号、指北针、图例、比例尺、经纬网等制图要素，将工作底图进行彩色大幅面打印。

（3）基于各省1∶25万土地"二调"草地相关数据、20世纪80年代草原资源调查成果资料，进行空间叠加处理，呈现"二调"和"一调"的重叠分布、差异分布、分类分布。

（4）在工作底图中叠加高清影像，影像分辨率不低于1m。

(5)工作底图需要交付纸质图件和图片文件两种格式,图片文件按标准图幅号命名。如I47D008005.JPG。各县还需要交付汇总地图文件,如513332.JPG。

(6)工作底图统一使用1980年西安地理坐标系进行制图。

2)底图制作的流程

(1)空间分析处理。基于草原"一调"数据、国土"二调"和地理国情普查数据,在GIS软件中进行空间叠加运算,重叠部分不作为外业核查重点,核查重点为3个数据对同一个地块是否是草地有不同判断。

(2)数据整理。将空间分析得到的中间数据与高清卫星影像、地名点、河流水系、道路数据在GIS软件中通过符号化、标注、制图表达等制图手段,将基础地理要素与外业核查边界进行叠加制图,形成全省的外业工作底图。

(3)整饰制图。将全省的外业工作底图按照1∶10万标准分幅进行地图整饰、打印制图操作。基于GIS桌面软件进行纸张设置、图幅设置、数据驱动制图,并制作经纬网、图名、图号、图例、比例尺等要素。将其整饰到1∶10万标准分幅地图上(唐川江等,2004)。

3.外业调查

1)调查准备

准备调查所需的手持定位设备(GPS)、数码相机和计算器等电子设备,$1m^2$样方框(草本样方使用)、剪刀、枝剪等取样工具,50m测绳(灌木样方使用)、3~5m钢卷尺、便携式天平或杆秤等测量工具,样品袋、标本夹等样品包装用品,野外记录本、调查表格、标签以及书写用笔等记录用具,清查底图等图件。

2)布设样地

(1)天然草地样地布设原则。①设置样地的图斑既要覆盖生态与生产上有重要价值、面积较大、分布广泛的区域,反映主要草地类型随水热条件变化的趋势与规律,也要兼顾具有特殊经济价值的草地类型,空间分布上尽可能均匀。②样地应设置在图斑(整片草地)的中心地带,避免杂有其他地物。选定的观测区域应有较好代表性、一致性,面积不应小于图斑面积的20%。不同程度退化、沙化和石漠化的草地上可分别设置样地。③利用方式及利用强度有明显差异的同类型草地,可分别设置样地。④调查中出现疑难问题的图斑,需要补充布设样地。

(2)设置天然草地样地数量。预判的不同草地类型,每个类型至少设置1个样地;预判相同草地类型图斑的影像特征如有明显差异,应分别布设样地;预判草地类型相同,影像特征相似的图斑,按照这些图斑的平均面积大小布设样地。

(3)人工草地样地布设。预判人工草地地类图斑应逐个进行样地调查。

(4)非草地地类样地布设。预判非草地地类中,易与草地发生类别混淆的耕地与园地、林地、裸地应布设样地,其他地类不设样地。

3)样方观测记录

(1)天然草地。观测记载地理位置、调查时间、调查人、地形特征、土壤特征、地表特征、草地类型、植被外貌、利用方式和利用状况等。

(2)人工草地。观测记载地理位置、海拔、灌溉条件、鲜草产量、干草产量、种植年份等。

(3)非草地地类。观测记载地理位置、地类等信息,灌木林地应测定灌木覆盖度,疏林地应测定树木郁闭度等。

4)地面调查

地面调查时间应选择草地地上生物量最高峰时进行地面调查,一般在7—8月。按照《草地资源调查技术规程》(NY/T 2998—2016)进行产草量、盖度、高度、植物种类、草地退化状况等指标测定。

5)访问调查

在外业调查过程中,同时采取座谈和入户访问调查的方式,访问内容包括草地利用现状、当地草原鼠虫种类及危害区域、人工草地种植及草产品加工利用、农副产品饲料化资源及利用、畜牧业经营等情况。

4. 内业汇总

1)遥感解译

(1)遥感预处理。获取近5年内7—10月的影像,并且分辨率不高于10m的中分辨率影像,影像波段数应≥5个,至少有1个近红外植被反射峰波段和1个可见光波段,在遥感处理软件中对影像进行几何校正、融合、裁剪、镶嵌、波段组合、图像增强、图像变换等预处理操作。

(2)波段组合。其作用在于扩展地物波段的差异性;表现差异显示的动态范围;扩展肉眼观察的可视性;综合选取各波段的特点;良好地表达不同类别、形态。多波段组合图像最终是为了提高地物的可判读性,使判读结果更为科学合理。高分辨率影像大多只有4个波段,波段组合常用就是真彩色和标准假彩色。

(3)建立解译标志。根据遥感DOM特征和地面调查数据、现场照片,按照传感器类型、生长季与非生长季,分别建立基本调查单元范围内非草地和各草地类型的遥感DOM解译标志。非草地地类应基于地物在影像上的颜色、亮度、形状、大小、图案、纹理等特征,建立解译标志。草地地类中图斑的解译标志在颜色、亮度、形状、大小、图案、纹理等影像特征外,还应增加由DEM计算的坡度、坡向、平均海拔高度3个要素。如遥感DOM拼接相邻景存在明显色彩、亮度差异,应对不同景的解译标志进行调整。在遥感解译过程中根据影像实际情况使用自动分类和人工解译多种分类方法结合。通过上述遥感解译操作可得到草原类型和界线、退化程度等,在GIS软件中可自动计算各图斑面积。

2)图斑修正及属性上图

(1)修改外业核查GIS数据。外业核查人员基于外业工作底图进行实地核查,对于底图中边界有误的可直接在底图上进行修正描绘。将外业反馈的工作底图中修改的草地边界通过坐标配准、数据编辑、图形勾绘、裁切等操作修改外业核查GIS数据。

(2)图斑细化勾绘。将遥感解译结果与外业核查GIS数据进行叠加分析,对于两组数据有差异的区域,可在高清影像的参考下进行人工逐一审核修正勾绘。使用行政界线对图斑进行分割操作,在高清影像上可明显识别的河流、山脊线、山麓、道路、围栏等地物,均应勾绘图斑界线。每个图斑在全国范围内使用唯一的编号,编号12位,格式为"N99999900001"或"G99999900001",其中第一位"N"或"G"分别表示非草地和草地,"999999"为图斑所在县级行政编码,"00001"为图斑在该县域的顺序编号,从00001开始。行政编码按照《中华人民共和国行政区划代码》(GB/T 2260—2007)执行。

(3)属性上图。综合外业核查成果数据、高清影像、地形图、历史成果、草地分类方法等,对所有图斑进行属性关联及填充,并使用GIS软件计算每个图斑的投影面积。

3)数据建库

(1)数据入库汇总。①访问调查数据。按照统一格式将入户访问记录录入数据库,分行政区域进行汇总。同时,将标本采集与存档信息、地面调查照片统一汇总。②计算图斑面积。按照《基础地理信息数字产品 1∶10 000 1∶50 000 生产技术规程》(CH/T 1015.3—2007)的规定,统一进行图斑面积的精确计算、平差,将图斑面积、周长等几何属性录入空间数据库。③面积统计汇总。分行政区域统计汇总不同地类、草地类型、草地资源等级,以及草地不同退化、沙化、石漠化程度的面积,形成统计汇总数据库。④解译标志。按照统一格式将不同地类、不同草地类型的遥感 DOM 解译标志进行汇总,形成图斑更新所需解译标志的基础数据库。

(2)信息系统建设。以地理信息系统平台为基础,建设具有数据输入、编辑处理、查询、统计、汇总、输出等功能的草地资源信息管理系统,管理矢量、栅格和关联属性数据等多元信息,实现各级行政区域的数据库互联互通和同步更新。

4)编制成果

(1)文字报告。包括调查工作情况、任务完成情况、调查成果、本区域草地资源现状分析、草地保护建设和畜牧业发展存在的问题和建议等。

(2)图件。编制草地类型图,草地资源等级图,草地退化、沙化和石漠化分布图等。

5. 检查验收

1)遥感 DOM

使用现有基础地理测绘成果,按照规定要求,以县级行政区域为单位对遥感 DOM 数量质量全部进行验收检查,不符合要求的为不及格。

2)预判底图

抽查图斑比例应不小于 10%。图斑勾绘界线偏差造成面积误差超过 1% 的,为不及格;漏绘草地地类图斑面积超过区域草地地类面积的 0.5%,或漏绘草地地类图斑数量超过区域草地地类图斑数量的 0.5%,为不及格;图斑未完全覆盖调查区域的,为不及格。

3)地面调查

抽查比例应不小于 10%。检查样方在草地类型、生境条件、利用状况等方面是否具有代表性,样方空间布局是否合理,同一样地各样方数据的差异是否在合理范围,不符合要求的样地或样方数量占比超过 5%,为不及格;样地样方数量少于要求数量,为不及格;有漏测漏填指标的样地、样方和访问调查记录数量占比超过 2%,为不及格;录入的地面调查数据差错率超过 0.5%,为不及格。

4)图斑属性

抽查图斑比例应不小于 5%。地类属性有错误的图斑数量占比超过 1%,为不及格;草地类型属性有错误的草地地类图斑占比超过 5%,为不及格;图斑面积偏差超过 0.5%,为不及格。

参考文献

朝鲁门,2018. 无人机技术在草原生态遥感监测方面的探索[J]. 南方农业,12(23):164-165.

豆明,2013. 苜蓿市场与贸易[C]//中国第五届苜蓿发展大会论文集. 北京:中国畜牧业协会.

方精云，2012."建立生态草业特区，探索牧区经济发展新模式"院士咨询报告[R]. 北京：中国科学院植物研究所.

韩永伟，高吉喜，2005. 中国草地主要生态环境问题分析与防治对策[J]. 环境科学研究(3)：60-62.

李凌浩，2008. 草地生态系统恢复重建与适应性管理[M]. 北京：科学出版社.

李凌浩，王堃，斯琴毕力格，2012. 新时期我国草地环境科学发展战略的思考[J]. 草地学报(2)：199-206.

李凌浩，路鹏，顾雪莹，等，2016. 人工草地建设原理与生产范式[J]. 科学通报，61(2)：193-200.

刘富渊，李增元，1991. 草地资源遥感调查方法的研究[J]. 草地学报(1)：44-51.

刘高朋，马翠，2020. 中国草地资源面临的问题及应对措施[J]. 山西农经(13)：84,86.

刘荣，2010. 依托退牧还草项目鄂尔多斯实施禁牧、休牧、划区轮牧快速恢复草原生态[J]. 内蒙古草业，22(4)：14-17.

刘媛媛，2008. 影响草地退化的牧户行为分析与调控[D]. 四川：四川农业大学.

卢欣石，2013. 中国苜蓿产业发展问题[J]. 中国草地学报(5)：3-7.

麦丽亚·伊尔斯比克，沙吾列·沙比汗，2020. 天然草地合理利用与改良技术[J]. 畜牧兽医科学(6)：185-186.

邱馨慧，白雪峰，白媛媛，等，2013. 禁牧休牧划区轮牧政策对鄂尔多斯草原畜牧业发展的益处[J]. 现代农业(2)：84-85.

沈海花，朱言坤，赵霞，等，2016. 中国草地资源的现状分析[J]. 科学通报，61(2)：139-154.

唐川江，周俗，张新跃，2004. 基于"3S"技术的四川省草地资源与生态动态监测技术设计[J]. 草业科学，21(12)：35-38.

伍光和，王乃昂，胡双熙，2008. 自然地理学[M]. 4版. 北京：高等教育出版社.

王根绪，沈永平，钱鞠，等，2003. 高寒草地植被覆盖变化对土壤水分循环影响研究[J]. 冰川冻土(6)：653-659.

王庆国，松梅，2010. 实施禁牧、休牧、划区轮牧制度转变生产方式提高农牧民收入[J]. 畜牧与饲料科学，31(Z1)：284-287.

杨青川，孙彦，2011. 中国苜蓿育种的历史、现状与发展趋势[J]. 中国草地学报，33(6)：95-101.

于格，鲁春霞，谢高地，2005. 草地生态系统服务功能的研究进展[J]. 资源科学(6)：172-179.

余世孝，练珺蕻，2003. 广东省自然植被分类纲要Ⅱ. 竹林、灌丛与草丛[J]. 中山大学学报(自然科学版)(2)：82-85.

赵勇斌，TOPPS J H，1993. 豆科灌木和乔木作家畜饲料的潜力、组成和利用[J]. 国外畜牧学(草原与牧草)(1)：33-36.

周寿荣，1998. 草地生态学[M]. 北京：中国农业出版社.

张华，2003. 典型沙地环境不同类型植被生态服务功能评价[D]. 兰州：中国科学院寒区旱区环境与工程研究所.

张新时, 2000. 草地的生态经济功能及其范式[J]. 科技导报(8):3-8.

FOLEY J A, RAMANKUTTY N, BRAUMAN K A, et al., 2011. Solutions for a cultivated planet[J]. Nature, 478:337-342.

LAZENBY A., 杜修贵, 1983. 英国草地的今昔和未来[J]. 四川草原(4):81-90.

TILMAN D, CASSMAN K G, MATSON P A, et al., 2002. Agricultural sustainability and intensive production practices[J]. Nature, 418:671-677.

WOLF S A, NICKLING W G, 1996. Shear stress partitioning in sparselyvegetated desert canopies[J]. Earth Surface Processes and Landforms, 21:607-620.

第五章 森林资源调查

第一节 森林资源概述

森林资源是林地及其所生长的森林有机体的总称。森林资源,包括森林林木、林地以及依托森林、林木、林地生存的动植物和微生物。林地包括乔木林地、灌木林地、疏林地、林中空地、火烧迹地、采伐迹地、国家规划宜林地和苗圃地。

一、我国森林类型的划分

我国现有原生性森林已不多,它们主要集中在东北、西南天然林区。按森林外貌划分,针叶林和阔叶林面积约各占一半,前者占 49.8%,后者占 47.2%,其余 3% 为针阔叶混交林。

(一)针叶林

针叶林是以针叶树为建群种所组成的各类森林的总称。包括常绿和落叶,耐寒、耐旱和喜温、喜湿等类型的针叶纯林和混交林,主要由云杉、冷杉、落叶松和松树等耐寒树种组成。针叶林在中国分布广泛,但作为地带性的针叶林则只见于东北和西北两隅以及西南、藏东南的亚高山针叶林,其余的则常为次生性针叶林,如各种次生松林,更多的则是人工营造而成,如杉木林等。这些针叶林不仅植物组成丰富,而且还栖息着大量的动物种类,成为众多特有种类的栖息地和避难所。

1. 北方针叶林和亚高山针叶林

它们分别作为高纬度水平地带性植被和较低纬度的亚高山带植被类型。在分布区和地理环境方面,差异很大,但都属于亚寒带类型,其外貌、组成、结构都十分相似。

(1)中国的落叶松。建群种有落叶松、西伯利亚落叶松、华北落叶松、太白红杉、四川红杉、大果红杉和西藏落叶松等。

(2)云杉林、冷杉林。中国的云杉林和冷杉林大多属山地垂直带类型,分布广、蓄积量最大。东北地区主要建群种为鱼鳞云杉、红皮云杉、臭冷杉,华北为白杆、青杆。向西至西北一带为青海云杉、雪岭云杉和西伯利亚冷杉。西南山地主要有丽江云杉、川西云杉、林芝云杉林、麦吊油杉、油麦吊杉、云杉、紫果云杉、巴山冷杉、岷江冷杉、黄果冷杉、长苞冷杉、鳞皮冷杉、喜马拉雅冷杉、苍山冷杉、冷杉、滇冷杉等。

(3)松林。主要建群种有樟子松、偃松和西伯利亚红松。

(4)圆柏林。主要分布于西南和西部山地亚高山森林带上部的阳坡,海拔高度在 2800~

4500m 之间，主要建群种有方枝圆柏、祁连圆柏、垂枝香柏、大果圆柏、塔枝圆柏和曲枝圆柏等。

2. 暖温带针叶林

暖温带针叶林主要分布在华北和辽东半岛，主要建群种有油松、赤松、侧柏和白皮松。

3. 亚热带针叶林

亚热带针叶林类型很多，如马尾松、云南松、细叶云南松、卡西亚松、华山松、高山松、杉木、柳杉、柏木、冲天柏(干香柏)、油杉、铁坚杉、银杉等。

4. 热带针叶林

树种很少，且多零星分布，不成林，如南亚松、海南五针松和喜马拉雅长叶松。

（二）阔叶林

1. 落叶阔叶林

落叶阔叶林广泛分布在温带、暖温带和亚热带的广阔范围。主要的森林类型有华北、西北地区的落叶阔叶混交林、栎林、赤杨林、钻天柳林、尖果沙枣林；由亚热带常绿阔叶林被破坏后形成的栗树林、拟赤杨林、枫香林；北方针叶林和亚高山针叶林的次生林类型的山杨林和桦木林，以及发育在亚热带山地的山毛榉林和亚热带石灰岩山地的化香林、青檀、榔榆林和黄连木林等。

2. 常绿阔叶林

常绿阔叶林是中国湿润亚热带森林地区的地带性类型，所含物种丰富，就高等植物而言，约占全国种类的 1/2 以上。常绿阔叶林的优势种不明显，经常由多种共建种组成。有青冈林、拷类林、石栎林、润楠林、厚壳桂林、木荷林、阿丁枫林、木莲林。

3. 硬叶常绿阔叶林

川西、滇北和藏东南一带曾为古地中海的地区，有类似地中海硬叶常绿阔叶林残遗的群落存在，主要见于海拔 2000~3000m 的山地阳坡，一般山地常见的类型有滇高山栎林、黄背栎、长穗高山栎林、帽斗栎林、川西栎林、藏高山栎林。而河谷地区常见有铁橡栎林、锥连栎林、光叶高山栎林和灰背栎林的分布。

4. 落叶阔叶与常绿阔叶混交林

这类森林种类组成相当复杂。它又可分成几种不同的类型，如分布在北亚热带地区的落叶常绿阔叶混交林，主要见于东部亚热带山地海拔 1000~1200m 至 2200m 左右的山地常绿、落叶混交林，以及分布于亚热带石灰岩山地的石灰岩常绿、落叶阔叶混交林等。

5. 季雨林

季雨林是中国季风热带的地带性代表植被类型，大多数分布在较干旱的丘陵台地、盆地以及河谷地区。它们多数属于长期衍生群落，如麻楝林、毛麻栎林、中平树林、山黄麻林、劲直刺桐林、木棉林、楹树林、海南榄仁树林、厚皮树林、枫香、红木荷林等。

6. 雨林、季节性雨林

雨林、季节性雨林多见于我国热带地区海拔 500~700m 山地，海南岛一带山地以陆均松、柯类等为主,云南南部则多为鸡毛松、毛荔枝等,石灰岩季节性雨林主要见于广西南部,组成种繁多。

(三)针阔叶混交林

1. 红松阔叶混交林

红松阔叶混交林是中国温带地区的地带性类型,主要分布于东北长白山和小兴安岭一带山地,向东一直延伸至俄罗斯阿穆尔州沿海地区以及朝鲜北部,主要建群种是红松和一些阔叶树,如核桃楸、水曲柳、紫椴、色木、春榆等。

2. 铁杉、阔叶树混交林

铁杉、阔叶树混交林主要分布在中国亚热带山地,是常绿阔叶林向亚高山针叶林过渡的一种垂直带森林类型,主要有长苞铁杉和铁杉与壳斗科植物混交的森林。亚热带西部山地海拔较高,在海拔2500~3000m之间形成特殊的针阔叶混交林带,喜马拉雅铁杉与阔叶树混交林常常占据主要的地位。

二、世界森林地理分布

(一)热带雨林

热带雨林分布在赤道两侧10°范围内,主要分布在3个区域,即南美洲亚马孙盆地、非洲刚果盆地和一些岛屿。

(二)硬叶常绿阔叶林

硬叶常绿阔叶林主要分布在欧亚大陆东岸北纬22°~40°之间,此外,在非洲东南部、美国东南部、大西洋中的加那利群岛等地也有少量分布。

(三)落叶阔叶林

落叶阔叶林主要分布在中纬度湿润地区,在北美洲,主要分布在北纬45°以南的大西洋沿岸各州;在南美洲,主要分布在巴塔哥尼亚高原;在欧洲,主要分布在比利亚半岛北部、大西洋沿岸、欧洲西部、克里米亚、高加索等地;在亚洲,主要分布在亚洲东部地区,包括中国、俄罗斯远东、朝鲜半岛和日本北部诸岛。

(四)北方针叶林

北方针叶林全部分布在北半球高纬度地区,占据着北纬45°~70°的广阔区域,主要分布在欧亚大陆北部和北美洲北部地区。

三、森林的主要特性

(一)生命周期及演替系列长

森林的主体成分——树木的寿命可达数十年、数百年甚至上千年。如北美的巨杉,中国的银杏、红桧。森林演替系列也是植物群落中最长的。从原生演替的先锋树种(灌木)开始到成熟稳定的顶级阶段,通常要经过百年以上。如果加上先锋树种阶段的先期部分,则阶段更多、过程更长。

(二)再生性

森林是可再生资源,可进行人工更新或天然更新;有很强的竞争力,能自行恢复在植被中的优势地位。同时,森林也是有限的,如能合理利用,砍伐后及时补栽,达到开采量和林木的生长量相当,甚至小于林木的生长量,就能实现森林资源的可持续发展。可以采取选择性的砍伐,选择性的砍伐是根据经营的目的不同而砍去生长不好或遭受病虫害的林木或对成熟林木进行砍伐。选择性的砍伐对环境、对生态的影响也比较小,能在不减少未来供应的前提下,使人们定期获得一定数量的木材。

(三)分布范围广

由落叶或常绿以及具有耐寒、耐旱、耐盐碱或耐水湿等不同特性的树种形成的各种类型森林,分布在寒带、温带、亚热带、热带的山区、丘陵、平地,甚至沼泽、海涂滩地等地方。

(四)生产率高

森林由于具有高大而多层的枝叶分布,其光能利用率达 1.6%～3.5%,森林每年所固定的总能量占陆地生物每年固定的总能量的 63%,森林的生物产量在所有植物群落中最多,是最大的自然物能储存库。

(五)用途多,效益大

森林能持续提供多种林产品,如木材、食物、化工和医药原料等。同时,森林在涵养水源,改善水质,保持水土,减轻自然灾害,调节温度与湿度,净化空气,减弱噪声,美化环境以及保护野生动植物方面的生态效益、社会效益也很大。

四、森林资源的效益与作用

(一)水土保持及水源涵养作用

森林在保持水土、防止水土流失方面具有重要的意义。目前我国长江、黄河等地区,由于森林覆盖率的提高,在很大程度上减少了水土流失现象,并对周边的环境起到了重要的保护作用。森林在保护区域相对较小的地方,其表现出来的效果相对更为明显,森林在发挥其保护作用的同时,受到其他因素的影响更为明显。不同森林的作业方式对于水土流失的保护作用同样存在一定的差异(彭兴富,2017)。例如,择伐作业的强度对于水土流失量影响也会有所不同,择伐量越大,水土流失量也会随之增加。因此,在森林资源的保护过程中,要重视该方面的因素,在植树造林的过程中,要根据不同整地方式进行相应的作业,进而有效地降低水土流失的影响,进一步提高森林资源的保护作用。

(二)防风固沙作用

森林除了在预防水土流失方面具有重要的作用外,在防风固沙方面同样发挥着重大的功效。例如,在我国西北干旱、半干旱地区,生态环境极为恶劣,这在很大程度上加剧了风沙的危害。然而,我国风沙化正在逐年上升,越来越多的耕地被风沙所侵蚀,风沙对于人们的生产造成了严重的影响。此外,由于受到特殊环境制约,该区域没有森林覆盖,也不适合大面积造林。森林的防沙固沙作用主要表现在防护林网的作用上,风沙在飞扬的过程中,防护林能对其飞扬的速度进行有效的削弱,并将大量的风沙拦截在防护林内部,这在很大程度上减少了风沙的侵袭,极大地降低了风沙流量,进一步提高了保护土壤的能力。

(三)气候调节作用

森林可以通过光合作用吸收大气中的二氧化碳,并将其储存固定在森林植被或土壤中,整个系统的碳净交换呈现碳吸收,这就是森林的碳汇功能,可起到减缓气候变暖的作用;但森林在遭受自然灾害、人为破坏或者经营不善导致被毁或退化后,储存在森林植被和土壤中的碳又会重新释放到大气中,成为温室气体排放源,起到加剧气候变暖的作用。

(四)能源供应作用

我国森林起到能源供应作用的主要是薪炭林,但现实中许多地区的烧材不是出自薪炭林。我国农村人口中有2/3的人使用生物能源,而林木薪炭林占农村生活用能源的40%,是比重最大的一部分。

(五)保证生物多样性

生物多样性主要包括物种多样性、生态系统多样性、遗传基因多样性以及人类文化文明多样性等。地球上人类的许多种必需品和服务都依赖于生物多样性及其可变性。生物多样性程度高,不仅使地球上的景观丰富多彩,而且由于各生态系统物种间的相互关联、相互支撑、相互制约,也会使生态系统更稳定,物种抗干扰能力增强。在陆地生态系统中,森林生态系统是最大的,也是对陆地生物多样性贡献最多的生态系统。地球上现有物种1000多万种,陆地植物中90%以上生存于森林中,热带雨林更是物种的集中地,有300万~400万种存在于热带雨林之中。

(六)最大的生物量生产地

地球上的森林面积在1993年约为41.7亿 hm^2,约占陆地面积的31.8%。据国内外有关研究,森林生态系统生物总量达16 000亿 t,为所有陆地生物量18 000亿 t的90%,远远大于农田和草原的生物量。从单位面积看,每公顷森林生物干重达100~400t,是农田和草原的20~100倍,这些生物量为人类提供了生存、生产和生活所需的物质基础,也是地球生物圈食物链的初端和大多数陆地动物生存必不可少的食物来源。

(七)旅游、文化功能

森林旅游包括自然保护区、森林公园、国家级风景名胜区等3种类型。据不完全统计,当前我国的自然保护区已经达到2000余处,其中国家级257处。自1982年我国首个森林公园成立以来,这30多年来又相继成立了2000多个,年均接待游客超过2.5亿人次,生态效益和经济效益均极为显著。另外,当前我国景区数量已达到26 000多家。通过开发森林生态旅游,吸引了大量的游客参观,提高了当地的知名度,在增加当地经济收益的同时,也增加了无形资产(谭桂清,2017)。

森林环境,郁郁葱葱的绿色林木、潺潺的流水、奇特的地貌和清新的空气等,对人们的身心健康十分有益,尤其对长期生活在大城市的人们而言,森林可以调节情绪、锻炼身体、改善人体代谢等。人们也可以在森林环境中进行许多有意义的活动,主要有游览、度假、修养、登山、野营、研究等。

五、我国森林资源存在的问题

中国仍然是一个缺林少绿、生态脆弱的国家,森林覆盖率远低于全球31%的平均水平,人均森林面积仅为世界人均水平的1/4,人均森林蓄积只有世界人均水平的1/7,森林资源总量相对不足、质量不高、分布不均的状况仍未得到根本改变,林业发展还面临着巨大的压力和挑战。

(一)严守林业生态红线面临的压力巨大

到目前为止,各类建设违法违规占用林地面积年均超过200万亩,其中约一半是有林地。局部地区毁林开垦问题依然突出。随着城市化、工业化进程的加速,生态建设的空间将被进一步挤压,严守林业生态红线,维护国家生态安全底线的压力日益加大。

(二)加强森林经营的要求非常迫切

中国林地生产力低,森林每公顷蓄积量只有世界平均水平($131m^3$)的69%,人工林每公顷蓄积量只有$52.76m^3$。林木平均胸径只有13.6cm。龄组结构依然不合理,中幼龄林面积比例高达65%。林分过疏、过密的面积占乔木林的36%。林木蓄积年均枯损量增加18%,达到1.18亿 m^3。进一步加大投入,加强森林经营,提高林地生产力,增加森林蓄积量,增强生态服务功能的潜力还很大。

(三)森林有效供给与日益增长的社会需求的矛盾依然突出

中国木材对外依存度接近50%,木材安全形势严峻。现有用材林中可采面积仅占13%,可采蓄积仅占23%,可利用资源少,大径材林木和珍贵用材树种更少,木材供需的结构性矛盾十分突出。同时,森林生态系统功能脆弱的状况尚未得到根本改变,生态产品短缺的问题依然是制约中国可持续发展的突出问题。

第二节　全国森林资源清查

全国森林资源清查是以掌握宏观森林资源现状与动态为目的,以省(自治区、直辖市)为单位,利用固定样地为主进行定期复查的森林资源调查方法,是全国森林资源与生态状况综合监测体系的重要组成部分。森林资源连续清查成果是反映全国和各省森林资源与生态状况,制定和调整林业方针政策、规划、计划,监督检查各地森林资源消长任期目标责任制的重要依据。国家森林资源连续清查的任务是定期、准确查清全国和各省森林资源的数量、质量及其消长动态,掌握森林生态系统的现状和变化趋势,对森林资源与生态状况进行综合评价。全国森林资源清查成果是反映全国和各省森林资源与生态状况,制定和调整林业方针政策、规划、计划,监督检查各地森林资源消长任期目标责任制的重要依据。

一、历次全国森林资源清查概况

(一)发展状况

1962年林业部组织全国各省(区、市)开展全国森林资源整理统计工作,对1950—1962年12年期间所开展的各种森林资源调查资料进行整理、统计,最后进行全国汇总。此次调查前后跨12年之久,调查地区仅涉及全国近300万km^2范围,加之受当时的历史条件、技术水平限制,汇总的结果不能准确、完整地反映当时全国森林资源状况,但毕竟这是中华人民共和国成立以来首次对大面积森林资源调查成果进行的统计汇总,可以基本反映当时全国的森林资源概貌。

为准确掌握我国森林资源变化情况,客观评价林业改革发展成效,国务院林业主管部门根据《森林法》《森林法实施条例》的规定,自20世纪70年代开始,建立了每5年一周期的国家森林资源连续清查制度,以翔实记录我国森林资源保护发展的历史轨迹。

第一次全国森林资源清查工作在1973—1976年开展。1973年农林部部署全国各省(区、市)开展以行政区县(局)为单位的森林资源清查工作,这是中华人民共和国成立以来第一次在全国范围(台湾省暂缺),在比较统一的时间内进行较全面的森林资源清查,这次清查主要是侧重于查清全国森林资源现状,整个清查工作到1976年完成,并于1977年完成了全国森林资源统计汇总工作。全国森林资源的动态监测从这次清查开始。

第二次全国森林资源清查工作在1977—1981年开展。农林部在内蒙古克一河林业局和湖南省会同县分别开展森林资源清查试点。这次清查侧重于查清全国森林资源现状,除部分地区按林班、小班开展资源调查外,大部分采用了抽样调查方法。此外,此次全国森林资源清查采用世界公认的"森林资源连续清查"方法,建立了以抽样技术为理论基础、以省(区、市)为抽样总体的森林资源连续清查基本框架,为今后开展全国森林资源的动态监测打下了良好基础。

第三次全国森林资源清查工作在1984—1988年开展,此次清查不仅查清了全国森林资源现状数据,而且全面掌握了森林资源消长变化规律,第一次提供了全国比较完整的资源数量和质量的动态数据;并且通过这次调查,进一步证明了连续清查是最为有效的森林资源动态监测方法,它有较好的同一时态性,较高的可比性,对加强资源宏观管理工作起到了很大的作用。

第四次全国森林资源清查在1989—1993年开展,成立了东北、华东、中南、西北4个区域森林资源监测中心,负责技术指导、质量检查、统计汇总和成果编写。在本次调查中,一些省

(区)在复查中进一步完善了技术方案,采用了新技术,提高了样地、样木复位率。如西藏自治区、青海省和吉林省西部地区采用了航天遥感技术与地面样地调查相结合的方法,宁夏回族自治区采用了彩红外像片与地面样地调查相结合的调查方法,均收到了较好的效果。据统计,这次清查全国固定样地复位率达90%以上。在全国范围内,除成片大面积沙漠、戈壁滩、草原及乔灌木生长界限以上的高山外,基本上都进行了调查。这次清查的覆盖面更趋全面,技术标准、调查方法更趋一致和规范,在质量要求上更加严格,使成果更为客观,提供信息更为丰富。至此,我国形成了比较完善的国家级森林资源监测机构,明确了省级林业主管部门和区域监测中心的职能,清查工作的组织管理逐渐走向规范化。

第五次全国森林资源清查工作于1994年开始实施,到1998年结束。全国有2万余人参加了这次清查,共调查地面样地184 479个,卫片、航片成数判读样地90 227个,覆盖面积575.15万 km^2。此次全国森林资源清查工作所采用的修订后的技术规定与第四次全国森林资源清查相比,技术标准变化主要有:①森林郁闭度标准由郁闭度0.3(不含0.3)改为0.20以上(含0.20),2000年1月颁布的《森林法实施条例》对这一标准予以确认。②按保存株数判定为人工林的标准,由每公顷保存株数大于或等于造林设计株数的85%改为80%。③判定为未成林造林地的标准,由每公顷保存株数大于或等于造林设计株数的41%改为80%。④灌木林地的覆盖度标准由大于40%改为大于30%(含30%)。除技术标准有所变化外,第五次清查还科学、合理地规范了各省(区、市)地面样地的数量;增加了统计成果产出的信息量;逐步引入了遥感、地理信息系统、全球定位技术等高新技术,为全面提高调查工作的效率和调查成果的精度奠定了基础。本次森林资源清查成果的内业统计分析采用全国统一的数据库格式、统一的统计计算程序,保证了清查成果的客观性、连续性和可比性。在全国森林资源统计分析中,新疆、甘肃、青海、四川等省(区)样地未覆盖的少林地区的森林资源数据采用了统计数据。

第六次全国森林资源清查从1999年开始,到2003年结束。参与本次清查的技术人员2万余人,投入资金6.1亿元。本次清查全国共调查地面固定样地41.50万个,遥感判读样地284.44万个,对全国除港、澳、台以外31个省(区、市)国土范围内的森林资源进行了全覆盖调查。调查广泛运用了遥感(RS)、地理信息系统(GIS)、全球定位系统(GPS)"3S"技术,适时增加了林木权属、林木生活力、病虫害等级、经济林集约经营等级等调查因子,以及天然林保护工程区森林区划分类因子和全国各大流域信息,建立健全了工作管理和成果审查机制,加强了汇总分析评价工作,进一步增强了清查成果的空间分布信息,丰富了成果内容,提高了清查工作效率和成果质量,使清查数据更加全面、翔实、准确,清查结果更加客观、科学、可靠。为保证全国森林资源数据的完整性,本次清查结果包含了台湾省《第三次台湾森林资源及土地利用调查(1993)》中的数据,香港特别行政区《香港2003年统计年鉴》和《陆上栖息地保护价值评级及地图制(2003)》中的数据,澳门特别行政区《澳门2002年统计年鉴》中的数据。

第七次全国森林资源清查于2004年开始,到2008年结束。这次清查参与技术人员有2万余人,采用国际公认的"森林资源连续清查"方法,以数理统计抽样调查为理论基础,以省(区、市)为单位进行调查。全国共实测固定样地41.50万个,判读遥感样地284.44万个,获取清查数据1.6亿组。第七次全国森林资源清查结果表明,我国森林资源进入了快速发展时期。重点林业工程建设稳步推进,森林资源总量持续增长,森林的多功能多效益逐步显现,木材等林产品、生态产品和生态文化产品的供给能力进一步增强,为发展现代林业、建设生态文明、推进科学发展奠定了坚实基础。

第八次全国森林资源清查于2009年开始,到2013年结束。组织近2万名技术人员,采用国际上公认的"森林资源连续清查方法",以省(区、市)为调查总体,实测固定样地41.5万个,全面采用了遥感等现代技术手段,调查、测量并记载了反映森林资源数量、质量、结构和分布,以及森林生态状况和功能效益等方面的160余项调查因子。第八次全国森林资源清查结果表明:我国森林资源进入了数量增长、质量提升的稳步发展时期。这充分表明,党中央、国务院确定的林业发展和生态建设一系列重大战略决策,实施的一系列重点林业生态工程,取得了显著成效。

第九次全国森林资源清查于2014年开始,到2018年结束。参与本次清查的技术人员有2万余人,调查固定样地41.5万个,清查面积957.67万km^2。第九次全国森林资源清查结果显示:我国森林资源总体上呈现数量持续增加、质量稳步提升、生态功能不断增强的良好发展态势,初步形成了国有林以公益林为主、集体林以商品林为主、木材供给以人工林为主的合理格局。

我国是建立国家森林资源清查体系较早的国家之一。20世纪60年代以来先后共完成了1次全国森林资源整理统计汇总和9次全国森林资源清查,目前正在进行第十次全国森林资源清查工作。各次森林资源清查成果都客观反映了当时我国森林资源的状况,为各个时期制定林业方针政策、编制林业计划和规划等提供了重要依据。

(二)取得成就

国家森林资源连续清查体系以较少的人力、财力、物力在较短的时间内准确查清了全国及各省(区、市)的森林资源状况和消长变化,积累了大量可比的森林资源信息,为林业建设作出了巨大贡献(陈雪峰,2000)。

1. 使我国具备国家级监测评估能力,赢得国际声誉

国家森林资源连续清查体系的建立和稳步健康发展,使我们能够依据可靠、科学、高精度的方法连续掌握森林资源底数及其消长动态,标志着我国具备了国际公认的国家级森林资源监测评估能力。经过多年的努力,该体系在规模和技术上处于世界领先水平,在国际上得到了广泛赞誉。苏联、美国、日本、德国等许多国家和地区的林业代表团访华时,都对该体系给予了高度评价。该体系于1991年在法国巴黎召开的世界第九届林业大会上做过展览。

2. 为国家制定和调整林业方针政策提供了科学依据

我国目前采用的国家森林资源连续清查体系是属于宏观的森林资源清查,自1977年建立以来,经过多次复查,其清查成果为制定和调整林业决策、方针政策提供了科学依据,对强化资源管理,实现森林面积蓄积"双增长",促进我国林业持续、快速、健康发展作出了积极贡献。例如,1987年开始在全国实施年森林资源采伐限额制度是以连续清查结果为依据的。又如,根据清查成果,1988—1991年期间每年损失有林地52万hm^2,国务院据此下发了切实加强林地保护管理的文件。

3. 为国家和各省(区、市)编制规划计划提供了重要依据

国家森林资源连续清查成果内容丰富,具有较强的可靠性、连续可比性、系统性和实用性,很快得到国家和地方的普遍认同和应用。为全国与各省(区、市)编制规划、计划提供了重要的科学依据。如《全国1989—2000年造林绿化规划纲要》、"七五"和"八五"期间森林采伐限额、《中国21世纪议程林业行动计划》《林业"九五"计划和2010年远景目标》《全国生态环境建设规划》、天然林保护工程规划等的编制均以连续清查有关数据为主要依据。

4. 丰富了调查技术,带动地方监测的发展

20世纪70年代初期,根据我国林业建设对森林资源调查的需求,将森林资源调查分为3类,并正式纳入1982年颁布的森林资源调查主要技术规定中。国家连续清查体系的建立和发展,赋予全国森林资源清查以新的内涵和成熟、科学、易行的技术手段,使森林资源调查三类划分体系具备了真正意义上的技术支撑。计算机、遥感、GIS等新技术在连续清查体系的引进和试验,也极大地推动了规划设计调查的技术革新和进步,为地方森林资源监测体系的建立和发展培养了人才、锻炼了队伍、提供了技术、积累了经验。

(三)存在问题

1. 调查周期过长,调查成果时效性差

森林资源清查是以省为单位,每年完成1/5省、5年完成全国41.5万个固定样地调查,5年循环出一次成果,当最后全国范围森林资源调查汇总资料出来时,第一次参加森林资源调查省份的数据已经是5年前的数据。并且这种周期性的调查对突发性事件(如雪灾、火灾、虫灾等)不能及时跟踪反馈,不能及时反映各省森林资源变化动态;各省产出成果时间不一,不具可比性;产出成果时间与国家五年规划不衔接。由此导致与当前推进年度监测,实现年度出数,及时评价森林增长指标,对行政领导任期目标进行考核评价等要求不相适应的情况(闫宏伟等,2011)。

2. 森林生态因子调查不足,缺乏多资源、多目标调查

我国已加入"京都议定书""湿地公约""世界粮农组织""森林资源评估",林业生产中心已由以木材生产为主转向以生态建设为主。在当前全球环境保护情绪高涨的形势下,监测工作应变能力不强,服务于气候变化的能力弱,不能达到国际组织要求其成员国提供必要的生态因子数据的要求(冯仲科等,2001)。第八次森林资源清查中已将生物量、一些生态因子加入监测指标中,但忽视了一些重要生态因子调查,缺乏土壤理化性质、森林植被污染、空气湿度等森林健康和生态因子方面的定量评价指标的调查。

3. 连续清查体系未能覆盖全国,体系的监测内容和成果产出比较单一

由于经费、技术和客观环境条件的限制,到全国第二次复查(1989—1993年),连续清查覆盖总面积只有578.05万km^2。体系的监测内容和成果产出比较单一,主要表现在:一是部分外业调查记载的信息未进行归类和分析产出成果;二是缺乏森林环境、生态效益、森林健康状况等监测内容;三是缺乏森林空间分布的图件产出(涂云燕和张成程,2015)。

4. 其他问题

调查技术设备及手段相对落后,使用的仪器基本上是手持GPS、罗盘仪、测绳和围尺,工作量大,调查效率不高。我国森林资源调查工作量大,森林资源连续清查中很多非林地还要进行实地调查,而发达国家如美国则在一开始就利用遥感图像将非林地分离出来,只在有林地中设置固定样地进行调查,大大减少了调查工作量。目前我国森林资源调查监测的内容完善、技术标准统一、林地分类体系、材积数表完善、人为影响及特殊对待等问题还不能有效解决。

二、全国森林资源清查内容

全国森林资源清查侧重于关注全国、省级大区域的森林资源现状和动态变化。在一般情况下,不要求落实到小地块,也不进行森林区划。国家森林资源连续清查的任务是定期、准确查清全国和各省森林资源的数量、质量及其消长动态,掌握森林生态系统的现状和变化趋势,对森林资源与生态状况进行综合评价。所以国家森林资源连续清查的主要对象是森林资源及其生态状况。主要内容如下。

（一）土地利用与覆盖

1. 土地类型

根据土地的覆盖和利用状况综合划定的类型,包括林地和非林地2个一级地类。其中,林地划分为8个二级地类,13个三级地类。地类划分的最小面积为0.066 7hm^2（1亩）。

1）林地

（1）乔木林地。由乔木（不含因经营需要或生境恶劣矮化成灌木型）组成的片林或林带,郁闭度大于或等于0.20。其中,林带行数应在2行以上且行距≤4.0m或林冠冠幅水平投影宽度在10.0m以上;当林带的缺损长度超过林带宽度3倍时,应视为两条林带;两平行林带的带距≤8.0m时按片林调查。包括由乔木型红树植物为主体组成的红树林群落。

（2）灌木林地。附着有灌木树种,或因生境恶劣或人工栽培矮化成灌木型的乔木树种以及胸径小于2.0cm的小杂竹丛,以经营灌木林为主要目的或专为防护用途,覆盖度在30%以上的林地。其中,灌木林带行数应在2行以上且行距≤2.0m;当林带的缺损长度超过林带宽度3倍时,应视为两条灌木林带;两平行林带的带距≤4.0m时按片状灌木林调查。包括由灌木型红树植物为主体组成的红树林群落。

（3）竹林地。附着有胸径2.0cm以上的竹类植物,毛竹郁闭度≥0.20或杂竹覆盖度≥30%的林地。包括郁闭度或覆盖度达不到上述标准,但已达成林年限,且生长稳定,每公顷立竹株数（或覆盖度）达到相应各类标准的竹林。

（4）疏林地。乔木郁闭度在0.10～0.19之间的林地。

（5）未成林造林地。人工造林（包括植苗、直播、扦插、分殖造林）或飞播造林后不到成林年限或达到成林年限后,造林分布均匀,尚未郁闭但有成林希望或补植后有成林希望的林地,包括乔木未成林造林地和灌木未成林造林地。

（6）苗圃地。固定的林木和木本花卉育苗用地,不包括母树林、种子园、采穗圃、种植基地等种子、种条生产用地以及种子加工、储藏等设施用地。

（7）迹地。包括采伐迹地、火烧迹地和其他迹地。

（8）宜林地。经县级以上人民政府批准,规划用于发展林业的土地。包括造林失败地、规划造林地和其他宜林地。

2）非林地

非林地是指林地以外的耕地、牧草地、水域、未利用地和建设用地。

(1)耕地。指种植农作物的土地,包括熟地、新开发、复垦、整理地,休闲地(轮歇地、轮作地);以种植农作物(含蔬菜)为主,间有零星果树、桑树或其他树木的土地;平均每年能保证收获一季的已垦滩地和海涂。耕地中还包括南方宽度<1.5m,北方宽度<2.0m固定的沟、渠、路和地坎(埂);临时种植药材、草皮、花卉、苗木等的耕地,临时种植果树、茶树和林木且耕作层未破坏的耕地,以及其他临时改变用途的耕地。

(2)牧草地。指以生长草本植物为主,用于畜牧业的土地。草本植被覆盖度一般在15%以上、干旱地区在5%以上,树木郁闭度在10%以下,用于牧业的均划为牧草地,包括以牧业为主的疏林、灌木草地。

(3)水域。指陆地水域和水利设施用地,包括河流、湖泊、水库、坑塘、苇地、滩涂、沟渠、水利设施等。

(4)未利用地。指未利用和难利用的土地,包括荒草地、盐碱地、沼泽地、沙地、裸土地、裸岩石砾地、草甸等。

(5)建设用地。指建造建筑物、构造物的土地。包括工矿建设用地、城乡居民建设用地、交通建设用地、其他用地。

2. 植被类型

依据《中国植被》分类系统,将森林植被分为自然植被和栽培植被两大类别,其中:自然植被分为5个植被型组、16个植被型,栽培植被分为3个植被型组、11个植被型。

1)自然植被

(1)针叶林,包括温性针叶林、温性针阔混交林、暖性针叶林、暖性针阔混交林(表5-1)。

表5-1 针叶林分类情况

分类	分布情况
温性针叶林	分布于中温带和南温带地区平原、丘陵、低山以及亚热带、热带中山的针叶林。主要建群种有黄山松、柳杉林等
温性针阔混交林	分布于上述地区针叶树与阔叶树混交的森林。主要建群种有马尾松、柳松、木荷、枫香等阔叶树混交
暖性针叶林	分布于亚热带低山、丘陵和盆地的针叶林,喜温暖湿润气候。主要建群种有马尾松、杉木、柳杉、油杉等
暖性针阔混交林	分布于海拔800m以下的丘陵和低山地。主要建群种有马尾松、杉木、南方红豆杉、江南油杉、竹柏等树种与甜槠、栲树、青冈、木荷、苦槠、钩栲等阔叶树混交

(2)阔叶林,包括落叶阔叶林,常绿、落叶阔叶混交林,常绿阔叶林,硬叶常绿阔叶林,红树林,竹林(表5-2)。

表 5-2 阔叶林分类情况

分类	分布情况
落叶阔叶林	以落叶阔叶树种为主的森林,落叶成分所占比例在70%以上。主要建群种有水青冈属、栓皮栎、枫香、拟赤杨、南方枳椇、茅栗、糙叶树等
常绿、落叶阔叶混交林	以落叶阔叶树种和常绿阔叶树种共同组成的森林,落叶或常绿的比例均不超过70%
常绿阔叶林	以常绿阔叶树种为主的森林,常绿成分所占比例在70%以上。主要由壳斗科、樟科、山茶科、木兰科等不同种类阔叶树组成的杂木林,是亚热带地区的地带性原生森林。主要建群种有甜槠、栲树、米槠、罗浮栲、蚊母树、山杜英、黄杞、木荷等
硬叶常绿阔叶林	以壳斗科栎属中高山栎组树种组成的森林,叶绿色革质坚硬,叶缘常具尖刺或锐齿
红树林	指生长在热带、亚热带低能海岸潮间带上部,受周期性潮水浸淹,以红树植物为主体的常绿灌木或乔木组成的潮滩湿地木本生物群落。组成的物种包括草本、藤本红树
竹林	附着有胸径 2cm 以上的竹类植物林地

(3)灌丛和灌草丛,包括落叶阔叶灌丛、常绿阔叶灌丛、灌草丛(表 5-3)。

表 5-3 灌丛和灌草丛分类情况

分类	分布情况
落叶阔叶灌丛	由冬季落叶的阔叶灌木所组成的灌丛。主要树种有白栎、胡枝子、映山红、算盘子等
常绿阔叶灌丛	分布于热带、亚热带地区由常绿阔叶灌木所组成的灌丛。主要树种有桃金娘、小叶赤楠、牡荆、石斑木、乌饭等
灌草丛	以中生或旱中生多年生草本植物为主要建群种,包括有散生灌木的植物群落和无散生灌木的植物群落。主要有芒萁、鹧鸪草、野古草、五节芒、白茅、蕨类灌草丛等

(4)草甸,指分布于海拔 1000m 以上山顶和近山顶地带,以多年生中生草本植物为主体的群落类型。

(5)沼泽和水生植被,包括沼泽、水生植被(表5-4)。

表5-4 沼泽和水生植被分类情况

分类	分布情况
沼泽	主要分布于海滨及河口低地,主要有海滨藜、南方碱蓬、互花米草;内陆及河岸低地,主要有芦苇、凤眼莲、空心莲子草、看麦娘等;丘陵和山地,主要有细叶刺子莞、白花前胡等
水生植被	生长于水体环境,主要类型有菹草、金鱼藻、莼菜、浮萍、芦苇、莲、水蓼、狭叶香蒲等

2)栽培植被

(1)草本类型,包括大田作物型、蔬菜作物型、草皮绿化型(表5-5)。

表5-5 草本类型栽培植物分类情况

分类	分布情况
大田作物型	旱地或水田以农作物为经济目的
蔬菜作物型	以蔬菜为经济目的
草皮绿化型	以绿化环境为目的

(2)木本类型,包括针叶林型、针阔混交林型、阔叶林型、灌木丛型、其他木本类型(表5-6)。

表5-6 木本类型栽培植物分类情况

分类	分布情况
针叶林型	由针叶乔木树种组成的人工植被。人工马尾松林、杉木林、柳杉林、湿地松林、火炬松林及其他国外松林等
针阔混交林型	由针叶和阔叶乔木树种组成的人工植被。杉木十木荷林、杉木+米老排林、杉木+枫香等
阔叶林型	由阔叶乔木树种组成的人工植被。木荷、枫香、桉树、锥栗、相思类等
灌木丛型	由灌木树种组成的人工植被。柑橘类、茶叶、油茶等
其他木本类型	由竹类植物、苗圃地或城市绿化木本植被等组成的人工植被

(3)草本木本间作类型,包括农林间作型、农果间作型、草本绿化型(表5-7)。

表 5-7 草本木本间作类型栽培植物分类情况

分类	分布情况
农林间作型	农作物和除果树外的其他树种间作
农果间作型	农作物和果树树种间作
草本绿化型	以绿化环境为目的的人工草木结合植被

（二）森林资源

森林资源包括森林、林木和林地的数量、质量、结构和分布，森林起源、权属、龄组、林种、树种的面积和蓄积，生长量和消耗量及其动态变化。

（三）生态状况

生态状况包括森林健康状况与生态功能，森林生态系统多样性，土地沙化、荒漠化和湿地类型的面积与分布及其动态变化。

（四）林业生产和社会经济情况

林业生产和社会经济情况包括人口及林业从业人员、国民生产总值及林业产值、造营林情况、木材生产及消耗、森林资源管理和森林公园、自然保护区等生态建设等。

三、全国森林资源清查的方法与程序

（一）调查方法

全国森林资源清查原则上应采用以设置固定样地（或配置部分临时样地）并结合遥感进行调查的方法，即进行遥感图片卫星判读的工作，主要是辅助固定样地调查，提高一类调查的精度。

固定样地不仅可以直接提供有关林分及单株树木生长和消亡方面的信息，而且由于它本身是一种有多次测定的样本单元，因此可以根据两期以至多期的抽样调查结果，对森林资源的现状，尤其是对森林资源的变化作出更为有效的抽样估计。国家森林资源清查一般都采用以省（区、市）的围作为抽样调查总体，利用1∶5万比例尺地形图上的公里网交叉点，按一定的点间距布设一定数量的固定样地，定期到现场进行实测，按照系统抽样的技术方法，调查估测总体森林蓄积量；利用固定样地的前后两期的测定数据，估测调查总体森林蓄积量的变化情况；同时另外布设一套成数抽样样本，用成数抽样的方法调查估测总体各土地类型和森林类型面积。当省（区、市）境的森林分布及地形条件差异比较大时，可在一个省（区、市）境划分调查副总体。规程要求副总体的划分相对稳定。

（二）调查程序

1. 前期准备

1) 组织准备

省林业主管部门成立全国森林资源清查省清查领导小组和办公室，成立质量管理机构；省林业调查规划技术单位负责组建技术指导以及省级质量检查队伍;省林业勘察设计单位负责组建调查队伍;地级以上市林业主管部门负责上下沟通、协调等工作;县级林业主管部门负责配合调查、检查和后勤保障工作。

2)技术准备

清查领导小组办公室制定工作方案、技术方案、操作细则及其他相关材料,并按质量管理要求组织技术培训和技术指导。

收集各项调查规划成果及其他有关资料,准备调查表格和地形图等图面资料。

3)仪器工具准备

(1)每个样地都要制作一个水泥角桩,规格为长 60cm,粗 8cm×8cm,中间要有一根小号钢筋,在其一面距顶部 10cm 处留一凹槽,以备书写样地编号。

(2)GPS+平板电脑、数码相机、罗盘仪、标杆、皮尺、测高器、测树钢围尺、计算器(带三角函数)等。

(3)红漆、钢字模、树号铝牌、铁锤、工兵锹、铁钉、锄头、劈刀、竹竿(长 1.3m)。

(4)工具包、三角尺(带量角器)、电池、毛笔、文件夹、蜡笔、粉笔、铅笔、小刀、橡皮等。

(5)水壶、草帽、工作服、运动鞋、雨具等劳保用品。

(6)蛇药、急救包、创可贴等应急药品。

2. 外业调查

1)固定样地布设

固定样地布设和编号与前期保持一致。固定样地形状为正方形,边长 25.82m(水平距),样地面积为 0.066 7hm²(1 亩)。植被专项调查,按国务院林业主管部门要求按 20km×20km 间隔系统抽样布设 309 个样方,开展树种调查和植被调查。固定样地标志包括:

(1)样地标志。①西南角:样地标桩、三株定位树(物)、GPS 坐标采集。②西北、东北、东南角:其他缺桩角点和样地中心点,都要埋设长 60cm、粗 8cm×8cm 的木桩,埋深 40cm,在木桩上部朝南一面标明所在角点字样。③周界:样地周界外的树木,在面向样地的一侧胸高处刮去长 20cm、宽 10cm 的树皮,并用红漆在刮皮处打"×"标记。

(2)样木标志。样地内所有样本(不含枯立木、枯倒木和多测木)都应作为固定样本,统一设置识别标志,包括胸高位置、样木编号、挂牌、样木位置图。

(3)引点标志。对于接收不到 GPS 信号或信号微弱、不稳定的样地应记录引线测量的有关数据和修复引点标志,包括引点桩(坑)和引点定位物(树),为固定样地下期复位提供参照依据。

2)样地实地定位

根据 1:5 万地形图上布设的样地点位,准确测定样地的实地点位,即样地西南角点。样地实地定位的方法包括:

(1)复测样地的定位方法。前期实测定位的样地,本期必须力求复位。①尽可能请前期调查人员或当地向导,到实地寻找前期样地、样木的固定标志,即样地的角桩、定位物和样木的树号牌、胸高线等。②请不到前期调查人员和当地向导的,可根据前期定位测量记录或采用 GPS 导航,寻找前期样地、样木的标志。③对于找不到样地标志但找到样木标志的,可结合样地周界测量确定样地西南角点和其他样点的位置。

(2)改设样地的定位方法。前期实测定位的样地,本期无法找到前期样地固定标志,不能复位的样地,采用如下方法进行定位。①前期导线测量定位的,应按前期的引线起点和逐站测量记录的方位角、水平距,重新测量、绘图,确定样地的实地点位。②前期后方交会定位的,可按前期后方交会记录和图样,反复核定后方交会点,再按前期量测记录,从交会点进行导线测量定位。前期后方交会点难以确定的,可采用 GPS 辅助引线定位。

(3)前期目测的样地,本期由于条件改变可以实测的,一般采用罗盘仪引线法确定样地的实地点位。①根据 1:5 万地形图上布设的样地点位,在其附近选一特征明显,图上有且实地也有的地貌地物点作为引线的起点。②在地形图上样地点与引线起点之间画一条线,用量角器、三角板量算引线起点至样地点的方位角和水平距,记载在"样地引点位置图"相应栏目内。方位角以度为单位,最小取半度。水平距以米为单位,取整数。③用罗盘仪定向、视距测量或皮尺量距,从引线的起点开始,用直线或折线的导线测量和导线的图解法或坐标法,边测量边绘图,当图上的测量导线测点达到样地点位时,即为样地的实地点位,即样地的西南角点。④若样地点位引线距离超过 500m,在其附近又无明显特征地貌地物点,则可采用 GPS 辅助引线定位确定样地的位置。

(4)特殊情况的定位方法。

以下条件之一的样地可不进行实地定位:①前期目测、放弃的样地,本期条件没有变化、确实无法实测的。②前期实测样地,因地质灾害、军事需要等原因,本期无法实地定位的。③前期实测样地,因地貌变化或水位上升,本期为大片水域的。

出现上述后两种情况的必须报经省清查办公室批准。

3)样地周界测定

样地为正方、正向、边长 25.82m,面积 0.066 7hm² (1 亩)。样方为正方、正向、边长为 4.0m,面积 16m²。遇到任何情况都不得改变样地、样方的形状、方向和边长。样地周界测定的标志包括埋设样地角点桩、测定样地定位物、挖西南角土壤坑。

(1)改设样地的周界测定方法。

凡改设的样地,需要实测周界的,一律采用闭合导线法测定。即以样地定位点为样地西南角点,用罗盘仪定向、皮尺量距,从西南角点起按方位角 0°—90°—180°—270°的顺序和边长 25.82m,确定样地的西北角点、东北角点、东南角点和相应的 4 条边界的正确位置。

(2)复测样地的周界测定方法。①保存 4 个角桩的样地,按前期样地周界测量的方法和顺序进行复测。②保存 3 个角桩的样地,按前期样地周界测定的方法和顺序进行复位测定,补充判定失桩的角点位置。复测过程如发现前期测定的样地方向、边长误差超过允许范围,应按上述方法进行纠正。③保存 1~2 个角桩的样地,按规定的测定方法和顺序复测周界。前期埋设角桩点位符合规定要求的,补充埋设失桩的角桩。复测的周界出现多测木或漏测木,允许调整除西南角点外的角桩、边界位置。确保样本不多测、不漏测。但样地方向、边长、形状应符合规定要求。④只保存有定位物(树)的样地,按前期定位物记录的编号及样地角点至定位物的方位角、水平距,测定样地角点位置,再按样地周界测定的方法和顺序测定其他角点和边界的位置。

(3)样方周界的测定方法。

在样地西南角向西 2m 处设置 4m×4m 的样方以开展植被和下木调查。样方的四角应用木桩进行固定,样方所代表的植被类型原则上应与样地一致。如果不一致,则按西北角(向北 2m)、东北角(向东 2m)、东南角(向南 2m)的顺序设置 4m×4m 的准备调查样方。

4）样地因子调查

样地因子调查项目共63项，包括样地号、样地类别、纵坐标、横坐标、GPS纵坐标、GPS横坐标、县（市、区）、地貌、海拔、坡向、坡位、坡度、地表形态、沙丘高度、覆沙厚度、侵蚀沟面积比例、基岩裸露、土壤名称、土壤质地、土壤砾石含量、土壤厚度、腐殖质厚度、枯枝落叶层厚度、植被类型、灌木覆盖度、灌木平均高度、草本覆盖度、草本平均高度、植被总覆盖度、地类、土地权属、林木权属、森林（林木）类别、公益林事权等级、公益林保护等级、商品林经营等级、抚育措施、林种、起源、优势树种、平均年龄、龄组、产期、平均胸径、平均树高、郁闭度、森林群落结构、林层结构、树种结构、自然度、可及度、森林灾害类型、森林灾害等级、森林健康等级、四旁树株数、杂竹株数、天然林更新等级、地类面积等级、地类变化原因、有无特殊对待、调查日期、经济林木株数、乔木林幼树株数。

5）跨角林样地调查

跨角林样地是指优势地类为非乔木林地、非竹林地和非疏林地，但跨有外延面积0.066 7hm²以上有检尺样木（竹）的乔木林地、竹林地或疏林地的样地。当优势地类也是乔木林地、竹林地或疏林地，但与跨角的乔木林地、竹林地或疏林地分界线非常明显，且树种不同或龄组相差2个以上（含2个），不宜划为一个类型时，也应当跨角林样地对待。跨角林样地除调查记载优势地类的有关因子外，还需调查跨角乔木林地或疏林地的面积比例、地类、权属、林种、起源、优势树种、龄组、郁闭度、平均树高、森林群落结构、树种结构、商品林经营等级等因子，填写跨角林样地调查记录表。

6）其他因子调查

（1）树（毛竹）高测量。对于乔木林样地，应根据每木检尺结果，选择主林层优势树种中接近平均胸径的3～5株生长正常的样木，用测高仪器或其他测量工具测定其树高，记载到0.1m。对于毛竹林样地，选择3株平均竹，量测树高和枝下高，记载到0.1m。选择样木（竹）时应考虑树高和枝下高的代表性。

（2）森林灾害情况调查。对于乔木林地、竹林地和特殊灌木林地样地，调查森林灾害类型、危害部位、受害样木株数，评定受害等级。

（3）植被和下木调查。按20km×20km间隔，系统抽取309个固定样地设置样方，调查下木、灌木和草本主要种类、平均高度、覆盖度等。

（4）天然更新情况调查。对于疏林地、灌木林地（特殊灌木林地除外）、迹地和宜林地，应在样地内有代表性的地段设置2m×2m小样方（样方方向与样地一致），调查天然更新状况。

（5）复查期内样地变化情况调查。调查记载样地前后期地类、林种、起源、优势树种、龄组、植被类型等变化情况，前后期不一致的，一定要注明变化原因。发生特殊变化的样地，一定要用文字详细说明；确定样地有无特殊对待，并作出有关说明。

（6）未成林造林地调查。未成林造林地应调查未成林造林地情况、造林树种、造林年度、苗龄、造林密度、苗木成活率或保存率和抚育管护措施等内容。

（7）竹类调查。竹类调查分为两类：一是毛竹调查，对样地内的毛竹进行每竹检尺，记载毛竹的立竹类型、检尺类型、胸径和竹度4项因子；二是杂竹调查，对杂竹林样地和其他散生有杂竹的样地，在样地内有代表性的地段设置2m×2m小样方，小样方方向与样地一致，查数样方内杂竹株数，然后估测样地内的实际杂竹面积，进而估算样地内实际杂竹总株数。

3. 数据处理和统计分析

1）样地调查因子的检查

样地调查各项因子均应按规定要求记载，不得漏项。

样地号是唯一的，样地号和样地坐标——对应，不允许有任何差错，纵、横坐标必须填写完整的数值。

地类是整个样地中最重要的因子，不允许有差错，因为它在很大程度上决定了有关的调查内容。如乔木林地、竹林地，应同时填写权属、林种、起源、优势地类、平均年龄、龄组、平均胸径、平均树高、郁闭度等。

样地因子之间的逻辑关系。如乔木林地郁闭度应大于或等于 0.20；疏林地郁闭度应在 0.10～0.19 之间；样地为用材林近成过熟林，则应填写可及度等。

前后期样地因子的对照检查。若地类、林种、权属、起源、平均年龄、龄组、优势树种等发生变化，则必须结合样地特征和样本记录进行具体分析。

2）数据输入

使用平板电脑进行野外数据采集，在外业调查时，进行样地调查数据输入，外业结束后，将样地调查数据传输到计算机，进行数据汇总。

3）逻辑检查

逻辑检查在样地调查数据传输到计算机后用计算机进行。逻辑检查分为 3 个部分：

(1) 样地、样木因子的取值范围：每个因子都有一定的取值幅度，检查样地因子、样木因子调查数据是否在取值范围内。

(2) 样地因子之间、样地因子与样木因子之间的逻辑关系：许多样地因子之间和样木因子之间都存在逻辑关系，这些关系不能矛盾。如：优势树种与平均年龄和龄组之间的逻辑关系；郁闭度与乔木林地、竹林地和疏林地的关系；灌木盖度与灌木林地和宜林地的关系；林木蓄积与优势树种之间的关系等。

(3) 前后期样地、样木因子之间的逻辑关系：检查前后期样地、样木因子之间是否存在矛盾。

以上逻辑检查如发现错误，必须认真进行分析，并在慎重考虑各种关系后再妥善修正。在数据库中修正了逻辑关系后，也要同时在样地调查卡片上进行改正。

4）数据预处理

(1) 目测样地处理。根据样地目测调查的总蓄积和平均胸径推算出样地记录，样木记录应与样地记录保持一致，统计可比动态变化数据时，目测样地的生长量和消耗量统一设置为零值。

(2) 跨角林样地处理。跨角林调查记录要单独形成数据库文件，并增加相应的蓄积量、生产量和消耗量字段。跨角林调查暂不考虑地类面积的估计，只考虑蓄积量、生产量和消耗量的归属问题。对于跨角林的内业计算，应将样木材积及生长量、消耗量分别计入样地因子调查记录数据库和跨角林调查记录数据库，统计蓄积量等数据时按两个库中的分类因子（地类、权属、林种、起源、优势树种、龄组等）分别归入不同的类别。

生长消耗数据预处理，包括前后期样地数平衡、前后期样木平衡、复位样木提取、异常树木剔除、按树种（组）建立回归模型、样木模拟。

5)森林资源现状统计

(1)面积估计。

按系统抽样公式计算：

$$P_i = \frac{m_i}{n}$$

$$S_{P_i} = \sqrt{\frac{P_i(1-P_i)}{n-1}}$$

式中，n 为总样地数；m_i 为类型(包括地类、植被类型、森林类别及其他各种分类属性)i 的样地数；P_i 为类型 i 的面积成数估计值；S_{P_i} 为类型 i 面积成数估计值的标准差。

$$\widehat{A}_i = A \cdot P_i$$

式中，$\widehat{A}_i$ 为类型 i 的面积估计值；A 为总体面积。

$$\Delta_{A_i} = A \cdot t_a \cdot S_{P_i}$$

式中，Δ_{A_i} 为类型 i 面积估计值的误差限，t_a 为可靠性指标。类型 i 的面积估计区间为：$\widehat{A}_i \pm \Delta_{A_i}$。

$$P_{A_i} = \left(1 - \frac{t_a \cdot S_{P_i}}{P_i}\right) \cdot 100\%$$

式中，P_{A_i} 为类型 i 面积估计值的抽样精度。

(2)蓄积估计。

①样本平均数：

$$\bar{V}_i = \frac{1}{n}\sum_{j=1}^{n} V_{ij}$$

式中，V_{ij} 为第 i 类型第 j 个样地蓄积。

②样本方差：

$$S_{V_i}^2 = \frac{1}{n-1}\sum_{j=1}^{n}(V_{ij} - \bar{V}_i)^2$$

$$S_{\bar{V}_i} = \frac{S_{V_i}}{\sqrt{n}}$$

③总体总量估计值：

$$\widehat{V}_i = \frac{A}{a} \cdot \bar{V}_i$$

式中，A 为总体面积；a 为样地面积；$\widehat{V}_i$ 为第 i 类型蓄积的总体总量估计值。

④总体总量估计值的误差限：

$$\Delta_{V_i} = \frac{A}{a} \cdot t_a \cdot S_{\bar{V}_i}$$

式中，t_a 为可靠性指标。总体总量估计值的估计区间为：$\widehat{V}_i \pm \Delta_{V_i}$。

⑤抽样精度：

$$P_{\bar{V}_i} = \left(1 - \frac{t_a \cdot S_{V_i}}{\bar{V}_i}\right) \cdot 100\%$$

6)森林资源动态分析

(1)总体蓄积净增及其估计精度。

①样地蓄积净增量平均数的估计值：

$$\bar{\Delta} = \bar{V}_2 - \bar{V}_1$$

式中,$\bar{V}_1$ 为固定样地前期蓄积平均值;$\bar{V}_2$ 为固定样地后期蓄积平均值。

②样地蓄积净增量估计值的方差:

$$S_{\bar{\Delta}}^2 = S_{V_2}^2 + S_{V_1}^2 - 2RS_{V_2} \cdot S_{V_i}$$

式中,$S_{V_2}^2$ 为后期样地蓄积方差;$S_{V_1}^2$ 为前期样地蓄积方差;R 为前后期样地蓄积相关系数。

③样地蓄积净增量估计值的标准误:

$$S_{\bar{\Delta}} = \frac{S_{\Delta}}{\sqrt{n}}$$

④相关系数:

$$R = \frac{S_{V_1 V_2}}{S_{V_1} \cdot S_{V_2}}$$

⑤总体蓄积净增量的估计值:

$$\Delta_{\text{总}} = \bar{\Delta} \cdot \frac{A}{a}$$

式中,A 为总体面积;a 为样地面积。

⑥总体蓄积净增量估计值的误差限:

$$\Delta_{\Delta_{\text{总}}} = t_a \cdot S_{\bar{\Delta}} \cdot \frac{A}{a}$$

式中,t_a 为可靠性指标。总体蓄积净增量的估计区间为:$\Delta_{\text{总}} \pm \Delta_{\Delta_{\text{总}}}$。

⑦抽样精度:

$$P = \left(1 - \frac{t_a \cdot S_{\bar{\Delta}}}{|\bar{\Delta}|}\right) \cdot 100\%$$

式中,t_a 为可靠性指标。如果抽样精度 $P<0$,则取 $P=0$。

⑧判断统计量:

$$t = \frac{|\bar{\Delta}|}{S_{\bar{\Delta}}}$$

如果 $t > t_{2a}(t_{2a} = 1.645,取 a = 0.05)$,则可根据 $\bar{\Delta}$ 的正负判定前后期蓄积的增减趋势;如果 $t \leqslant t_{2a}$,则判定前后期蓄积估计值无显著差异,基本持平。

(2)总体生长量、消耗及其估计精度。

①总体各类型生长量估计值及其估计精度。

样地平均生长量:

$$\bar{g} = \frac{1}{n} \sum_{j=1}^{n} g_j$$

$$\bar{g}_i = \frac{1}{n} \sum_{j=1}^{n} g_{ij}$$

式中,g_j 为第 j 个样地的生长量;g_{ij} 为第 j 个样地上属于第 i 类型的生长量;$\bar{g}_i$ 为第 i 类型的样地平均生长量。

总体生长量估计值:

$$\hat{G} = \bar{g} \cdot \frac{A}{a}$$

$$\hat{G}_i = \bar{g}_i \cdot \frac{A}{a}$$

式中，$\hat{G}_i$ 为第 i 类型总体生长量的估计值。

总体生长率估计值：

$$P_{\hat{G}} = \frac{\hat{G}}{(V_1 + V_2)} \cdot \frac{2}{t}$$

式中，t 为复查间隔期；V_1、V_2 分别为前后期总体蓄积。

标准差、标准误和抽样精度分别为：

$$S_g = \sqrt{\frac{\sum (g_j - \bar{g})^2}{n-1}}$$

$$S_{\bar{g}} = \frac{S_g}{\sqrt{n}}$$

$$P_g = \left(1 - \frac{t_a \cdot S_g}{\bar{g}}\right) \cdot 100\%$$

式中，t_a 为可靠性指标；n 为样地数。

各类型生长量的标准差、标准误、抽样精度计算方法也与此相同。

②总体各类型消耗量估计值及其精度。

样地平均消耗量：

$$\bar{c} = \frac{1}{n} \sum_{j=1}^{n} c_j$$

$$\bar{c}_i = \frac{1}{n} \sum_{j=1}^{n} c_{ij}$$

式中，c_j 为第 j 个样地的消耗量；c_{ij} 为第 j 个样地上属于第 i 类型的消耗量；$\bar{c}_i$ 为第 i 类型样地平均消耗量。

总体消耗量估计值：

$$\hat{C} = \bar{c} \cdot \frac{A}{a}$$

$$\hat{C}_i = \bar{c}_i \cdot \frac{A}{a}$$

式中，$\hat{C}_i$ 为第 i 类型总体消耗量的估计值。

总体消耗率估计值：

$$P_{\hat{C}} = \frac{\hat{C}}{(V_1 + V_2)} \cdot \frac{2}{t}$$

式中，V_1、V_2 分别为前后期总体蓄积；t 为复查间隔期。

标准差、标准误和抽样精度分别为：

$$S_c = \sqrt{\frac{\sum (c_j - \bar{c})^2}{n-1}}$$

$$S_{\bar{c}} = \frac{S_c}{\sqrt{n}}$$

$$P_{\bar{c}} = \left(1 - \frac{t_a \cdot S_{\bar{c}}}{\bar{c}}\right) \cdot 100\%$$

各类型消耗量的标准差、标准误、抽样精度计算方法也与此相同。

7) 统计数据汇总

当资源数据为具有累加意义的统计数据时,估计值直接进行累加,而抽样误差则按分成抽样公式计算。

当资源数据为不具累加意义的派生数据时,必须分析每类数据的特性,再针对不同特性确定汇总方法。如:生产率和消耗率、净增率、平均胸径、树高、郁闭度、株数。对于涉及间隔期长度的有关指标(如净增率、生产率等),如果各个总体的间隔期长度不一致,则只能进行近似估计。由于上述派生数据的误差传递非常复杂,不论是否为汇总数据,均不估计其抽样误差。

成果统计表包括各类土地面积按权属统计表、各类林木蓄积按权属统计表、乔木林各龄组面积蓄积按权属和林种统计表、乔木林各龄组面积蓄积按优势树种统计表、乔木林各林种面积蓄积按优势树种统计表、天然林资源面积蓄积按权属统计表、天然乔木林各龄组面积蓄积按权属和林种统计表、天然乔木林各龄组面积蓄积按优势树种统计表、天然乔木林各林种面积蓄积按优势树种统计表、人工林资源面积蓄积按权属统计表、人工乔木林各龄组面积蓄积按权属和林种统计表、人工乔木林各龄组面积蓄积按优势树种统计表、人工乔木林各林种面积蓄积按优势树种统计表、竹林面积株数按权属和林种统计表、经济林面积按权属和类型统计表、疏林地各林种面积蓄积按优势树种统计表、灌木林地各林种面积按权属和类型统计表、各类土地面积动态表、各类林木蓄积动态表、乔木林各龄组面积蓄积动态表、乔木林各林种面积蓄积动态表、乔木林针叶林面积比重按起源动态表、乔木林质量因子按起源动态表、天然林资源动态表、天然乔木林各龄组面积蓄积动态表、天然乔木林各林种面积蓄积动态表、人工林资源动态表、人工乔木林各龄组面积蓄积动态表、人工乔木林各林种面积蓄积动态表、林木蓄积年均各类生长量消耗量统计表、乔木林各龄组年均生长量消耗量按起源和林种统计表、乔木林各龄组年均生长量消耗量按优势树种统计表、总体特征数计算表。

4. 质量检查

质量检查是对调查前期准备工作、外业调查和内业统计各项工序及调查成果进行检查。前期准备工作检查内容包括对工作方案、技术方案、操作细则的审核和审批,对所用图面材料、调查用表、仪器工具等进行检查,组织学习操作细则和有关技术规定,参与外业调查前的培训试点工作;内业检查包括对样地调查卡片、数据录入和处理、成果统计、表成果报告的检查。外业调查检查是质量检查的重点。

(1) 质量检查一般采用原调查方法进行检查。

(2) 质量检查人员所检查样地的确定,既要考虑随机性又要有针对性。原则上各设区市、县(市、区)的检查样地数量应与所分布的样地数成正比。应以林地(尤其是有检尺样木的林地)和地类发生变化的样地作为检查重点,疑似异常变化的样地必查,并适当抽取部分位于偏远地区的样地;同时尽量减少与前期检查样地的重复,逐步扩大检查样地的覆盖面。检查样地一方面要保证尽可能客观反映其调查质量,另一方面要达到发现问题、解决问题、提高质量的目的。国家森林资源检测中心检查的样地,应以地类发生非正常变化及其他疑似异常变化的样地为主,并与省级检查过的样地有20%左右重复。

(3) 外业检查可由被检查人员陪同检查人员到现场进行,检查时尽量使用原用仪器和测量工具;内业检查由被检查人员提供经自查的成品交检查人员检查。

(4) 外业检查应在外业调查的前、中、后期均匀开展,并认真做好前期的技术指导工作;内业检查应于某一工序完成之后进行,前一工序的不及格产品,不允许进入下一个工序。

(5)各项检查都必须做好检查记录,并按有关规定进行质量评价。检查工作结束后应提交质量检查报告。

(6)调查卡片经省级质量检查人员100%检查通过后,应及时转交给国家森林资源监测中心进行检查验收,并办理交接手续。

(三)调查成果

国家森林资源清查有两类成果:一是上报材料;二是原始调查材料。在此仅列出它们的名称,供需要使用这方面材料的人员参考,必要时可以到有关部门调阅。

1. 上报材料

(1)森林资源连续清查数据磁盘、统计表磁盘和报表统计程序磁盘。
(2)森林资源连续清查主要统计表。
(3)森林资源连续调查成果报告。
(4)标明副总体围及地(市、盟、州)、县(局)界线的样地(包括固定、临时、成数)位置分布图。

2. 原始调查材料

负责调查队伍(单位)保存有全部"森林资源调查样地调查记录",该记录内容十分详细,主要有样地基本情况、位置、样地因子调查表、样地每木检尺记录、更新调查野生经济植物、植被调查等。

(四)调查精度标准

森林资源连续清查中的误差可分为抽样误差和调查误差。抽样误差用特征值的估计精度度量,按照《国家森林资源连续清查主要技术规定(2014)》的要求,以95%可靠性为前提。调查误差由调查员的熟练程度决定,在《国家森林资源连续清查主要技术规定(2014)》中,对样地、样木、边界、复位、树木株数、检尺误差等有明确要求,固定样地复位率应为98%以上,样木复位率应为95%以上。

1. 总体抽样精度

以全省范围作为一个总体时,总体的抽样精度即为该省的抽样精度(按95%可靠性);一个省划分为若干个副总体时,总体的抽样精度由各副总体按分层抽样进行联合估计得到。

1)森林资源现状抽样精度

(1)有林地面积:凡有林地面积占全省土地面积12%以上的省,精度要求在95%以上;其余各省精度要求在90%以上。

(2)人工林面积:凡人工林面积占林地面积4%以上的省,精度要求在90%以上;其余各省精度要求在85%以上。

(3)活立木蓄积:凡活立木蓄积量在5亿m^3以上的省,精度要求在95%以上,北京、上海、天津精度要求在85%以上,其余各省精度要求在90%以上。

2)活立木蓄积量消长动态精度

(1)总生长量:活立木蓄积量在5亿m^3以上的省,精度要求在90%以上,其余各省精度要求在85%以上。

(2)总消耗量：活立木蓄积量在5亿 m^3 以上的省，精度要求在80%以上，其余各省精度要求不作具体规定。

(3)活立木蓄积净增量，应作出增减方向性判断。

2. 调查允许误差

(1)引点定位：标桩位置在地形图上误差不超过1mm，引线方位角误差小于1°，引点至样地的距离测量误差小于1%；用GPS定位时，纵横坐标定位误差在10～15m之间。

(2)周界误差：新设或改设样地周界测量闭合差小于0.5%，复位样地周界长度误差小于1%。

(3)检尺株数：大于或等于8cm的应检尺株数不允许有误差；小于8cm的应检尺株数，允许误差为5%，且最多不超过3株。

(4)胸径测量：胸径小于20cm的树木，测量误差小于0.3cm；胸径大于或等于20cm的树木，测量误差小于1.5%。

(5)树高测量：当树高小于10m时，测量误差小于3%；当树高大于或等于10m时，测量误差小于5%。

(6)地类、起源、林种、优势树种等因子不应有错。

第三节　森林规划设计调查

一、森林规划设计调查概述

森林资源规划设计调查是以国有林业局(场)、自然保护区、森林公园等森林经营单位或县级行政区域为调查单位，以满足森林经营方案、总体设计、林业区划与规划设计需要而进行的森林资源清查。其主要任务是查清森林、林地和林木资源的种类、数量、质量与分布，客观反映调查区域自然、社会经济条件，综合分析与评价森林资源及经营管理现状，提出对森林资源培育、保护与利用的意见。调查成果是建立或更新森林资源档案，制定森林采伐限额，进行林业工程规划设计和森林资源管理的基础，也是制定区域国民经济发展规划和林业发展规划，实行森林生态效益补偿和森林资源资产化管理，指导和规范森林科学经营的重要依据。

(一)森林规划设计调查存在的问题

1. 现行森林规划设计调查发展不平衡问题

现行森林规划设计调查各地发展很不平衡，有些地方调查手段落后，勾绘小班粗糙，往往造成森林面积夸大，统计汇总数据良莠不齐，目前有些省(区、市)森林规划设计调查资源汇总与全国森林资源调查数据相距甚远造成数据矛盾，不宜担当地方森林资源监测任务。如何建立地方森林资源监测体系尚需进一步研究(周昌祥，2014)。

2. 仪器设备和技术手段相对落后问题

森林资源森林规划设计调查野外作业的技术手段和仪器设备几十年来一直没有大的变

化,基本上还是围尺、角规加地形图;20 世纪 90 年代以来遥感技术的应用有了一定的发展,但主要只能为小班区划提供辅助信息;近年来 GPS 技术也开始初步应用,但还没有引向深入。内业数据处理手段随着计算机技术的发展有了相当程度的发展,但 GIS 技术、网络技术等还没有给森林规划设计调查带来实质性的革新,尤其是信息管理系统的发展还跟不上林业发展的步伐(曾伟生和周佑明,2003)。

3. 调查内容不能适应新形势的需要问题

近年来,林业分类经营工作已经在试点的基础上在各省得以广泛开展,目前,我国林业正在由以木材生产为主向以生态建设为主转变。但是,森林资源、森林规划设计调查的内容还是以前的面积和蓄积,没有反映公益林生态效益方面的调查内容和评价指标,无法满足新形势下以生态建设为主体的林业建设的需要(曾伟生和周佑明,2003)。

4. 调查周期的协调问题

现行森林规划设计调查以 10 年为一周期,而制定森林采伐限额为 5 年一次并基本与 5 年规划期同步,森林规划设计调查滞后,不能与制定森林采伐限额周期相协调。

5. 森林资源规划设计调查的复查问题

做好森林资源规划设计调查的复查工作是我国森林经营从粗放向集约、精准、可持续转变的必要举措。森林规划设计调查是为森林经营单位(主体)服务的,随着经营时间增长和经营强度提高,调查内容应该越来越细,资料累积也会越来越多。为此,森林资源规划设计调查的复查不是重新调查而是累加式提高。目前,森林规划设计调查规程未规定复查方法,给调查造成困难。应对森林资源规划设计调查的复查方法作出明确规定,复查工作最好应由专业调查队与森林经营单位共同完成,以免使调查与经营实际脱节(周昌祥,2014)。

6. 完善"林地一张图"问题

做好"林地一张图",及时更新并与森林资源—森林规划设计调查建立互通渠道,是完善森林资源监测体系的捷径。特别是"林地一张图"的图斑,如何和森林规划设计调查小班、经营档案小班、作业设计调查小班以及地籍小班衔接是要抓紧研究和解决的问题,建议可在林地图斑下设细班层级,并在信息管理系统内设定接口(周昌祥,2014)。

(二)森林规划设计调查的改进对策

针对前述森林规划设计调查存在的问题,可以采取以下对策。

1. 将森林资源森林规划设计调查纳入规范化管理的轨道

各地森林规划设计调查发展不平衡的问题以及调查质量难以保证的问题,归根到底都和经费有直接关系。森林规划设计调查是地方森林资源监测体系的重要组成部分,其经费应有固定的来源、渠道,如可采取省、地(市)、县三级林业部门共同分担、县财政给予相应扶持的办法。只有先解决了资金的投入问题,其他问题才会迎刃而解。

2. 积极推广和应用新技术

20 世纪 80 年代计算机技术的推广应用,大大减轻了森林规划设计调查内业数据处理的压力,缩短了调查成果的产出时间;90 年代遥感技术的应用,在一定程度上减少了野外作业工作量,提高了工作效率。进入 21 世纪,应加强以"3S"技术为主体的新技术的综合应用,尤其应该在地理信息系统的应用上有新的突破,真正对林业生产和经营管理起到技术支持和辅助决策作用。

3. 不断丰富和改进调查内容

为了适应目前我国林业由以木材生产为主向以生态建设为主的历史性转变,走以生态建设为主的林业可持续发展道路,必须不断探索评价森林生态的有关因子,并相应增加有关调查内容。森林资源面积和蓄积只是反映森林生态的部分因子而不是全部,公益林和商品林应该有各自不同的调查重点和评价指标体系,这都要求不断丰富和改进调查的内容,以适应林业发展的需要。

4. 加强数据更新和资源档案管理

森林资源森林规划设计调查一般每 10 年开展一次,其间的年度资源数据只能通过更新的方法得到。有条件的地方应该结合平常开展的一些生产经营管理活动,每年将基础数据进行更新;条件有限时,也要保证每 5 年采用模型技术等手段对小班基础数据、统计表和图面材料进行一次系统更新。

二、森林规划设计调查的内容

(一)调查范围

森林经营单位应调查该单位所有和经营管理的土地;县级行政单位应调查县级行政范围内所有的森林、林木和林地。

(二)调查内容

(1)基本内容包括:①核对森林经营单位的境界线,并在经营管理范围内进行或调整(复查)经营区划;②调查各类林地的面积;③调查各类森林、林木蓄积;④调查与森林资源有关的自然地理环境和生态环境因素;⑤调查森林经营条件、前期主要经营措施与经营成效。

(2)下列调查内容以及调查的详细程度,应依据森林资源特点、经营目标和调查目的以及以往资源调查成果的可利用程度,由调查会议具体确定。

具体调查内容包括:森林生长量和消耗量调查,森林土壤调查,森林更新调查,森林病虫害调查,森林火灾调查,野生动植物资源调查,生物量调查,湿地资源调查,荒漠化土地资源调查,森林景观资源调查,森林生态因子调查,森林多种效益计量与评价调查,林业经济与森林经营情况调查,提出森林经营、保护和利用建议,其他专项调查。

三、森林规划设计调查的方法与程序

(一)调查方法

1. 小班直接目测法

小班直接目测法指通过组织技术人员进行小班目测法的培训,能有效地对当地所有的森林资源进行准确的目测的方法。通过直接目测法,针对各类林种的类型,在规定范围内进行小班划分调查。

2. 角规测树法

把需要进行调查的森林按照不同的林种、龄组进行区分。运用角规测树法对相应面积中规定的林木胸径的树木进行观测。收集好相关的数据后,结合先进的技术设备,例如 GPS、电脑等完善及补充原有数据并及时进行数据分析和整理。将小班汇集过来的蓄积量汇总计算的总蓄积量与总体抽样调查方法计算的总体蓄积量进行比较,如果两个分析数据的差异值在±1倍内的绝对误差限,即可判定由小班调查汇总的总蓄积量符合精度要求并以各小班汇总的蓄积量作为总体蓄积量。如果两个数据对比差异在±1倍且没有超过±2倍绝对误差限,就需要针对数据的不对称进行仔细分析,分析出影响小班蓄积量调查精准度的原因,然后根据影响原因针对每一个小班蓄积量进行调整和修改,使两个总体蓄积量的差异值在±1倍的绝对误差限范围之内。将运用计算机技术绘制特定比例的地形图作为基础图,其中包含所属区域内的各类型的地貌、地形、建筑物、水域以及林班和小班注记。没有办法在地图上进行标注的,需要以颜色区分进行小班标注。与此同时,绘制特定比例的以基础图为底图的林相图。按照小班调查的重点用颜色区分,着色可以按优势树种、龄组、小班地形、地类、面积进行绘制。然后利用林相图按相应比例缩小绘制森林分布图。森林分布图需要把小班进行相应的整合,大于规定范围的需要按林相图进行颜色区分(陈建平和胡建平,2013)。

3. 树木调查测定

可以根据当地林业的特点进行调查测定,使用胸径测定对在调查范围内的树木的胸径进行测定。传统的树高测定有一定的局限性,使用传统的测高器不能对整个森林进行完全调查,需要通过实测加目测的方法,利用测高杆进行实际测量,有局限的范围应当使用目测法,两个测量结果之和为全高(陈建平和胡建平,2013)。

(二)调查程序

1. 调查数表准备

森林资源规划设计调查应提前准备和检验当地适用的立木材积表、形高表(或树高-断面积-蓄积量表)、立地类型表、森林经营类型表、森林经营措施类型表、造林典型设计表等林业数表。为了提高调查质量和成果水平,可根据条件编制、收集或补充修订立木生物量表、地位指数表(或地位级表)、林木生长率表、材种出材率表、收货表(生长过程表)等。

2. 小班调绘

(1)根据实际情况,可分别采用以下方法进行小班调绘。①采用由测绘部门绘制的当地最新的比例尺为1∶1万~1∶2.5万的地形图到现地进行勾绘。对于没有上述比例尺的地区可采用由1∶5万放大到1∶2.5万的地形图。②使用近期拍摄的(以不超过2年为宜)、比例尺不小于1∶2.5万或由1∶5万放大到1∶2.5万的航片、1∶10万放大到1∶2.5万的侧视雷达图片在室内进行小班勾绘,然后到现地核对,或直接到现地调绘。③使用近期(以不超过一年为宜)经计算机几何校正及影像增强的比例尺1∶2.5万的卫片(空间分辨率10m以内)在室内进行小班勾绘,然后到现地核对。

(2)空间分辨率10m以上的卫片只能作为调绘辅助用图,不能直接用于小班勾绘。

(3)现地小班调绘、小班核对以及为林分因子调查或总体蓄积量精度控制调查而布设样地时,可用 GPS 确定小班界线和样地位置。

3. 小班调查

根据森林经营单位森林资源特点、调查技术水平、调查目的和调查等级，可采用不同的调查方法进行小班调查，应充分利用上期调查成果和小班经营档案，以提高小班调查精度和效率，保持调查的连续性。小班测树因子调查的要点如下。

1）样地实测法

在小班范围内，通过随机、机械或其他抽样方法，布设圆形、方形、带状或角规样地，在样地内实测各项调查因子，由此推算小班调查因子。布设的样地应符合随机原则（带状样地应与等高线垂直或成一定角度），样地数量应满足《国家森林资源连续清查主要技术规定（2014）》的精度要求。

2）目测法

当林况比较简单时采用此法。调查前，调查员要通过30块以上的标准地目测练习和1个林班的小班目测调查练习，并经过考核，各项调查因子目测的数据80%项次以上达到允许的精度要求时，才可以进行目测调查。小班目测调查时，必须深入小班内部，选择有代表性的调查点进行调查。为了提高目测精度，可利用角规样地或固定面积样地以及其他辅助方法进行实测，用以辅助目测。

3）航片估测法

航片比例尺大于1∶1万时可采用此法。调查前，分别林分类型或树种（组）抽取若干个有蓄积量的小班（数量不低于50个），判读各小班的平均树冠直径、平均树高、株数、郁闭度等级、坡位等，然后到实地调查各小班的相应因子，编制航片树高表、胸径表、立木材积表或航片数量化蓄积量表。为保证估测精度，必须选设一定数量的样地对数表（模型）进行实测检验，达到90%以上精度时方可使用。航片估测时，先在室内对各个小班进行判读（可结合小班室内调绘工作），利用判读结果和所编制的航片测树因子表估计小班各项测树因子。然后，抽取5%~10%的判读小班到现地核对，各项测树因子判读精度达到《国家森林资源连续清查主要技术规定（2014）》精度要求的小班超过90%时可以通过。

4）卫片估测法

当卫片的空间分辨率达到3m时可采用此法。其技术要点为：

（1）建立判读标志。根据调查单位的森林资源特点和分布状况，以卫星遥感数据景幅的物候期为单位，每景选择若干条能覆盖该区域内各地类和树种（组）、色调齐全且有代表性的勘察路线。将卫星影像特征与实地情况对照获得相应影像特征，并记录各地类与树种（组）的影像色调、光泽、质感、几何形状、地形地貌及地理位置（包括地名）等，建立目视判读标志表。

（2）目视判读。根据目视判读标志，综合运用其他各种信息和影像特征，在卫星影像图上判读并记载小班的地类、树种（组）、郁闭度、龄组等判读结果。对于林地、林木的权属、起源，以及目视判读中难以区别的地类，要充分利用已掌握的有关资料、询问当地技术人员或到现地调查等方式确定。

（3）判读复核。目视判读采取一人区划、判读，另一人复核判读方式进行，二人在"背靠背"作业前提下分别判读和填写判读结果。当两名判读人员的一致率达到90%以上时，二人应对不一致的小班通过商议达成一致意见，否则应到现地核实。当两判读人员的一致率达不到90%时，应分别重新判读。对于室内判读有疑问的小班必须全部到现地确定。

（4）实地验证。室内判读经检查合格后，采用典型抽样方法选择部分小班进行实地验证。实地验证的小班数不少于小班总数的5%（但不低于50个），并按照各地类和树种（组）判读的面积比例分配,同时每个类型不少于10个小班。在每个类型内,要按照小班面积大小比例不等概选取。各项因子的正判率达到90%以上时为合格。

(5)蓄积量调查。结合实地验证,选取有蓄积量的小班,现地调查其单位面积蓄积量,然后建立判读因子与单位面积蓄积量之间的回归模型,根据判读小班的蓄积量标志值计算相应小班的蓄积量。

4. 调查成果

正规的规划设计调查成果主要有小班调查簿、各种统计表、图面资料、文字材料和点击文档等。现将这些资料的名称详列于后,供需要者参考、调阅。

(1)小班调查簿。以小班为基本单元列出详细的小班属性因子。

(2)资源统计表。包括各类土地面积统计表,各类森林、林木面积蓄积统计表,林种统计表,乔木林面积、蓄积按龄组统计表,生态公益林(地)统计表,红树林资源统计表。

(3)图面材料。包括基本图(比例尺1∶5000~1∶2.5万,一般以地形图为底图),林相图(比例尺1∶1万~1∶5万),森林分布图(比例尺1∶5万~1∶10万),森林分类区划图(比例尺1∶5万~1∶10万),其他专题图。

(4)文字资料。包括森林资源规划设计调查报告,专项调查报告,质量检查报告。

(5)电子文档。

第四节　作业设计调查

一、作业设计调查概述

(一)作业设计调查的概念

作业设计调查是林业基层单位为满足伐区设计、抚育采伐设计等的需要而进行的调查。

(二)作业设计调查的内容

作业设计调查的内容包括伐区设计、造林设计、抚育采伐设计、林分改造设计等。其目的是查清一个伐区或一个抚育、改造林分范围内的森林资源数量、出材量、生长状况、林分改造结构规律,以确定采伐或抚育、改造的方式,采伐强度,预算出材量以及制定更新措施,进行工艺设计,使森林资源数据落实到具体的伐区或一定的地块上,为编定年度计划服务。

二、作业设计调查的方法

目前,针对我国作业设计调查设计的方式有3种,即传统方式、利用商业性质的GIS软件和基于调查数据的专家决策咨询系统,各自具有如下特点(孙晓,2018)。

(一)传统方式

我国部分经济相对落后的地区,作业设计调查方式依然是传统的卡片调查,作业人员先收集工作区相关资料,再通过野外调查数据在地形图上进行作业小班勾绘。利用这种方法进行小班勾绘的误差大且缺乏空间参考与判断依据,造成小班位置、面积精度低,给内业相关作业设计工作带来较大误差,且相关作业设计调查的作业设计图、统计表也是人工绘制的,工作量大、效率低,最终的成果均是纸质文档,管理烦琐、查看不便、数据难以共享(罗仙仙等,2008)。

(二)利用商业性质的 GIS 软件

在经济发展相对良好的地区,作业设计调查一般会结合相关 GIS 软件(如国外的 ArcGIS、国内的 MapGIS 等)来进行辅助处理。作业人员将地形图、基础数据及遥感影像等相关数据加载到商业 GIS 软件中,进行区划小班勾绘以及编辑,但外业调查工作依然需要结合传统卡片调查。利用商业 GIS 软件区划小班的优势是空间位置准确、面积精度高以及可以制作输出作业设计调查相关设计图,在一定程度上降低了作业人员的工作强度,提高了工作效率;缺陷是针对性差,例如无法计算作业设计调查相关设计费用、不能统计输出符合作业设计调查标准的统计表和文档、输出的相关规划设计图标准不一,且该类软件操作复杂、费用高。

(三)专家决策咨询系统

此类系统是通过将作业设计调查小班的属性数据与专家知识库中的信息相匹配,获取满足条件的决策。例如针对造林的规划设计系统,通过专家知识库中的信息与小班立地条件进行比对,检索出满足造林小班条件的树种,且将相关满足条件的信息也提供给用户,如规划设计相关费用概算、规划设计专题图与统计表等信息(郭帆,2012)。这种作业方式的优势是为作业设计调查提供了与作业区、作业目的相匹配的信息,能够根据相关规范生成相应的规划设计图表和文档,以及自动计算出满足条件的相关费用,减轻了作业设计调查人员的工作量和工作强度;缺陷是缺乏对作业区空间地理信息的支持,且相关规范指标没有按需定制,支持的作业方式有限,系统适用性低(罗文军,2017)。

为了改善目前我国作业设计调查各方面的局限性,从各个调查规划环节提高作业设计调查的工作效率和信息准确性,加快林业数字化建设,促进我国经济和社会建设高效合理快速发展,我国作业设计调查信息化建设工作重心依然是如何合理高效地利用现代化技术手段进行调查设计工作。

(四)调查成果

作业设计调查一般面积较小,但要求较高,精度也高。其调查成果内容随作业设计调查的调查目的而异。例如森林抚育设计调查,其调查成果内容的重点是林分的林木密度、径级结构、各生长级林木株数、林分卫生状况、立地条件等。以更新造林为目的的作业设计调查,其重点是土壤种类、厚度、石砾含量、湿度等内容。为森林采伐而进行的作业设计调查,除调查森林蓄积量、出材和更新等情况外,还需着重对采、运作业条件进行调查。其调查成果主要有:伐区调查成果记录表、全林实测、样地、标准地每木检尺记录计算表、树高实测记录、更新调查记录和立地条件调查记录,以及伐区测量记录、伐区作业设计图等。

参考文献

陈建平,胡建平,2013.森林资源规划设计的调查措施探讨[J].绿色科技(10):42-43.

陈雪峰,2000.试论国家森林资源连续清查体系的建设[J].林业资源管理(2):3-8.

冯仲科,游晓斌,任谊群,2001.基于3S技术的森林资源与环境监测系统构想[J].北京林业大学学报,23(4):90-92.

郭帆,2012.营造林规划设计管理信息系统研发[D].西安:西安科技大学.

罗仙仙,亢新刚,杨华,2008.我国森林资源综合监测抽样理论研究综述[J].西北林学院学报(6):187-193.

罗文军,2017.伐区调查设计中存在的问题及措施[J].乡村科技(22):43-44.

彭兴富,2017.森林资源保护与区域经济发展的关联及协调对策[J].绿色科技(21):133-134.

孙晓,2018.森林资源三类调查系统研究与实现[D].西安:西安科技大学.

谭桂清,2017.森林生态旅游发展现状及其对策分析[J].现状园艺(7):32-33.

涂云燕,张成程,2015.森林资源连续清查体系改进建议[J].山东林业科技,45(1):113-116,57.

闫宏伟,黄国胜,曾伟生,等,2011.全国森林资源一体化监测体系建设的思考[J].林业资源管理(6):6-11.

曾伟生,周佑明,2003.森林资源一类和二类调查存在的主要问题与对策[J].中南林业调查规划(4):8-11.

周昌祥,2014.我国森林资源规划设计调查的回顾与改进意见[J].林业资源管理(4):1-3.

第六章　湿地资源调查

第一节　湿地资源含义及其类型

一、湿地资源的含义

根据《国际湿地公约》，湿地是指天然或人工、长久或暂时的沼泽地、湿原、泥炭地或水域地带，带有或静止或流动、或为淡水、半咸水或咸水水体，包括低潮时水深不超过6m的水域。因此，"湿地"不仅包括沼泽、泥炭地、滩涂等，而且还包括部分内陆水体、水稻田等以及低潮时水深不超过6m的海水区。第二条第一款还说明，由邻近湿地的河滨和海岸地区组成，包括岛屿或湿地范围内低潮超过6m深的海域。根据《全国湿地资源调查与监测技术规程（试行）（林湿发〔2008〕265号）》文件，适用于全国第二次湿地资源调查的调查范围为，覆盖符合湿地定义的我国领土范围内的各类湿地资源，包括面积为$8hm^2$（含$8hm^2$）以上的近海与海岸湿地、湖泊湿地、沼泽湿地、人工湿地以及宽度10m以上、长度5km以上的河流湿地。

二、湿地类型

根据《湿地分类》标准，将湿地划分为5类34型，各湿地类型及其划分标准如表6-1所示。

表6-1　湿地类型及划分标准

代码	湿地类	代码	湿地型	划分技术标准
Ⅰ	近海与海岸湿地	Ⅰ1	浅海水域	浅海湿地中，湿地底部基质由无机部分组成，植被盖度<30%的区域，多数情况下低潮时水深小于6m。包括海湾、海峡
		Ⅰ2	潮下水生层	海洋潮下，湿地底部基质由有机部分组成，植被盖度≥30%，包括海草层、海草、热带海洋草地
		Ⅰ3	珊瑚礁	基质由珊瑚聚集生长而成的浅海湿地
		Ⅰ4	岩石海岸	底部基质75%以上是岩石和砾石，包括岩石性沿海岛屿、海岩峭壁

第六章 湿地资源调查

续表 6-1

代码	湿地类	代码	湿地型	划分技术标准
I	近海与海岸湿地	I5	沙石海滩	由砂质或沙石组成的,植被盖度<30%的疏松海滩
		I6	淤泥质海滩	由淤泥质组成的植被盖度<30%的淤泥质海滩
		I7	潮间盐水沼泽	潮间地带形成的植被盖度≥30%的潮间沼泽,包括盐碱沼泽、盐水草地和海滩盐沼
		I8	红树林	由红树植物为主组成的潮间沼泽
		I9	河口水域	从近口段的潮区界(潮差为零)至口外海滨段的淡水舌锋缘之间的永久性水域
		I10	三角洲/沙洲/沙岛	河口系统四周冲积的泥/沙滩,沙州、沙岛(包括水下部分)植被盖度<30%
		I11	海岸性咸水湖	地处海滨区域有一个或多个狭窄水道与海相通的湖泊,包括海岸性微咸水、咸水或盐水湖
		I12	海岸性淡水湖	起源于潟湖,与海隔离后演化而成的淡水湖泊
II	河流湿地	II1	永久性河流	常年有河水径流的河流,仅包括河床部分
		II2	季节性或间歇性河流	一年中只有季节性(雨季)或间歇性有水径流的河流
		II3	洪泛平原湿地	在丰水季节由洪水泛滥的河滩、河心洲、河谷、季节性泛滥的草地以及保持了常年或季节性被水浸润内陆三角洲所组成
		II4	喀斯特溶洞湿地	喀斯特地貌下形成的溶洞集水区或地下河/溪
III	湖泊湿地	III1	永久性淡水湖	由淡水组成的永久性湖泊
		III2	永久性咸水湖	由微咸水/咸水/盐水组成的永久性湖泊
		III3	季节性淡水湖	由淡水组成的季节性或间歇性淡水湖(泛滥平原湖)
		III4	季节性咸水湖	由微咸水/咸水/盐水组成的季节性或间歇性湖泊

续表 6-1

代码	湿地类	代码	湿地型	划分技术标准
Ⅳ	沼泽湿地	Ⅳ1	藓类沼泽	发育在有机土壤的、具有泥炭层的以苔藓植物为优势群落的沼泽
		Ⅳ2	草本沼泽	由水生和沼生的草本植物组成优势群落的淡水沼泽
		Ⅳ3	灌丛沼泽	以灌丛植物为优势群落的淡水沼泽
		Ⅳ4	森林沼泽	以乔木森林植物为优势群落的淡水沼泽
		Ⅳ5	内陆盐沼	受盐水影响,生长盐生植被的沼泽。以苏打为主的盐土,含盐量应≥0.7%;以氯化物和硫酸盐为主的盐土,含盐量应分别大于1.0%、1.2%
		Ⅳ6	季节性咸水沼泽	受微咸水或咸水影响,只在部分季节维持浸湿或潮湿状况的沼泽
		Ⅳ7	沼泽化草甸	为典型草甸向沼泽植被的过渡类型,是在地势低洼、排水不畅、土壤过分潮湿、通透性不良等环境条件下发育起来的,包括分布在平原地区的沼泽化草甸以及高山和高原地区具有高寒性质的沼泽化草甸
		Ⅳ8	地热湿地	由地热矿泉水补给为主的沼泽
		Ⅳ9	淡水泉/绿洲湿地	由露头地下泉水补给为主的沼泽
Ⅴ	人工湿地	Ⅴ1	库塘	为蓄水、发电、农业灌溉、城市景观、农村生活为主要目的而建造的,面积不小于8hm²的蓄水区
		Ⅴ2	运河、输水河	为输水或水运而建造的人工河流湿地,包括以灌溉为主要目的的沟、渠
		Ⅴ3	水产养殖场	以水产养殖为主要目的而修建的人工湿地
		Ⅴ4	稻田/冬水田	能种植一季、两季、三季的水稻田或者是冬季蓄水或浸湿的农田
		Ⅴ5	盐田	为获取盐业资源而修建的晒盐场所或盐池,包括盐池、盐水泉

第二节 湿地资源调查内容与程序

一、一般调查

一般调查是指对所有符合调查范围的湿地进行湿地型、面积、分布(行政区、中心点坐标)、平均海拔、所属流域、水源补给状况、植被类型及面积、主要优势植物种、土地所有权、保护管理状况和河流湿地的流域级别等方面的调查。具体包括以下内容：

(1)湿地斑块名称：根据现有的湿地斑块名称或地形图上就近的自然地物、居民点等进行命名。

(2)湿地斑块序号：按照湿地斑块在湿地区中的顺序进行填写。

(3)所属湿地区名称：根据已有的湿地区名称填写。

(4)湿地区编码：根据湿地编码的相关规定进行填写。

(5)湿地型：按照湿地分类的要求，分 34 型进行填写。

(6)湿地面积(hm^2)：直接填写遥感影像解译的湿地斑块的面积数据。

(7)湿地分布：分行政区和中心点地理坐标填写。

(8)平均海拔(m)：填写湿地斑块的平均海拔。

(9)所属流域：按照全国一、二、三级流域的分类，填写到三级流域。

(10)河流湿地：需填写河流级别。

(11)植被类型及面积(hm^2)：以遥感解译为主，配合野外现地调查验证。

(12)水源补给状况：按照地表径流补给、大气降水补给、地下水补给、人工补给、综合补给 5 个类型填写。

(13)近海与海岸湿地：需填写潮汐类型、盐度(‰)和水温(℃)。

(14)土地所有权：分为国有和集体所有。

(15)主要优势植物种：填写野外调查到的主要优势植物种。

(16)湿地斑块区划因子：根据湿地斑块区划原则填写划分湿地斑块的因子。

(17)保护管理状况：包括已采取的保护管理措施，以及是否建立自然保护区、自然保护小区、湿地公园。

二、重点调查

除一般调查所列内容外，还应调查以下内容：

(1)自然环境要素：包括位置(坐标范围)、平均海拔、地形、气候、土壤。

(2)湿地水环境要素：包括水文要素、地表水和地下水水质。

(3)湿地野生动物：重点调查湿地内重要陆生和水生湿地脊椎动物的种类、分布及生境状况，包括水鸟、兽类、两栖类、爬行类和鱼类；以及该重点调查湿地内占优势或数量很大的某些无脊椎动物，如贝类、虾类、蟹类等。

(4)湿地植物群落和植被。

(5)湿地保护与管理、湿地利用状况、社会经济状况和受威胁状况。

第三节　湿地资源调查方法

一、一般调查

采用以遥感（RS）为主、地理信息系统（GIS）和全球定位系统（GPS）为辅的"3S"技术，即通过遥感解译获取湿地型、面积、分布（行政区、中心点坐标）、平均海拔、植被类型及其面积、所属三级流域等信息。通过野外调查、现地访问和收集最新资料获取水源补给状况、主要优势植物种、土地所有权、保护管理状况等数据。在多云多雾的山区，如无法获取清晰的遥感影像数据，则应通过实地调查来完成。

（一）遥感判读准备工作

1. 获取调查区相关图件和资料

图件：包括调查区地形图、土地利用现状图、植被图、湿地、流域等专题图。

资料：包括调查区有关的文字资料和统计数据等。

2. 遥感数据源选择

遥感数据的获取应在保证调查精度的基础上，根据实际情况采用特定的数据源。一般应保证分辨率在 20m 以上，云量小于 5%，最好选择与调查时相最接近的遥感影像，其时间相差一般不应超过 2 年。

3. 遥感数据源处理

对遥感数据要以湿地资源为主体进行图像增强处理，并根据 1∶5 万地形图进行几何精校正。经过处理的遥感影像数据，按标准生成数字图像或影像图。

4. 解译人员的培训

为了保证遥感数据解译的准确性，要对参加解译的人员进行技术培训，使其熟悉技术标准并掌握 GIS 与遥感技术的基础理论及相关软件的使用。解译人员除进行遥感判读知识培训外，还应进行专业知识的学习和野外实践培训等。

5. 建立分类系统及代码

具体参见湿地分类技术标准与湿地编码规定。

（二）建立解译标志

(1) 选设 3～5 条调查线，调查线选设原则为：①在遥感假彩色上色彩齐全；②对工作区有充分代表性；③实况资料好；④类型齐全；⑤交通方便。

(2) 线路调查。通过对遥感假彩色像片识别，利用 GPS 等定位工具，建立起直观影像特征和地面实况的对应关系。

(3) 室内分析。依据野外调查确定的影像和地物间的对应关系，借助有关辅助信息（湿地图、水系图、湿地分布图及有关物候等资料），建立遥感假彩色影像上反映的色调、形状、图形、纹理、相关分布、地域分布等特征与相应判读类型之间的相关关系。

(4)制定统一的解译标准,填写判读解译标志表。通过野外调查和室内分析对判读类型的定义、现地景观形成统一认识,并对各类型在遥感信息影像上的反映特征的描述形成统一标准,形成解译标志,填写判读解译标志表。不同遥感影像资料或遥感影像资料时相差异大的,应分别建立遥感解译标志。

(5)判读工作的正判率考核。选取30~50个判读点,要求判读人员对湿地型进行识别,只有湿地型正判率超过90%时才可上岗。不足90%时进行错判分析和纠正,并第二次考核,直至正判率超过90%。并填写判读考核登记表和修订判读解译标志表。

(三)判读解译

1. 人机交互判读

判读工作人员在正确理解分类定义的情况下,参考有关文字、地面调查资料等,在GIS软件支持下,将相关地理图层叠加显示,全面分析遥感影像数据的色调、纹理、地形特征等,将判读类型与其所建立的解译标志有机结合起来,准确区分判读类型。以面状图斑和线状地物分层解译。建立判读卡片并填写遥感信息判读登记表。

2. 图斑判读要求

以图斑为基本单位进行判读时,采用以遥感影像图进行勾绘判读或在计算机屏幕上直接进行勾绘判读为主,以GPS野外定位点为辅的判读方式。每个判读样地或图斑要按照一定规则进行编号,作为该判读单位的唯一识别标志,并按判读单位逐一填写判读因子,生成属性数据库。

3. 河流的判读

判读范围为宽度在10m以上、长度在5km以上的全国小型河流。如果遥感影像达不到解译要求,可以采用典型调查的方式进行,即借助地形图和GPS野外定点调查现地调绘。

4. 双轨制作业

以样地为单位进行判读时,要求两名判读人员对同幅地形图内的遥感判读样地分别进行判读登记。判读类型一致率在90%以上时,可对不同点进行协商修改,一致率达不到90%时重判。以图斑为单位进行判读时,要求一人按图斑区划因子进行图斑区划并进行判读,另一人对前一人的区划结果进行检查,发现区划错误时经过协商进行修改;区划确定后第二人进行"背靠背"判读,判读类型一致率在90%以上时,可对不同图斑进行协商修改,一致率达不到90%时重判。

5. 质量检查

质量检查是对遥感影像的处理、解译标志的建立、判读的准备与培训、判读及外业验证等各项工序和成果进行检查。组织对当地熟悉和有判读实践经验的专家对解译结果进行检查验收,对不合理及错误的解译及时进行纠正。

(四)湿地型的判读精度要求

沼泽湿地85%以上;其他湿地90%以上。

（五）数据统计

1. 面积求算

遥感影像解译完成后，在 GIS 软件中，将面状湿地解译图、线状湿地解译图、分布图和境界图进行叠加分析，求算各图斑的面积，面积单位为公顷（hm^2），输出的数据保留到小数点后一位。解译出的主要单线河流的面积统计，可根据野外调查给出的平均宽度而求得。

2. 统计

按各省（区、市）分县（市、区）统计各湿地类、湿地型及其面积和其他相关数据，也可按二级流域统计各湿地型的面积。

二、重点调查

重点调查的湿地斑块调查采用以遥感（RS）为主、地理信息系统（GIS）和全球定位系统（GPS）为辅的"3S"技术，即通过遥感解译获取湿地型、面积、分布（行政区、中心点坐标）、平均海拔、所属三级流域等信息。通过野外调查、现地访问和收集最新资料获取水源补给状况、土地所有权等数据。在多云多雾的山区，如无法获取清晰的遥感影像数据，则应通过实地调查来完成。

自然环境要素、水环境要素、湿地野生动物、湿地植物群落与植被、湿地保护与利用状况、受威胁状况等的重点调查，以重点调查湿地为调查单位，根据调查对象的不同，分别选取适合的时间和季节、采取相应的野外调查方法开展外业调查，或收集相关的资料。

（一）自然环境要素调查

1. 调查方法

主要通过野外调查和收集最新资料获取。野外调查是对湿地设立一定的典型样地进行调查，典型样地的数量要求包含整个湿地的各种资源和生境类型。对野外难以获取的数据，可以从附近的气象站和生态监测站等处收集，但应注明该站的地理位置（经纬度）。

2. 湿地地貌调查

以湿地区内的主体地貌作为湿地地貌，根据野外观察到的地貌类型填写。

3. 湿地气候要素调查

（1）气温：年平均气温（℃）和变化范围，注明 7 月均温和 1 月均温，极端最低气温，并注明资料年代。

（2）积温：$\geqslant 0℃$ 和 $\geqslant 10℃$ 的积温（℃）。

（3）年降水量：多年平均值和变化范围（mm）。

（4）蒸发量：单位为毫米（mm），不同型号蒸发器的观测值应统一换算为 E-601 型蒸发器的蒸发量。

4. 湿地土壤类型调查

通过野外土壤剖面调查或资料收集，填写泥炭沼泽湿地泥炭层厚度（薄层、厚层、超厚层）。如来源于资料，需注明资料出处和年份。湿地土壤类型调查划分到土类。

（二）水环境要素调查

1. 调查方法

通过野外调查获取湿地水文数据，对野外难以获取或无法进行野外调查的数据，可以从附近的水文站和生态监测站等处收集，但应注明该站的地理位置（经纬度）。

水质调查则在野外选取典型地点采集地表水和地下水的水样，由具有专业资质的单位进行化验分析，获取相关数据。

2. 湿地水文调查

(1) 水源补给状况：分为地表径流补给、大气降水补给、地下水补给、人工补给和综合补给5种类型。如数据来源于资料，则需注明资料出处。

(2) 流出状况：分为永久性、季节性、间歇性、偶尔或没有5种类型。如数据来源于资料，则需注明资料出处。

(3) 积水状况：分为永久性积水、季节性积水、间歇性积水和季节性水涝4种类型。如数据来源于资料，则需注明资料出处。

(4) 水位(m)：地表水位包括年丰水位、年平水位和年枯水位，采用自记水位计或标尺测量，或从水文站和生态站获取。需注明资料出处和年份。

(5) 蓄水量（湖泊、沼泽和人工蓄水区，万 m^3）：从水利等部门获取有关资料。需注明资料出处和年份。

(6) 水深（湖泊、库塘，m）：包括最大水深和平均水深，从水利等部门获取有关资料。需注明资料出处和年份。

3. 地表水水质调查

(1) pH 值：采用野外 pH 计测定，对测得的结果进行分级。

(2) 矿化度(g/L)：采用重量法测定，对测得结果进行分级。

(3) 透明度：采用野外透明度盘测定，单位为米(m)，对测得结果进行分级。

(4) 营养物：包括总氮和总磷，需野外采集水样，到实验室进行测定。

①总氮：通常采用紫外分光光度法进行测定，单位为毫克每升(mg/L)。

②总磷：采用分光光度法测定水中磷含量，单位为毫克每升(mg/L)。

(5) 营养状况分级：将测得的透明度、总氮、总磷结果按照营养状况分级标准分级。

(6) 化学需氧量(COD)：是指在一定条件下，用强氧化剂处理水样时所消耗氧化剂的量，以氧的 mg/L 为单位。一般采用重铬酸钾法测定。

(7) 主要污染因子：调查对水环境造成有害影响的污染物的名称，包括有机物质（油类、洗涤剂等）和无机物质（无机盐、重金属等）。

(8) 水质级别：执行《地表水环境质量标准》(GB 3838—2002)。

4. 地下水水质调查

(1) pH 值：采用野外 pH 计测定，对测得结果分级。

(2) 矿化度(g/L)：采用重量法测定，对测得结果进行分级。

(3) 水质级别：执行《地下水质量标准》(GB/T 14848—2017)。

(三)湿地野生动物调查

1. 调查对象

调查对象为在湿地生境中生存的脊椎动物和在某一湿地内占优势或数量很大的某些无脊椎动物,包括鸟类、两栖类、爬行类、兽类、鱼类以及贝类、虾类等。其中水鸟应查清其种类、分布、数量和迁徙情况,其他各类则以种类调查为主。考虑各调查对象的调查季节和生境的不同,湿地野生动物调查可以不在同一样地进行。

2. 调查季节和时间

动物调查时间应选择在动物活动较为频繁、易于观察的时间段内。

水鸟数量调查分繁殖季和越冬季两次进行。繁殖季一般为每年的5—6月,越冬季为12月至翌年2月。各地应根据本地的物候特点确定最佳调查时间,其原则是:调查时间应选择调查区域内的水鸟种类和数量均保持相对稳定的时期;调查应在较短时间内完成,一般同一天内数据可以认为没有重复计算,面积较大区域可以采用分组方法在同一时间范围内开展调查,以减少重复记录。

两栖和爬行类调查季节为夏季和秋季入蛰前。

兽类调查与鸟类调查同时进行,以冬季调查为主,春夏季调查为辅。

鱼类以及贝类、虾类等调查以收集现有资料为主,可全年进行。

3. 调查方法

湿地野生动物野外调查方法分为常规调查和专项调查。常规调查是指适合于大部分调查种类的直接计数法、样方调查法、样带调查法和样线调查法,对那些分布区狭窄而集中、习性特殊、数量稀少,难于用常规调查方法调查的种类,应进行专项调查。

1)水鸟调查

水鸟数量调查采用直接计数法和样方法,在同一个湿地区中同步调查。

(1)直接计数法:是指通过直接计数而得到调查区域中水鸟绝对数量的调查方法。调查时以步行为主,在比较开阔、生境均匀的大范围区域可借助汽车、船只进行调查,有条件的地方还可开展航调。适用于越冬水鸟及调查区域较小、便于计数的繁殖群体的数量统计。

记录对象:以记录动物实体为主,在繁殖季节还可记录鸟巢数,再转换成种群数量(繁殖期被鸟类利用的每一鸟巢应视为一对鸟;鸟类孵化期观察的一只成体鸟应视为一对鸟)。计数可借助单筒望远镜或双筒望远镜进行。如果群体数量极大,或群体处于飞行、取食、行走等运动状态,可以5、10、20、50、100等为计数单元来估计群体的数量。春、秋季候鸟迁徙季节的调查以种类调查为主,同时还应兼顾迁徙种群数量的变化。

(2)样方法:是指通过随机取样来估计水鸟种群数量的调查方法。在群体繁殖密度很高的或难于进行直接计数的地区可采用此方法。样方一般不小于$50m \times 50m$;同一调查区域的样方数量应不低于8个,调查强度不低于1%。计数方法同直接计数法。

2)两栖、爬行动物调查

两栖、爬行动物以种类调查为主,可采用野外踏查、走访和利用近期的野生动物调查资料相结合的方法,记录到种或亚种。依据看到的动物实体或痕迹进行估测,在调查现场换算成个体数量。国家Ⅰ、Ⅱ级重点保护物种应查清物种分布和种群数量。野外调查可采用样方法。

即通过计数在设定的样方中所见到的动物实体,然后通过数量级分析来推算动物种群数量状况。样方应尽可能设置为方形、圆形或矩形等规则几何图形,样方面积不小于 10 000m² (100m×100m)。

3) 兽类调查

兽类以种类调查为主,可采用野外踏查、走访和利用近期的野生动物调查资料相结合的方法,记录到种或亚种。依据看到的动物实体或痕迹进行估测,在调查现场换算成个体数量。国家Ⅰ、Ⅱ级重点保护物种应查清物种分布和种群数量。

湿地兽类野外调查宜采用样带调查法和样方调查法,样带(方)布设依据典型布样,样带(方)情况能够反映该区域兽类分布基本情况,然后通过数量级分析来推算种群数量状况。样带长度不小于 2000m,单侧宽度不低于 100m;样方一般不小于 50m×50m。

4) 鱼类以及贝类、虾类等调查

鱼类以及贝类、虾类等调查以收集现有资料为主,主要查清湿地中现存的经济鱼、珍稀濒危鱼、贝类、虾类等的种类及近 3 年来的捕获量。

4. 影响动物生存的因子调查

在进行动物野外调查的同时,应查清对湿地动物生存构成威胁的主要因子,并据此提出合理化建议。

5. 调查统计

直接计数法得到的某种鸟类数量总和即为本区域该种鸟类的数量。

样带(方)数量计算公式为 $N = \overline{D} \times M$($N$ 为某区域某种动物数量;$\overline{D}$ 为该区域该物种平均密度;M 为该调查区域总面积)。$\overline{D} = \sum_{i=1}^{j} N_i / \sum_{i=1}^{j} M_i \left[\sum_{i=1}^{j} N_i \text{ 为 } j \text{ 个样带(方)调查的该物种数量和;} \sum_{i=1}^{j} M_i \text{ 为 } j \text{ 个样带(方)总面积} \right]$。

用样带(方)法计算兽类、两栖、爬行动物数量级是把整个湿地区调查过程中的每种动物数量总和除以该类动物总数,求出该种动物所占百分数。当百分数大于 50% 时,为极多种,用"++++"表示;当百分数为 10%~50% 时,为优势种,用"+++"表示;当百分数为 1%~10% 时,为常见种,用"++"表示;当百分数小于 1% 时,为稀有种,用"+"表示。

(四)湿地植物群落调查

1. 湿地植物群落的调查方法

首先,收集调查地区的湿地遥感图、航片图、地形图等。无论是采用卫片还是采用地形图,其比例尺不应小于 1:10 万。其次,收集和了解湿地植物群落的基本情况,包括建群种,群落类型(如单建群种群落、共建种群落等),以及植物群落结构、特征和分布是否受生态因子(如矿化度、盐度、高程等)梯度的影响等。如果这些资料缺乏,则需进行预调查。再次,以 5 万 hm² 的植物群落面积为基本单位,将所调查的湿地划为许多不同的调查单元,不足 5 万 hm² 的植物群落面积以 5 万 hm² 来计。最后,根据这些资料和每个调查单元的植物群落情况,制定调查的技术路线和方法。主要依据生态因子梯度是否明显影响湿地植物群落结构、特征和分布,将调查划分为三大类型。

1)生态因子梯度影响不明显的植物群落调查

(1)样地和样方的布局。

在每个调查单元内,以最长的直线样带为准,设置至少一条贯穿于调查单元的样带。用 GPS 按一定间距均匀布设样地,在每个样地范围确定 1 个调查样方的位置。

确定调查样方的位置时要考虑以下 3 条原则。

①典型性和代表性:使有限的调查面积能够较好地反映出植物群落的基本特征。②自然性:人为干扰和动物活动影响相对较小的地段,并且较长时间不被破坏,如流水冲刷、风蚀沙埋、过度放牧和开垦等。③可操作性:选择易于调查和取样的地段,避开危险地段进行调查。如果样带穿过道路或建筑物等而造成样带不连续,同时样地恰好落在该位置上,则可适当调整该样地的位置,再确定调查样方。

(2)样地数目的确定。

根据建群种将调查单元内的植物群落分为 3 种类型:单建群种群落、共建群种群落和混合型群落(既有单建群种群落,又有共建群种群落)。①单建群种群落:调查单元内只有一种单建群种群落的类型,样地数目≥15 个;调查单元内有两种或两种以上单建群种群落类型,每种植物群落的样地数目≥10 个。②共建群种群落:每个调查单元内样地数目≥30 个。③混合型群落:每一种单建群种群落样地数目≥10 个,每一种共建群种群落的样地数目≥30 个。

(3)样方面积的确定。

①乔木植物:样方面积 400 m^2(20m×20m)(注:树高≥5m)。②灌木植物:平均高度≥3m 的,样方面积 $16m^2$(4m×4m);平均高度在 1~3m 之间的,样方面积 $4m^2$(2m×2m);平均高度<1m 的,样方面积 $1m^2$(1m×1m)。③草本(或蕨类)植物:平均高度≥2m 的,样方面积 $4m^2$(2m×2m);平均高度在 1~2m 范围的,样方面积 $1m^2$(1m×1m);平均高度<1m 的,样方面积 $0.25m^2$(0.5m×0.5m)。④苔藓植物:样方面积 $0.25m^2$(0.5m×0.5m)或者 $0.04m^2$(0.2m×0.2m)。

2)生态因子梯度影响明显的植物群落调查

(1)样地和样方的布局。根据影响植物群落最明显的一个生态因子梯度变化情况,在调查单元内设置高、中、低 3 个梯度;或者调查人员根据实际需要,增加梯度的个数。在每一个梯度的范围内,设置一条样带。将样带划分为单建群种群落、共建群种群落和混合型群落。

(2)样地布局、数目及其样方的确定。每条样带内样地布局、数目和样方的确定,与生态因子梯度影响不明显的植物群落调查方法相同。

(3)样方面积的确定。样方面积的确定同样参照生态因子梯度影响不明显的植物群落的调查方法。

3)上述两种情况兼有的植物群落调查

在某一块调查湿地,生态因子梯度影响不明显和明显的植物群落可能同时存在。这部分地区往往处于湿地的边界或是湿地内的"岛屿"等。在这些边界和岛屿的地方,物种多样性可能会比较特殊,必须列为调查的特殊"对象"。首先利用遥感图、航片图、地形图等资料将湿地划分为生态因子梯度影响明显和不明显的两种类型,然后分别依照上述两种方法进一步调查。

2. 植物群落调查的季节选择

调查的季节应避开汛期,根据植物的生活史(生命周期)确定调查季节。

(1)生活史为一年的植物群落:应选择在生物量最高和(或)开花结实的时期。

(2)一年内完成多次生活史的植物群落:根据生物量最高和(或)开花结实的情况,选择最具有代表性的一个时期。

(3)多年完成一个生活史的植物群落:选择开花结实的季节。

(4)具有复层结构的群落:主林层植物是用来确定调查季节的依据。

3. 植物群落调查内容

1)调查对象

包括四大类型的植物:被子植物、裸子植物、蕨类植物和苔藓植物。

2)生境

记录样方号、地理位置、地貌部位(坡向、坡位、坡度等)、土壤类型、水文状况(积水状况、淡水或咸水等)。

3)群落垂直结构分层

如果植物群落在垂直结构上有多个层次(如乔木层、灌木层、草本层等),则需进行分层调查,即在乔木植物群落中随机设置一个灌木层或草本层的植物样地,按上述方法记录乔木层和灌木层或草本层的群落特征。如果湿地森林、灌木或草本群落中有蕨类和苔藓植物,则调查时将蕨类和苔藓植物归到草本层中进行记录或者单独记录均可。

4)物候期

对样方内主林层各种植物的物候特征进行逐一调查和记录。

5)保护级别

根据国家和地方珍稀濒危植物物种名录,对调查的植物按保护级别分类记录,如特有种(应明确特有种的范围,属于全国特有还是省特有)、罕见种、濒危种、对环境有指示意义的指示种以及外来(或外来入侵)物种等。

6)群落属性标志

(1)种类组成。记录样方内每一高等植物的中文学名、拉丁学名及其科名;对于复层群落,记录时要分层进行;野外不能鉴别的植物种类,要采集标本鉴定。

(2)数量特征。乔木层和灌木层:多度、密度、高度、郁闭度、胸径、冠幅等。草本层、蕨类植物和苔藓植物:多度、密度、高度、盖度等。

(五)湿地植被调查

1. 湿地植被调查内容

综合植物群落调查每个调查单元的结果,填写湿地植被调查的有关内容。

(1)湿地的植被面积及其占湿地总面积的百分比,被子植物、裸子植物、蕨类植物和苔藓植物各个类型的群落面积及其占湿地总面积的百分比等。

(2)对群落调查的被子植物、裸子植物、蕨类植物和苔藓植物的科、属、种的名称及物种数进行统计和汇总。

(3)参照生态-外貌原则,按植物群落重要值的分析结果,依据"中国湿地植被类型表",确定植被类型。名录中未包括的湿地植被类型,自行列入。

2. 湿地植被利用和破坏情况调查

以已有资料为主。充分收集已有的研究成果、文献,结合访问,了解湿地植被利用和受破坏情况,在开展外业调查时进行现场核实。

(六)湿地保护和利用状况调查

1. 调查方法

主要通过野外踏查、走访调查以及收集资料等方法获取。

2. 调查内容

1)保护管理状况

(1)已有保护措施:包括已采取的各种保护措施、时间和效果等。

(2)是否建立自然保护区,如已建立自然保护区,则需要调查以下项目:保护区名称、级别〔国家级、省级、地(市)级、县级〕、保护区面积、核心区面积、建立时间、主管部门、主要保护对象、主要科研活动等。

(3)是否建立湿地公园,如已建立湿地公园,则需要调查以下项目:湿地公园名称、级别(国家湿地公园、国家城市湿地公园、地方湿地公园)、面积、建立时间、主管部门、经营管理机构。

(4)主要管理部门。

(5)土地所有权。

(6)建议采取的保护管理措施。

2)湿地功能与利用方式

(1)湿地产品和服务功能:通过野外踏查和收集有关主管部门的资料,调查湿地生态系统所提供的以下主要产品和服务功能,并注明资料出处。

①水资源:包括从湿地提取的工业、农业、生活和生态用水量等。

②天然动物产品:提供的野生动物、鸟类、鱼虾蟹、蛤贝种类、产量和价值。

③天然植物产品:提供林产品、芦苇、蔬菜、果品、药材的数量和(或)价值。

④人工养殖与种植:品种、产量和价值。

⑤矿产品及工业原料:泥炭、石油、芦苇等的产量和(或)价值。

⑥航运:通航里程、年通航时间、货运量和客运量等。

⑦休闲/旅游:宾馆数量、疗养院数量、接待人数和产值。

⑧体育运动:运动项目、主要经营内容、接待人数和产值。

⑨调蓄:调蓄河川径流和滞洪能力。

⑩泥炭储存数量。

⑪水力发电:装机容量和发电量。

⑫其他功能。

(2)湿地的利用方式:按照湿地的利用方式分类,通过野外踏查和收集资料等获取。

3)湿地范围内的社会经济状况调查

通过查阅主管部门的有关统计资料,以乡(镇)为基本单位,记录湿地范围内的乡(镇)名称及其社会经济发展状况,包括乡镇面积、人口、工业总产值、农业总产值、主要产业。有关数据资料均以乡(镇)为单位进行收集。社会经济状况应注明统计资料年代。

(七)湿地受威胁状况调查

以实地调查和资料调研相结合的方式,了解湿地的破坏和受威胁情况,重点查清湿地受威胁因子、威胁的作用时间、受威胁面积、已有危害及潜在威胁,并在此基础上进行湿地受威胁状况等级评价。

（1）湿地受威胁因子:根据野外调查、访问和查阅有关资料确定。

（2）威胁的作用时间:通过访问调查和查阅有关资料确定。

（3）受威胁面积:根据遥感资料和有关图面材料估算。

（4）已有危害和潜在威胁:对每个因子简要描述已有危害和潜在威胁。

（5）湿地受威胁状况等级评价:根据调查的湿地受威胁状况,在综合分析的基础上,给予每块湿地一个定性的评价,受威胁状况等级分为安全、轻度和重度。

参考文献

中华人民共和国国家质量监督检验检疫总局,中国国家标准化管理委员会,2010.湿地分类:GB/T 24708—2009[S].北京:中国标准出版社.

第七章 矿产资源国情调查

第一节 矿产资源概述

一、矿产资源的含义

矿产资源,又名矿物资源,是指经过地质成矿作用而形成的,天然赋存于地壳内部或地表、埋藏于地下或出露于地表,呈固态、液态或气态的,并具有开发利用价值的矿物或有用元素的集合体,是人类生存与发展的重要物质基础。当今世界上,95%的能源和80%的工业原料都取自矿产资源。矿产资源在我国国民经济与社会进展中占有极其重要的地位。采矿业加上以矿产品为原料的加工业总产值,占全部工业的68%。

矿业支撑了我国经济社会全面发展,为经济建设提供了巨大的物质财富。我国是煤炭、铁矿石、铅矿、水泥用灰岩、建筑石料用灰岩等20多种矿产品的全球最大生产国和消费国,一些战略性新兴产业矿产品产量全球占比已从1990年的20%~30%增长到当前的70%~90%。截至2021年,我国年矿石开采总量超过300亿t,在全球矿产品生产和消费中占有关键性地位(赵腊平,2021)。

矿产资源属于非可再生资源,其储量是有限的。目前世界已知的矿产有160多种,其中80多种应用较广泛。按矿产特性和用途,通常分为4类:能源矿产11种;金属矿产59种;非金属矿产92种;水气矿产6种。共有168种矿种。

二、我国矿产资源现状

《中国矿产资源报告(2020)》披露,2019年,全国地质勘查投资993.4亿元,其中油气地质勘查投资821.29亿元,增长29%;非油气地质勘查投资172.11亿元,下降0.9%。全国新发现矿产地79处,其中大中型55处。截至2019年底,天然气、锰、铝土等34种重要矿产资源储量增长。采矿业固定资产投资增长24.1%,10种有色金属、黄金、水泥等产量和消费量继续居世界首位。

我国石油、天然气、铀、铁、锰、铬、铜、铝土矿、金、银、硫、钾盐等的保有储量占世界总量的比例较低,而钨、锡、钼、锑、稀土、萤石、重晶石等矿产的保有储量居世界前列。我国稀土、钨、锡、钼、铌、菱镁矿、萤石、重晶石、膨润土、石墨、滑石、芒硝、石膏等矿产,不仅探明储量可观,人均占有量居世界前列,而且资源质量高,开发利用条件好,在国际市场具有明显的优势。但是关系到国计民生的用量较大的重要矿产,如铁、锰、铝、铜、铅、锌、硫、磷等,或贫矿多或难选矿多,开发利用条件较差。

第七章 矿产资源国情调查

截至 2019 年底,全国已发现并查明资源量的矿产有 162 种,所统计汇总的 215 个亚矿种与 2018 年相比,资源储量有所增加的有 106 种,有所减少的有 47 种,没有变化的有 62 种,分别占 49%、22% 和 29%。主要矿产中有 34 种矿产资源储量增长,13 种减少,1 种没有变化。其中,煤炭增长 0.6%,石油剩余探明技术可采储量下降 0.5%,天然气增长 3.0%,页岩气增长 77.8%。非油气矿产资源储量有所增长,锰矿增长 5.6%,铅矿增长 6.7%,锌矿增长 6.8%,铝土矿增长 5.7%,钨矿增长 4.6%,钼矿增长 5.4%,锑矿增长 4.8%,金矿增长 3.6%,菱镁矿增长 12.9%,石墨增长 21.4%;下降比较明显的矿产有镍矿(−9.4%)、萤石(−6.3%)和硼矿(−4.3%)等。

我国的矿产资源虽然比较丰富,但是人均占有量却很低,有些矿产对外依存度非常高,比如我国从菲律宾进口的镍矿占总进口量的 96%。我国铝土矿依存度超过 50%,主要依赖于几内亚、澳大利亚。虽然 90% 的铬在南非、哈萨克斯坦和印度,但铬作为一种重要的战略资源,近年来,中国对它的消费量却居世界第一位。

我国矿产资源贫矿较多,富矿稀少。如铜矿,平均地质品位只有 0.87%,远远低于智利、赞比亚等世界主要产铜国家。

我国单一矿床较少,大多为共生、伴生矿产。例如铜矿资源中单一型铜矿只有 27.1%,伴生铜矿占 72.8%。铅锌矿中,单一铅矿床资源量只占总资源储量的 32.2%;单一锌矿床所占比例相对较大,占总资源储量的 60.45%。

(一)有色矿产资源

中国是世界上铜矿较多的国家之一。总保有储量铜 6243 万 t,居世界第 7 位。探明储量中富铜矿占 35%。铜矿分布广泛,除天津、香港外,全国各省(区、市)皆有产出。已探明储量的矿区有 910 处。江西铜储量位居全国榜首,占 20.8%;西藏次之,占 15%;再次为云南、甘肃、安徽、内蒙古、山西、湖北等省,各省铜储量均在 300 万 t 以上。

中国铅锌矿资源比较丰富,全国除上海、天津、香港外,均有铅锌矿产出。产地有 700 多处,保有铅总储量 3572 万 t,居世界第 4 位;锌储量 9384 万 t,居世界第 4 位。从省际比较来看,云南铅储量占全国总储量 17%,位居全国榜首;广东、内蒙古、甘肃、江西、湖南、四川次之,探明储量均在 200 万 t 以上。全国锌储量以云南为最,占全国 21.8%;内蒙古次之,占 13.5%;其他如甘肃、广东、广西、湖南等省(自治区)的锌矿资源也较丰富,均在 600 万 t 以上。铅锌矿主要分布在滇西兰坪地区、滇川地区、南岭地区、秦岭—祁连山地区以及内蒙古狼山—渣尔泰地区。

中国镍矿资源不能满足需要。总保有储量镍 784 万 t,居世界第 9 位。镍矿产地有近 100处,分布于 18 个省(自治区)。其中以甘肃省为最,保有储量占全国的 61.9%,新疆、吉林、四川等省(自治区)次之。甘肃金川镍矿规模仅次于加拿大的萨德伯里镍矿,为世界第二大镍矿。

中国是世界上锡矿资源丰富的国家之一。探明矿产地 293 处,总保有储量锡 407 万 t,居世界第 2 位。矿产地分布于 15 个省(自治区),以广西、云南两省(自治区)储量最多,分别占全国的 32.9% 和 31.4%,湖南、广东、内蒙古、江西次之,以上 6 省(自治区)共占全国锡矿资源的 93%。

(二)战略性矿产

目前我国的战略性矿产主要有 24 种,其中部分战略性矿产的国内供给能力较弱,资源对外依存度明显偏高。以 2019 年为例,进口原油 5.07 亿 t,对外依存度达 77.9%。进口天然气

1 342.6亿 m³，对外依存度为43%。进口铁矿石10.69亿 t，对外依存度达86.4%。进口铜矿砂及其精矿2200万 t，对外依存度达75.7%。此外，铝土矿、镍、钴、锆等对外依存度分别达到57.9%、90%、90%、87%。受地缘政治和资源分布不均等多种因素影响，目前我国部分资源的进口通道较为单一或过于集中。2019年，我国铬铁矿进口78%来源于南非，镍矿进口95%来源于菲律宾和印度尼西亚，钴矿进口95%来自刚果（金），锆矿进口79%来自澳大利亚和南非。对于资源对外依存度较大的矿种，进口渠道或区域过于集中，容易形成卖方垄断，可能造成短期供应价格上涨或中长期的战略安全风险（余良晖，2020）。

据统计，我国27%的矿产进口来源于中东地区，15%来自非洲地区。进口来源地的政局不稳定和相对欠发达等，是影响我国矿产资源供应链稳定的重要因素之一，也是构建国内、国际双循环需要考虑的重要方面。余良晖称，供应链风险是一种潜在的威胁，它会利用供应链系统的脆弱性，对供应链系统造成破坏，给上、下游企业以及整个供应链带来损害和损失，严重时会影响相关产业的稳定与发展，进而影响国民经济发展。在矿产资源领域，供应链的基础与核心是掌握资源，包括国内资源和国外资源，只有"手中有粮，才能心中不慌"。余良晖（2020）表示，首要的是紧缺资源的对外依存集中度不能过高，尽量形成多头供应链，分散供应渠道，降低单一性风险点。其次，要定期开展供应链风险研究，形成预警机制，重点规避自然灾害等自然风险和国际政治、经济等社会风险。

第二节 矿产资源的主要类型

一、矿产资源分类体系

为了合理寻找、开发矿产资源，根据矿产的性质、用途、形成方式的特殊性及其相互关系分别排列出不同次序、类别和体系。矿产资源的分类，反映出人类在一定历史时期内认矿、找矿、采矿的生产实践水平、科技发展水平和认识水平。

由于研究角度不同，矿产资源的分类体系各异，主要有：
(1)根据矿产的成因和形成条件，分为内生矿产、外生矿产和变质矿产。
(2)根据矿产的物质组成和结构特点，分为无机矿产和有机矿产。
(3)根据矿产的产出状态，分为固体矿产、液体矿产和气体矿产。
(4)根据矿产特性及其主要用途，分为能源矿产、金属矿产、非金属矿产和水气矿产。

二、矿产资源分类细目

我国目前共有172种矿产资源，《中华人民共和国矿产资源法实施细则》（国务院令第152号）附件《矿产资源分类细目》（以下简称《细目》）中共有168种矿产资源。2000年国土资源部发布第8号公告，将辉长岩、辉石岩、正长岩列为新发现矿种。2011年国土资源部发布第30号公告，将页岩气列为新发现矿种。至此，我国的矿产资源种数达172个。《细目》将矿产资源分为能源矿产、金属矿产、非金属矿产和水气矿产四大类。

(一)能源矿产

能源类矿产资源是国民经济和人民生活水平的重要保障,能源安全直接关系到一个国家的生存和发展(杨木壮等,2014)。《细目》中能源矿产有煤、煤成气、石煤、油页岩、石油、天然气、油砂、天然沥青、铀、钍、地热 11 种,加上前些年发现的页岩气,共有 12 种。铀、钍也叫放射性矿产。金属锂由于常用于锂离子电池,作为一种新能源材料来使用,有的矿产资源规划也将其视为一种能源矿产。

(二)金属矿产

金属矿产是国民经济、国民日常生活及国防工业、尖端技术和高科技产业必不可少的基础材料和重要的战略物资。钢铁和有色金属的产量往往被认为是一个国家国力的体现。我国金属工业经过 50 多年的发展,已经形成了较完整的工业体系,我国已成为金属资源生产和消费的主要国家之一(杨木壮等,2014)。

《细目》中金属矿产共有 59 种,铁、锰、铬、钒、钛、铜、铅、锌、铝土矿、镍、钴、钨、锡、铋、钼、汞、锑、镁、铂、钯、钌、锇、铱、铑、金、银、铌、钽、铍、锂、锆、锶、铷、铯、镧、铈、镨、钕、钐、铕、钇、钆、铽、镝、钬、铒、铥、镱、镥、钪、锗、镓、铟、铊、铪、铼、镉、硒、碲,用分号将其分为 7 类,没有写出小类的名称。按照常例,实际上是 6 小类,具体如表 7-1 所示。

表 7-1 金属矿产分类明细表

小类	种数	矿种
黑色金属	5	铁、锰、铬、钒、钛
有色金属	13	铜、铅、锌、铝土矿、镍、钴、钨、锡、铋、钼、汞、锑、镁
贵金属	8	铂、钯、钌、锇、铱、铑、金、银
稀有金属	8	铌、钽、铍、锂、锆、锶、铷、铯
稀土金属	15	镧、铈、镨、钕、钐、铕、钇、钆、铽、镝、钬、铒、铥、镱、镥
稀散金属	10	钪、锗、镓、铟、铊、铪、铼、镉、硒、碲

其中,铂、钯、钌、锇、铱、铑 6 种金属元素合称"铂族元素",稀有金属、稀土金属、稀散金属合称"三稀"金属。当然,分类标准有多种。广义上的有色金属是指黑色金属以外的所有金属,包括上表中的有色金属、贵金属和"三稀"金属。有的分类把钒、钛作为有色金属,有的把钪作为稀土金属。值得注意的是,上述 59 种金属中,并没有稀土元素钷(Pm,原子序数 61)。

(三)非金属矿产

非金属矿产资源是指那些除燃料矿产、金属矿产外,在当前技术经济条件下,可供工业提取非金属化学元素、化合物或可直接利用的岩石与矿物。此类矿产少数是利用化学元素、化合物,多数则是以其特有的物化技术性能利用整体矿物或岩石。因此,世界一些国家又称非金属矿产资源为"工业矿物与岩石"(杨木壮等,2014)。

《细目》中非金属矿产共有 92 种,加上 2000 年新增的辉长岩、辉石岩、正长岩,共有 95 种。

非金属矿产主要有两种分类方法:一是按用途来分;二是按成分来分。按用途分如表7-2所示。

表7-2 非金属矿产分类明细表(一)

小类	矿种举例
冶金辅助原料非金属矿产	菱镁矿、熔剂用灰岩、冶金用白云岩
化工原料非金属矿产	磷、硫铁矿、钾盐
建筑材料及其他非金属矿产	水泥用灰岩、砖瓦用黏土、建筑用花岗岩

考虑非金属矿产的用途越来越多,按用途分类存在着不足之处。例如,某些白云岩可用于冶金、化肥、建筑等多个领域。有一种按成分分类的方法,如表7-3所示。

表7-3 非金属矿产分类明细表(二)

小类	矿种举例
元素类	磷、硼、溴、碘、砷
矿物类	滑石、云母、长石、透闪石、重晶石
宝石类	叶蜡石、宝石、黄玉、玉石、玛瑙
岩石类	石灰岩、白云岩、石英岩、砂岩、页岩
黏土类	高岭土、陶瓷土、耐火黏土、伊利石黏土、膨润土

(四)水气矿产

《细目》中水气矿产有地下水、矿泉水、二氧化碳气、硫化氢气、氦气、氡气,共6种。"水气矿产"这一名词在实际中用得非常少。这6种矿产中,地下水比较特殊,开采并不需要采矿权。作为可开发利用矿产的二氧化碳气非常少见。硫化氢气、氦气、氡气矿产十分少见。

(五)矿产资源行政管理有关分类

1. 矿产资源一、二、三类

矿产资源一、二、三类由《国土资源部关于进一步规范矿业权出让管理的通知》(国土资发〔2006〕12号)附件《矿产勘查开采分类目录》提出。

第一类:可按申请在先方式出让探矿权类矿产,是高风险矿种。包括大部分金属矿产以及金刚石、重晶石、萤石、二氧化碳气等。

第二类:可按招标拍卖挂牌方式出让探矿权类矿产,是低风险矿种。包括大部分非金属矿产以及煤炭、铁、矿泉水等。

第三类:可按招标拍卖挂牌方式出让采矿权类矿产,可视为无风险矿种。类似于普通建筑材料用砂、石、黏土矿产。

2. 矿产资源甲、乙类

目前已经很少使用此类矿产资源分类方式。

甲类矿产资源:包括能源矿产、金属矿产、大部分非金属矿产和水气矿产。

乙类矿产资源:相当于普通建筑材料用砂、石、黏土矿产。

第三节 矿产资源的特征

一、矿产资源的特性

矿产资源的特性是指矿产资源作为天然的生产要素本身所固有的,以及作为人类社会经济系统有机组成部分,在社会经济活动中所展示的基本特性,即矿产资源的耗竭性、稀缺性、分布不均衡性、不可再生性和动态性等。

1. 不可再生性和可耗竭性

矿产资源是在地球形成以来的 46 亿年间逐渐形成的,每一种矿产都是在特定的地质条件下才得以形成并保存至今的。矿产资源在任何国家和地区都是经济发展的重要依托。

2. 区域性和分布的不均衡性

矿产是在一定的地质条件下化学元素富集而形成的,各种矿产都有其各自形成的特定条件。因此,各种矿产资源的分布都受到成矿条件的制约而有其规律。其分布情况具有明显的地域性特点。如我国的煤矿集中分布在北方,磷矿、钨矿集中分布在南方。矿产资源分布的区域性和分布不均衡性,提高了工业布局与开发利用的困难程度。

3. 隐蔽性、多样性和产权关系的复杂性

矿产资源除少数表露者外,绝大多数埋藏在地下,看不见,摸不着。矿产资源种类复杂、多样。人们对矿产资源的开发利用,必须在"租地"的前提下通过一定程序的地质勘察工作才能实现。矿产这种"有形资产"必须以"无形资产"——地质勘探报告、储量来表示。这种特点带来了矿产资源产权关系的复杂性。

4. 动态性和可变性

矿产资源是指在一定科学技术水平下可利用的自然资源,它是一个地质、技术、经济的三维动态概念,即随着科学技术、经济社会的发展,以及地质认识水平的提高,原来认为不是矿产的,现在却可以作为矿产予以利用,现在是矿产的也能在未来失去使用价值。

二、我国矿产资源的基本特征

1. 矿产资源总量丰富,人均资源相对不足

我国已探明的矿产资源种类比较齐全,资源总量比较丰富,居世界第二,仅次于美国。煤、铁、铜、铝、铅、锌等支柱性矿产都有较多的查明资源储量。煤、稀土、钨、锡、钼、锑、钛、石膏、膨润土、芒硝、菱镁矿、重晶石、萤石、滑石和石墨等矿产资源在世界上具有明显优势。地热、矿泉水资源丰富,地下水质量总体较好。

矿产的人均资源量相对不足,部分资源供需失衡。人均占有量只有世界平均水平的 58%,居第 53 位,个别矿种甚至居世界百位之后。人口多、矿产人均资源量低是中国的基本国情(沈凌,2003)。金刚石、铂、铬铁矿、钾盐等矿产资源供需缺口较大。

2. 矿产质量贫富不均,贫矿多、富矿少

我国矿产资源是贫富兼有,但贫矿多、富矿少,大多数矿产品位低,能直接供冶炼和化工利用的较少,加之开采中采富弃贫,使矿产品储量下降,富矿越来越少。

3. 超大型矿床少,中小型矿床多

我国已探明的2万多个矿床,多为中小型矿床,大型矿床只有800多个,具有明显的大型矿床少、中小型矿床多的特点。我国可露天开采的煤炭储量仅占总储量的7%,而美国、澳大利亚则分别为60%和70%左右。

4. 矿产资源分布不均匀

我国矿产资源分布不均匀,矿产品的加工消费区集中在东南沿海地区,但矿产资源则主要富集在中部和西部地区(沈凌,2003)。

中国矿产资源分布情况如下:石油、天然气主要分布在东北、华北和西北。煤主要分布在华北和西北。铁主要分布在东北、华北和西南。铜主要分布在西南、西北、华东。铅锌矿遍布全国。钨、锡、钼、锑、稀土矿主要分布在华南、华北。金银矿分布在全国。磷矿以华南为主。

5. 优劣矿并存

我国既有品质优良的矿石,又有低品位、组分复杂的矿石。钨、锡、稀土、钼、锑、滑石、菱镁矿、石墨等矿产资源品质较高,而铁、锰、铝、铜、磷等矿产资源贫矿多、共生与伴生矿多、难选冶矿多。

第四节 矿产资源国情调查的内容

矿产资源国情调查是自然资源统一调查监测工作的重要组成部分,是落实自然资源"两统一"职责的重要基础性工作,是提升矿产资源规划、管理、保护与合理利用水平的重要抓手。矿产资源是一种重要的自然资源,是国民经济和社会发展的重要物质基础。为落实统一行使全民所有自然资源资产所有者职责,统一行使所有国土空间用途管制和生态保护修复职责,开展矿产资源国情调查,建立矿产资源定期调查评价制度,统筹资源开发与生态保护关系,是矿产资源管理、合理利用与保护的重要基础(中华人民共和国自然资源部,2019)。

矿产资源国情调查包括两个方面:一是查明矿产资源的调查,针对已经评审备案的矿区,包括利用和未利用矿区,以及政策关停、闭坑等的矿山。其中,我国完全没有开发主体的矿区16 489个,占全国总矿区数的40.5%,需要组织队伍进行调查,形成新储量分类标准下的基础数据。另外,有超过半数的矿山因生态环境、政策等原因,处于关停状态,同样需要组织队伍进行调查。二是潜在矿产资源的评价。全国层面由中国地质调查局组织部署,各省份根据矿产勘查新进展和新发现进行数据更新(张丽华,2020)。

一、矿产资源国情调查的目标

以习近平新时代中国特色社会主义思想为指导,坚持国家总体安全观,按照全面履行全民所有各类自然资源资产所有者职责、加强矿产资源保护与合理利用监督管理的要求,通过开展矿产资源国情调查,全面获取当前我国各类矿产资源数量、质量、结构和空间分布等基础数据,对不同矿种和类型矿产资源潜力状况作出评价,查明矿产资源与各类主体功能区的空间关系,全面掌握国内矿产资源供应能力和开发利用潜力,科学分析境外矿产资源的可供性,为建立矿

产资源定期调查评价制度、准确判断资源形势、科学制定规划政策、守住矿产资源安全底线提供基础支撑(中华人民共和国自然资源部,2019)。

二、矿产资源国情调查的主要任务

(一)查明矿产资源的调查

系统梳理储量库等相关数据库中各类数据,开展全面调查与核查,摸清矿山占用、未利用、消耗、勘查新增、闭坑残留等资源储量变化情况,以及未登记入库资源储量、政策性关闭矿山保有资源储量等,获取准确、翔实的各类矿产资源储量数量、结构、空间分布和占用情况等基础数据,全面掌握全国查明矿产资源状况。

(二)潜在矿产资源的调查

以重要矿产和战略性新兴矿产为重点,科学评价我国矿产资源潜力,摸清全国潜在矿产资源数量及其空间分布,获得各类潜在矿产资源状况数据。对于开展过全国性潜力预测评价工作的重要矿产,跟踪近年来的找矿勘查进展,开展动态更新和评价;对于未开展过全国性潜力预测评价的重要矿种,开展资源潜力概略评价,并充分依托矿种专家、区带专家的智慧,开展多种形式的研讨和咨询,圈定远景区,估算资源潜力。

(三)数据库的建设

国家制定统一的数据库标准及建库规范,建设全国和省级矿产资源国情调查成果数据库。全国矿产资源国情调查成果数据库包括查明、潜在矿产资源调查成果数据库和海外矿产资源可供性评估成果数据集,分别用于对查明、潜在矿产资源和海外矿产资源可供性调查的数据、图件等成果的综合管理;省级矿产资源国情调查成果数据库不包括海外调查成果。做好国情调查成果数据库与储量数据库的对接,实现国情调查成果的动态更新、集成管理、综合查询、统计汇总、数据分析、快速服务等功能。

(四)汇总

在省级调查成果的基础上,进行查明矿产资源状况、潜在矿产资源状况调查数据信息的全国汇总,形成全国所有矿种查明矿产资源状况数据和潜在资源状况数据;在开展各项专题调查评价以及技术经济与生态综合评价的基础上,开展矿产资源战略、资源保障程度、资源安全预警、压覆重要矿产资源等综合研究工作;制作系列数据成果,编制系列图件,加大成果数据共享力度,为各级政府、科研机构、社会公众提供不同层级的服务,最大限度发挥矿产资源国情调查的综合效益。

三、矿产资源国情调查的基本依据

(1)调查的矿种:《矿产资源国情调查(试点)技术要求(2019)》中指出试点调查的矿种为铁、煤炭、石墨、铜、金、钼、铝土矿、磷、钨、锡、铅、锌12种。

(2)调查单元:查明矿产资源以矿区为调查单元,以未利用矿区、生产矿山、关闭矿山、闭坑矿山、压覆矿产资源为具体调查对象。待确认矿产资源以矿产地为调查单元。潜在矿产资源以预测矿种(组)的成矿区带为调查单元。

(3)调查基准日:2018年12月31日。

(4)坐标系:统一采用2000国家大地坐标系和1985国家高程基准。

(5)调查指标体系:包括数量指标、质量指标、结构指标和空间指标,其细化的指标名称见表7-4。

表7-4 矿产资源国情调查指标体系

类型	指标名称		指标说明
数量指标	查明矿产资源	基础储量	资源储量类型中的111b+121b+122b+2M11+2M21+2M22
		资源量	资源储量类型中的2S11+2S21+2S22+331+332+333
	待确认资源量		新发现矿产地尚未正式提交评审备案的资源量
	潜在矿产资源		预测的资源量
			基于资源潜力评价推测的资源量
质量指标	品位或品级		贫矿、富矿的资源储量
			不同品级的资源储量
	矿床复杂程度		根据矿体规模、矿体形态复杂程度、内部结构复杂程度、矿石有用组分分布的均匀程度、构造复杂程度等主要地质因素确定。分为简单(Ⅰ类型)、中等(Ⅱ类型)、复杂(Ⅲ类型)
结构指标	利用现状		未利用、生产矿山、残留、压覆的资源储量
	矿区规模		大型、中型、小型矿区的资源储量
空间指标	分布		中心点、储量估算范围
	埋深		主矿体最小和最大埋深、最小和最大垂深

四、调查矿区应遵循的原则

以收集的数据库、报告及其图表为基础,确定调查矿区的范围。调查矿区主要在初步整理好的地形地质图上进行分析确定,原则上以沿用原矿区范围为主,但是为了矿区的合理性,可以进行矿区范围调整(扩大或缩小)、合并与拆分。一般掌握以下原则(陈忠新,2019):

(1)若不同勘查阶段或同一区域内不同勘查报告的矿区储量估算范围有重叠,且符合矿体(层)分布规律,则调查矿区为范围最大的勘查区范围。

(2)若采矿许可证范围超过勘查矿区范围且采矿许可证区块为一个,则划归为一个调查矿区。

(3)对未开展过地质勘查工作,但设置有一个或多个分矿区的,若开采对象为同一矿种和矿床类型,且矿体(层)分布连续,又在一定勘查网度范围内,则划归为一个调查矿区。

(4)若矿区内各储量估算空间相距较远且所依据的上表地质报告不同,则应当划分为不同调查矿区。

(5)其他视具体情况确定合理的调查矿区范围。要注意矿区的历史沿革,尤其是对于前期上表资源量大,设置采矿权后资源储量变小的情况,要查清原因,避免遗漏资源。划定矿区最核心的原则是做到资源"不重不漏"。

第五节 查明矿产资源调查

查明矿产资源是指经勘查工作已发现的矿产资源的总和,包括探明的、控制的、推断的矿产资源。

一、主要调查内容

(一)查明矿产资源调查

获取准确、翔实的各类查明矿产资源的数量、质量、结构、空间分布和占用情况等基础数据。

(1)未利用矿区:以储量库和储量报告为基础,重点调查保有资源储量。

(2)生产矿山:以储量库、最新矿山核实报告和储量年报及其图表为基础,重点调查矿山消耗量和勘查新增量等资源储量变化情况,核实矿山保有资源储量。

(3)关闭矿山:以储量库、最新核实报告和储量年报及其图表为基础,重点调查矿山保有资源储量。

(4)闭坑矿山:以储量库、闭坑地质报告或最新的储量年报及其图表为基础,重点调查矿山残留资源储量。

(5)压覆矿产资源:以查明矿产资源储量分布为基础,通过调查,评估压覆矿产资源情况。

(二)待确认矿产资源调查

以估算了资源储量的地质报告为基础,重点调查矿产地待确认资源量。

二、工作流程

查明矿产资源调查的步骤包括资料收集、内业整理、外业调查、成果编制、质量控制、省级汇总分析和全国汇总分析,工作流程见图7-1。其中外业调查包括生产矿山调查、未利用矿区(矿产地)调查、关闭矿山调查、闭坑矿山调查、压覆矿产资源调查,质量控制包括调查单位自检互检、省级审查、全国抽查。

(一)资料收集

2019年初自然资源部在黑龙江等9个省开展矿产资源国情调查试点,并于2019年末在全国范围内全面铺开,其中主要工作内容是查明资源储量的调查。

资料收集分两个层面:一个层面是不要遗漏未上表矿区(矿产地);另一个层面是每一个矿区(矿产地)所收集的资料要满足调查需要。

(1)全面清理未上表矿区(矿产地)。一般从4个方面入手:①从地质资料档案馆查询已提

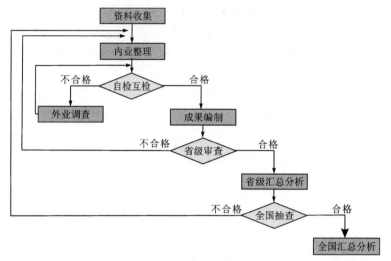

图 7-1 矿区查明矿产资源调查工作流程图

交但未上表的地质报告;②收集目标矿种探矿权勘查成果资料;③收集实际勘查矿产为目标矿种及目标矿种作为共伴生矿产的勘查成果;④收集地勘单位已经勘查但未办理探矿权的成果。后两种情况是难点,在工作中要加以重视,需通过多种渠道调查才能保证全面。

(2)矿区资料收集包括数据库和地质报告两方面。①从省自然资源厅收集矿产资源储量数据库、空间库、矿业权数据库、矿产地数据库、全国矿产资源利用现状调查成果数据库等。②从地质资料档案馆及矿业权人、地勘单位收集相关报告及其图表。包括勘查报告、最新储量核实报告、最新储量年报(原则上截至调查基准日)、压覆报告、闭坑地报告。③地勘报告应满足以下条件:a. 矿体有必要的探矿工程控制;b. 矿体有采样分析结果圈定;c. 矿石质量(品位、厚度)符合一般工业指标要求;d. 333 及以上资源储量规模达到相应矿种小型矿床规模上限的 1/10。

(二)内业整理

1. 调查单元梳理

以收集的数据库、报告及其图表为基础,梳理出需要调查的矿区或矿产地的清单。明确每一个矿区(或矿产地)内的具体调查对象,梳理出未利用矿区、生产矿山、关闭矿山、闭坑矿山、压覆矿产资源 5 种调查对象的清单。

(1)矿区从未被开采过,其查明矿产资源没有被消耗过。矿产地与此类似,其资源量属新发现,还没有被开发利用。

(2)矿区有生产矿山,查明资源储量的全部或部分被有效采矿权占用或开采消耗。资源储量包括矿区未利用资源储量、矿山保有资源储量、勘查新增量、重算增减量、消耗资源储量等。

(3)矿区曾经被开采过,但矿山已经停办或闭坑,其查明矿产资源有部分消耗或枯竭。调查的重点是保有资源储量或残留资源储量。

(4)矿区查明资源储量被建设项目全部或部分压覆。

(5)上述(2)、(3)、(4)的组合,即矿区存在生产矿山、关闭矿山、闭坑矿山、压覆等调查对象中的两种或两种以上。

2. 数据整理

1) 根据数据库采集信息

(1) 从矿产资源储量登记库、矿业权数据库中提取未利用、未占用、未消耗、未压覆、未残留查明资源储量的数量、质量信息。

(2) 从矿产资源储量空间库中提取矿区储量估算最大边界水平投影的拐点坐标,采矿权的拐点坐标和标高等空间分布信息。

(3) 根据全国矿产资源利用现状调查成果数据库,补充查明资源储量的数量、质量、结构和空间分布信息,尤其是可根据矿区套合图提取查明资源储量、采矿权等的平面拐点坐标信息,可根据开采现状图提取消耗资源储量信息。

集成这些从数据库采集的信息,形成本次矿区调查的本底数据。

2) 根据报告及其图表复核或补充信息

将矿区调查的本底数据与相应的储量报告及其图表对照,尤其是与其矿区储量估算成果图、最新的矿山资源储量开采现状图对比,复核、修正调查本底数据。

本底数据不全或没有数据的,根据储量报告及其图表补充调查数据。

(1) 图形数据采集。采集的图形数据包括:储量估算范围水平投影最大范围拐点坐标、采空区范围水平投影拐点坐标、地表高程、矿体最大埋深及最小埋深、采矿权拐点坐标及高程、主矿体倾向及倾角等。如果所需空间信息不全,需要根据矿区储量估算成果图(垂直纵投影图或水平投影图)、矿山开采现状图(垂直纵投影图或水平投影图)或勘探线剖面图来采集和整理。

(2) 可以采取两种方式采集:①手工采集法。在图上直接用手工量算坐标值,来采集矿区储量估算水平投影最大范围的拐点坐标、采空区水平投影最大范围拐点坐标,填写相关表格或卡片。②软件采集法。通过图形数字化方式,运用 GIS 软件及数字化有关资源储量计算软件,形成 GIS 图形文件。在 MapGIS 格式等的各类水平投影图上,可以直接读取图形数据(拐点坐标值)。但是,如果是垂直纵投影图或勘探线剖面图,则不能采用该方法。

(3) 采集范围。本次矿区资源储量估算成果图形数据一般最低以 333 或次边际经济资源量(包括套改前的 D 级和表外储量)为储量估算范围边界,经过审批的(334)?预测资源量(E 级储量)也需纳入采集范围。现状平面图的边界范围可采集包括预测资源量在内的各类资源储量。

(4) 拐点坐标确定原则。①简化包容原则。在保证原勘查成果资料上反映的矿体储量计算边界基本形态不变的情况下,对于形态复杂、曲折的边界线的控制拐点,可进行简化抽稀,但被抽去的拐点距相邻两个保留拐点的直线距离不应超过本矿区的勘探线距,而且抽稀拐点后的资源储量图形边界必须包容原资源储量计算边界的全部范围。②合并圈定原则。同一上表单元内有多个空间上分布不连续的矿体,若相邻两个矿体边界的间距小于"次边际经济资源量(D级储量)"的基本勘探线距,可简化合并成一个图形。③独立圈定原则。在同一上表单元内有多个空间上分布不连续的矿体,若相邻两个矿体边界之间的距离超过本矿区的基本勘探线一倍,必须单独圈定图形。④空间合并原则。对于同一空间区域,由于勘查程度的不同,可能涉及多个矿区的情况,请各省根据实际情况,自行设置规则,确定是否要求合并。

3. 调查工作部署

通过内业处理,梳理出需要开展外业调查的生产矿山和需要外业补充调查的政策性关闭矿山、闭坑矿山、未利用矿区(矿产地)、压覆矿产的数量,估算野外调查工作量。明确调查的矿种和重点矿种,明确和落实组织实施单位和资料汇总单位,提出拟调查矿区、矿山名单和数据填报单位,明确分工和责任人,建立质量监控制度,为外业调查提供依据。

(三)外业调查

(1)实地调查要有针对性。首先明确每一个矿区的具体调查对象,包括未利用矿区、生产矿山、关闭矿山、闭坑矿山、压覆矿产资源5种情况。其中重点是对生产矿山的调查。前期准备时通过对比矿山年度报告、储量核实报告、地质报告,查看资源储量有无较大变化及变化原因是什么。变化原因可以从3个方面看,一是矿体分布范围、二是矿体厚度、三是品位,确定是一种因素还是多种因素变化。为提高质量和效率,现场调查坚持问题导向,以大中型生产矿山为主,重点调查资源储量发生较大变化的矿山。实地调查要提前告知矿业权调查日程和所需提交资料清单:①国情调查表;②采矿许可证复印件;③矿山储量核实报告(含备案证明、附图附表)、最新矿山储量年报(基准日2018年12月31日);④矿产资源开发利用方案、矿山开采设计、选矿试验报告等;⑤截至上年底的采掘工程平面图、井上井下工程对照图(陈忠新,2019)。

(2)实地调查方法。采用调查询问、凭证查阅、现场查看、对比分析等方法,如实记录核查情况。①首先对比最新矿山储量年报与矿山储量核实报告,注意资源储量有无变化及变化原因(矿体厚度、品位、分布范围的变化),如有重大变化,要在实地调查时特别关注,发现问题后,提出处理意见。②调查询问。通过查阅矿业权人档案等相关材料,对矿业权有关数据进行调查询问,询问矿业权人及相关人员,了解资源储量及可利用性的真实性和准确性。③凭证查阅。查阅矿业权人提供的相关图件、生产销售台账等情况。④现场查看。查看作业现场,必要时进行实地工程测量、取样分析等,保留原始记录,提供可供对比分析的重要数据。

三、调查技术与方法

(一)生产矿山调查

生产矿山调查由矿山企业负责,组织矿山自有地勘队伍,或委托有能力的地勘队伍来实施。

1. 调查内容

生产矿山需要采集的数据主要包括矿区勘查阶段、矿床名称、矿床类型、矿石类型、矿产组合、矿石品位品级、可利用情况、生产状态、矿山编号、资源储量类别、资源储量类型、矿体最大埋深、矿体最小埋深、主矿体倾向、主矿体倾角、地表标高、储量估算拐点坐标、采矿权拐点坐标、采矿权最低标高、采矿权最高标高、开采方式、消耗资源边界、矿山生产三级矿量、矿山增减量、开采消耗量、采区回采率、选矿回收率、综合回收率等。

2. 调查方法

承担单位进行数据采集和整理,下达生产矿山本底数据给矿业权人。矿业权人对照自查,开展调查。

1）矿山地质测量

矿山企业根据下发的矿山本底数据，在矿山生产测量的基础上，组织野外实地质测量，获取矿体边界（储量估算边界）、消耗资源储量边界测量数据。

(1)露天开采矿区。需收集露天开采现状图，没有或部分缺失开采现状图的矿区则需测绘或修补开采现状图。

(2)井下开采矿区。根据矿山提供的矿山井巷资料，对重要的矿体界限进行测量，检验矿体的界限、厚度等的变化是否正确。井下地质测量在保证安全的前提下进行，以校验矿山资料为目的。

2）矿山地质测量资料整理

矿山企业负责，对坑道等的编录及素描图进行检查、完善，将现场调查获取的地质调查点（包括矿层点、水工环地质调查点、构造点）、矿层采样点、采空区边界点等，对照其在图上的位置、记录、素描图等进行自检、互检，判断其是否准确、完整，对有疑问的资料进行现场检查、修改，保证野外收集的资料准确、可靠。

3）矿山开发利用现状图编制

矿山企业负责，根据矿山地质测量获得的查明资源储量边界数据和消耗资源储量边界数据，编制矿山资源储量开发利用现状图。如矿体较陡，编制垂直纵投影图；如果矿体平缓，编制水平投影图。

4）矿山各类查明资源储量估算

矿山企业负责，根据矿山开发利用现状图，结合其他地质图件（如勘探线平面图、中段平面图等），估算各类查明资源储量，重点是消耗资源储量和勘查新增情况。

(1)消耗资源储量。根据采空区范围，结合矿山出矿量及采矿回收率等，据实估算消耗资源储量。

(2)勘查新增量及重算增减量。根据新增控制工程（如坑道、矿山钻孔等）确定的新增查明资源储量范围、分析化验品位品级结果，估算矿山勘查新增资源储量以及重算增减量。

(3)保有资源储量。根据生产工程和以往勘查工程所控制的储量估算范围，计算矿山保有资源储量。

(4)三级矿量。根据矿山生产情况，据实估算开拓矿量、采准矿量和备采矿量。

5）矿山调查数据上报

矿山调查结束，矿山企业负责对矿山调查的本底数据进行修改、完善，上报给矿区调查承担单位。

上报的成果包括数据表、矿山开发利用现状图、矿山调查说明书。数据表中主要包括矿山保有资源储量、勘查新增资源储量、消耗资源储量、采矿权拐点坐标及标高、"三率"等。

3. 质量监控

矿山调查实行100％自检互检，要留有记录、签字；省级自然资源主管部门对大中型矿山实行100％复查验收；自然资源部对重要矿种的大型矿山实行5％抽查。

（二）未利用矿区（矿产地）调查

未利用矿产资源调查，包括未利用矿区调查和矿产地调查，前者调查的是查明资源储量，后者调查的是待确认资源量。

1. 调查内容

调查内容主要包括勘查阶段、矿床名称、矿床类型、矿石类型、矿产组合、矿石品位品级、可利用情况、资源储量类型、矿体最大埋深、矿体最小埋深、主矿体倾向、主矿体倾角、地表标高、矿区中心点坐标、储量估算拐点坐标等。

2. 调查方法

全面梳理、利用已有资料,避免重复工作。

1) 未利用矿区调查

(1) 根据整理的数据库中的信息,摸清未利用矿区矿体空间形态、品位(品级)、查明资源量状况。信息不全或存疑的,根据实际情况,进行实地调查。

(2) 数据库信息不全或数据库中没有的矿区,根据最新的储量报告补充或提取相关信息。

(3) 数据库中信息不全也没有相关勘查报告的,组织专家认定。

2) 矿产地调查

(1) 国家或地方财政出资勘查的矿产地,以数据库、主管部门组织专家评审或审核的最新地勘报告为准,摸清矿体的空间形态、品位(品级)、查明资源量。信息不全或存疑的,根据实际情况,进行实地调查。

(2) 商业性勘查的矿产地,由省级自然资源主管部门组织专家,以勘查报告中矿体的空间形态、品位(品级)等为基础估算其资源量。信息不全或存疑的,根据实际情况,进行实地调查。

3. 可利用资源量估算

利用类比法估算未利用矿区(矿产地)的可利用资源量,无法类比的由省级自然资源主管部门根据实际情况组织专家估算可利用资源储量,并圈定可利用资源量的空间范围。

4. 质量监控

(1) 承担单位进行自查与互检,采用数据库质量监控软件系统,对各项调查数据进行自动检查、交互检查、批量检查,保障数据的准确性和自洽性。

(2) 省级验收组织专家审查,对数据的合理性进行把控。

(三)关闭矿山调查

1. 调查内容

调查内容主要包括矿区勘查阶段、矿床名称、矿床类型、矿石类型、矿产组合、矿石品位品级、关闭原因、资源储量类别、资源储量类型、矿体最大埋深、矿体最小埋深、主矿体倾向、主矿体倾角、地表标高、储量估算拐点坐标、保有资源储量、可利用资源储量等。

2. 调查方法

(1) 按照本次调查要求的数据项,根据数据库、矿山最近一次核实报告或最新储量年报提取相关信息,重点调查剩余资源储量。

(2) 如数据库信息不全,根据最近一次的储量核实报告或最新储量年报及相关图表,补充相关信息。

(3) 对缺失或存疑的数据项,根据实际情况开展外业调查,进行修订和补充。

3. 可利用资源量估算

利用类比法估算停办矿区内可利用的保有资源储量;无法类比的由省级自然资源主管部门根据实际情况组织专家估算可利用资源储量。

4. 质量监控

(1)承担单位进行自查与互检,采用数据库质量监控软件系统,对各项调查数据进行自动检查、交互检查、批量检查,保障数据的准确性和自洽性。

(2)省级验收组织专家审查,对数据的合理性进行把控。

(四)闭坑矿山调查

1. 调查内容

调查内容主要包括矿区勘查阶段、矿床名称、矿床类型、矿石类型、矿产组合、矿石品位品级、闭坑原因、资源储量类别、资源储量类型、矿体最大埋深、矿体最小埋深、主矿体倾向、主矿体倾角、地表标高、储量估算拐点坐标、残留资源储量等调查数据。

2. 调查方法

(1)按照本次调查要求的数据项,根据数据库、闭坑地质报告提取相关信息,重点关注残留资源储量。

(2)如果数据库信息不全,根据闭坑报告及其相关图表,补充相关信息。

(3)对缺失或存疑的数据项,根据实际情况开展外业调查,进行修订和补充。

3. 质量监控

(1)承担单位进行自查与互检,采用数据库质量监控软件系统,对各项调查数据进行自动检查、交互检查、批量检查,保障数据的准确性和自洽性。

(2)省级验收组织专家审查,对数据的合理性进行把控。

(五)压覆矿产资源调查

1. 调查内容

数据库中已有压覆信息的矿区(矿产地),根据数据库及压覆资源储量报告采集调查数据,包括压覆区域、压覆量等。数据库中压覆信息不全或缺失的矿区(矿产地),应开展调查梳理,由各省自行开展压覆评估。

2. 调查方法

将矿区(矿产地)储量估算边界图与各类建设项目套合,结合地理信息,分析建设项目、各类保护区或其他禁止勘查开采区对矿产资源的压覆情况,根据具体情况,估算压覆面积和压覆资源量,不编制压覆报告。

(1)收集资料。收集建设项目分布数据或收集高分辨率遥感影像等。

(2)编制区域(省、地市、县)矿区分布图。根据矿区编号、储量估算边界图(矢量图)及其拐点坐标,形成省(地市、县)级矿区分布图。

(3)编制区域(省、地市、县)矿区分布图与遥感影像套合图。

(4)分析压覆资源储量情况。根据套合图,分析矿区资源储量压覆情况及压覆类型(如城镇压覆、铁路压覆,等等)。

(5)压覆查明资源储量分析。根据矿区资源储量现状和压覆情况,分析资源储量压覆情况,大致估算压覆量。

四、成果编制

调查成果以调查单元,即矿区或矿产地为单元进行编制。包括调查表、数据库和调查说明书。

(1)调查表。根据内业整理及外业调查结果,填报"矿区查明资源储量调查表"。表式及填报说明见本章附件1。

(2)图件。根据矿区储量估算边界拐点坐标,形成储量估算范围水平投影外包络线,编制矿区储量估算边界图,图示图例如图7-2所示。

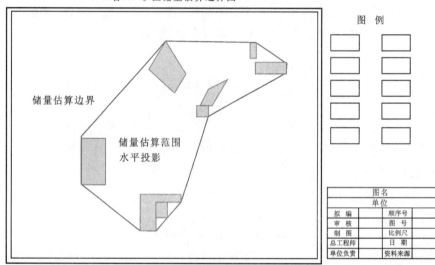

图7-2　××矿区储量估算边界图(示例)

将生产矿山开发利用现状平面图叠合在矿区储量估算边界图上,按照"以新压旧,不重不漏"的原则,编制"矿区资源储量现状平面图",该图上至少应表达矿区查明资源储量边界、生产矿山采矿权边界、采空区边界等,如图7-3所示。

(3)报告。按照提纲,编写矿区调查说明书(提纲见本章附件2)。矿区调查说明书应包括矿区清理说明、生产矿山调查说明,以及矿区成果编制说明。

(4)数据库。按照矿产资源国情调查成果数据库建设技术要求,提交符合数据库要求的成果。

五、质量控制

(1)调查单位自检互检。调查形成的成果,包括表格、图件、说明书及数据库,在提交上级审查前,需进行自检和工作组内部互检,保证成果数据齐全、正确,自检互检率达到100%。

(2)省级复核验收。本次矿产资源国情调查成果,由省级自然资源主管部门负责审查验收。评审验收程序、审查标准、验收组人员组成等,由各省先行先试,总结经验。

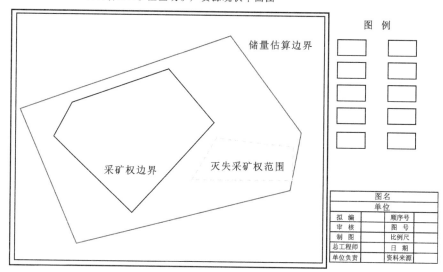

图 7-3　矿区查明矿产资源现状平面图（示例）

审查验收前，应组织对大中型生产矿山调查数据实地复核，对其他调查单元按不小于10%的比例抽查。复核时要对地质测量点进行随机抽检；并根据开发利用现状图、生产台账等，对各类资源储量的数量进行复核。存在如下情况之一的，需要进行储量核实：①资源储量变化很大（相对误差>30%或绝对量超过一个中型矿区储量规模），且没有勘查增减、重算增减等合理依据的。②与同期矿产资源勘查开采公示信息严重不一致的。

（3）全国抽查。加强对各省调查过程的指导，及时解决出现的问题，确保数据标准统一；对重要矿种大型矿山，按不低于5%的比例进行实地检查或抽查，确保数据准确、来源可靠。

六、省级及全国统计汇总

矿区调查成果经过多级汇总，形成各级查明矿产资源的调查成果。

1. 省级统计汇总

（1）数据库建设。汇集全省矿区（矿产地）矿产资源国情调查数据，建立省级矿产资源国情调查数据库。

根据数据库，开展统计、汇总、分析，编制××省查明矿产资源分布图、勘查程度图、开发程度图等系列图件，图面反映内容根据需要自行确定。

（2）报告编制。编制省级查明矿产资源调查试点报告和成果报告，《××省（区、市）查明矿产资源试点报告》编写格式及要求见本章附件3。成果报告主要通过对全省矿产资源数量、质量、结构的汇总分析，对其数据质量和可利用性进行评估。

2. 全国统计汇总

（1）数据库建设。汇集全国矿区（矿产地）矿产资源国情调查数据，建立全国矿产资源国情调查数据库。

根据数据库，开展统计、汇总、分析，编制全国查明矿产资源分布图、勘查程度图、开发程度图等系列图件。

（2）报告编制。编制全国查明矿产资源调查试点报告和成果报告。成果报告主要通过对全国矿产资源数量、质量、结构的汇总分析，对其数据质量和可利用性进行评估。

第六节 潜在矿产资源调查

潜在矿产资源是指根据地质依据和物化探异常等多种方法预测而未经查证的那部分矿产资源，包括预测的资源量和基于资源潜力评价推测的资源量两部分。

一、主要调查内容

以优势矿种（组）、重要矿种（组）为重点，兼顾其他矿种，开展潜在矿产资源调查。主要调查内容包括两部分：

(1) 开展对预测的资源量(334)？的调查。
(2) 开展对资源潜力动态评价所推测的资源量的调查。

二、调查流程

矿产资源潜力国情调查工作流程如图7-4所示。

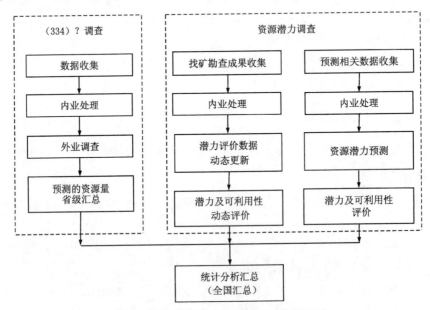

图7-4 矿产资源潜力国情调查工作流程图

三、调查基本依据

（一）矿床类型划分

矿床类型划分如表7-5所示。

表 7-5 矿床类型划分表

成矿作用	矿床分类	
岩浆作用	岩浆型矿床	
	伟晶岩型矿床	
	云英岩型矿床	
	接触交代型(矽卡岩型)矿床	
	斑岩型矿床	
	岩浆热液型矿床	
	陆相火山岩型矿床	火山-沉积型、爆破角砾型、矿浆型、火山热液交代型、火山热液充填型等矿床
	海相火山岩型矿床	
变质作用	受变质型矿床	
	变成型矿床	
含矿流体作用(非岩浆-非变质作用)	浅成中—低温热液型矿床及成因不明矿床	
表生作用	风化型矿床	
沉积作用	砂矿型矿床	
	机械沉积型矿床	
	化学沉积型矿床	
	蒸发沉积型矿床	
	生物化学沉积型矿床	
	叠加(复合/改造)矿床	
叠加成矿作用	叠加(复合/改造)矿床	

(二)成图比例尺及投影方式

为保持矿产资源潜力动态评价的持续性和一致性,本次试点调查的成果图件仍沿用"全国矿产资源潜力评价"项目的数据格式及投影方式。投影方式需要有两种:平面直角(公里网)投影坐标图件和经纬度坐标图件,平面直角(公里网)投影参数如表 7-6 所示。

(三)图中矿产地表达方式

矿产地的图示图例采用《区域地质图图例》(GB/T 958—2015)中的国家标准。

四、调查技术与方法

(一)预测的资源量(334)调查

对《固体矿产资源/储量分类》(GB/T 17766—1999)中(334)级别的资源量进行调查。这一部分潜在资源量一般是矿区(矿产地)深部和外围预测的资源量,可信度较高。

表 7-6 试点省成果图件的比例尺及平面直角(公里网)投影参数

省(自治区)	成图比例尺	投影方式 （直角坐标系）	投影参数			
			第一标准纬度	第二标准纬度	中央子午线经度	投影原点纬度
			投影中心点经度	投影区内任意点的纬度	投影带类型	投影带序号
辽宁	1:50万	兰伯特	40°00′00″	42°00′00″	122°15′00″	38°00′00″
安徽	1:50万	高斯-克吕格	117°00′00″	29°20′00″	无	无
江西	1:50万	高斯-克吕格	117°00′00″	24°40′00″	无	无
山东	1:50万	兰伯特	35°00′00″	37°00′00″	119°00′00″	33°30′00″
河南	1:50万	兰伯特	32°30′00″	35°30′00″	113°30′00″	31°23′00″
湖南	1:50万	兰伯特	26°00′00″	29°00′00″	111°30′00″	24°00′00″
湖北	1:50万	兰伯特	30°30′00″	32°30′00″	112°15′00″	28°00′00″
云南	1:50万	高斯-克吕格	102°00′00″	21°00′00″	无	无
宁夏	1:50万	高斯-克吕格	106°00′00″	35°00′00″	无	无

(二) 推测的资源量调查

根据潜力评价工作开展的实际情况，将调查的矿种分为两类：一类是已做过全境潜力评价的矿种，需要开展资源潜力动态评价；另一类是尚未进行过全境潜力评价的矿种，需要开展资源潜力预测评价。

1. 资源潜力动态评价

1) 调查内容

对于在"全国重要矿产资源潜力评价(2006—2013)"项目中已完成潜力评价的矿种，如煤炭、铀、铁、铜、铝土矿、铅、锌、锰、镍、钨、锡、钾、金、铬、钼、锑、稀土、银、硼、锂、磷、硫、萤石、菱镁矿、重晶石等，包括有些省份根据本省矿产资源特征自行选择开展过预测的矿种，要求在原有省级矿产资源潜力评价成果的基础上，调查资源潜力的变化情况。

2) 调查方法

通过动态跟踪，进行对比分析。具体操作步骤如下：

(1) 资料收集与综合整理。全面收集与调查矿种有关的最新矿产地质调查及勘查成果，进行综合分析，重点关注资源潜力的变化情况，提取相关信息并整理、汇总。资源潜力的变化主要表现为预测区增减和预测区内预测资源量的增减等方面。

(2) 资源潜力表格数据的动态更新。对新增的预测区，整理并填写预测区属性数据表，如表 7-7 所示。同时也要求对预测区开展概要的综合评价，评价该预测区内矿产资源的地质潜力、开发条件和环境影响等，评价结果亦填入预测区属性数据表。

表 7-7 预测区属性数据表

数据项		填写说明
预测区编号		
预测区名称		
地理位置		按最新的行政区划填写到县。跨县(区)的预测区以主体所在县(区)为准
预测矿种		
预测类型		预测区内可能产出的主要矿床类型,按表 7-5 中的分类填写
中心点地理经度		
中心点地理纬度		
预测区类别		预测区优选分级,分 A、B、C 三类
预测区面积		
累计查明资源储量	原来	
	现在	
延深		预测深度
资源量估算方法		
推测的资源量(500m 以浅)	原来	新增的预测区,该项为"0"
	现在	删除的预测区,该项为"0"
推测的资源量(1000m 以浅)	原来	新增的预测区,该项为"0"
	现在	删除的预测区,该项为"0"
推测的资源量(2000m 以浅)	原来	新增的预测区,该项为"0"
	现在	删除的预测区,该项为"0"
综合可信度		
可利用资源量		目前经济技术条件下可利用的资源量
单位		指预测资源量的单位
变化原因		新增、预测量有变化及删除的原因
预测区综合简评		主要从地质、经济、环境等方面,简单地对预测区内潜在资源量的可利用性进行评价

注:500m 以浅、1000m 以浅、2000m 以浅推测的资源量为扣除已查明资源量的数据。

已有预测区内潜在资源量的变化,通常表现为3种情况:一是通过进一步工作,新增加了预测区和预测资源量;二是通过区域内进一步的地质工作,重新预测了潜在资源量,此时,需要根据实际情况,调整预测区的边界,修改(或增、或减)潜在资源量数据;三是通过预测区验证工作,发现该预测区成矿条件不好,需要删除,此时,可根据实际工作结论进行删除。

(3)资源潜力图层数据的动态更新。在原全国矿产资源潜力评价预测成果图数据库的基础上进行更新,需要更新的图层包括:矿种(组)的Ⅳ、Ⅴ级成矿区带图层(.wl)、矿产地图层(.wt)和预测区图层(.wp)。

其中,对最小预测区图层(.wp)的修改包括:补充新增预测区,对资源潜力发生变化的已有预测区进行属性修改,以及对资源潜力无变化的已有预测区进行删减。3种情况的表达方式(图示图例)参见图7-5。

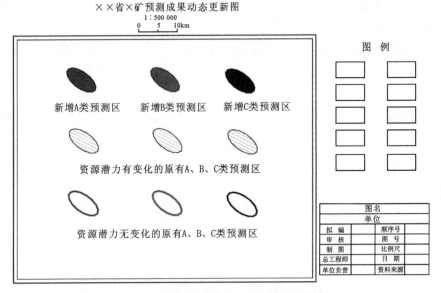

图 7-5　矿产预测成果动态更新图图示图例

2. 资源潜力预测评价

1)调查内容

对于未开展过全国矿产资源潜力评价的矿种,各省根据自身特点,选择优势矿种,或对区域经济社会发展具有重要价值的矿种,开展资源潜力评价,划定Ⅳ、Ⅴ级成矿区带,圈定预测区,估算资源潜力。

2)调查方法

(1)资料收集与综合整理。全面收集地质调查、矿产勘查和科学研究的最新进展和新成果,收集待预测矿种有关的地质、矿产、地球物理、地球化学、遥感、科研等各类基础资料,并进行预研究。以地质成矿理论为指导,按区域成矿单元进行综合分析,确定矿种的主要矿床类型。

其中,矿产地数据需要填写××省×矿种(组)矿产地数据表,数据项如表7-8所示。

表 7-8 ××省×矿种(组)矿产地数据表数据项

数据项	填表说明	备注
矿产地名称		
行政位置	按最新的行政区划填写到县。跨省(自治区)、跨县的矿产地以主矿体所在省(自治区)、县为准	
地理经度		
地理纬度		
主矿种	本矿区的主要矿产种类,只填一个矿种	
规模	填写主矿种的规模	
品位/品质		
查明资源量(333 以上)		
预测资源量(334)		
矿床类型	按表 7-5 中的分类填写	
赋矿地层年代		
地层岩性		
成矿年龄		
年龄分析方法		
共生矿种		
共生矿种规模	根据共生矿种的储量大小来确定矿床的规模	
共生矿种品位/品质		
伴生矿种		
伴生矿种品位/品质		

(2)确定成矿有利地区及预测要素。综合区域性地质、地球化学、地球物理、遥感、重砂等信息,确定成矿有利地区。进一步结合成矿有利区内较大比例尺的地质、地球物理、地球化学、遥感、重砂等信息,开展典型矿床剖析,总结区域成矿规律,确定区域预测要素。

(3)圈定预测区。依据区域预测要素,进行地质、地球物理、地球化学、遥感等多学科、多类别资料的分析处理,识别和提取预测信息,在成矿规律研究和成矿区带划分的基础上,采用相似类比、类比求同、趋势外推等方式,圈出预测区(预测区的大小以Ⅴ级成矿区带的大小为参考)。

(4)估算资源潜力及预测区优选分级。资源潜力估算可根据矿种特点、资料程度、地质条件等,选择不同的方法,如体积法、地球化学法、地球物理法、专家咨询法等,进行资源潜力估算。

确定优选原则,将预测区划分为 A、B、C 三类。

(5)综合评价。根据资源潜力的数量、质量、空间分布,开展技术概略评价;分析预判矿产资源潜力开发利用以后可能对所在区域在物质生活条件、经济社会发展、生态环境改善及资源安全保障等方面产生的潜在影响,开展经济环境概略评价。

(6)编制××省×矿种(组)预测成果图。分矿种(组)编制预测成果图。以最新编制的成矿规律图为底图。图件比例尺及投影参考表 7-6。图面内容应包括:矿产地(矿点、矿化点)图层(.wt),成矿区(带)界线(.wl),提取有关的地球化学、地球物理、遥感、重砂等预测要素,以及其他可帮助预测的异常要素,A、B、C 类预测区图层(.wp)。图示图例要求见图 7-6。

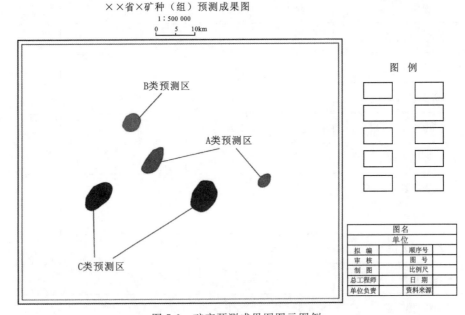

图 7-6　矿产预测成果图图示图例

预测区图层(.wp)需挂属性,属性内容同××省×矿种(组)预测成果数据表,数据项同表 7-7。

(7)编写《××省×矿种(组)潜力评价成果图说明书》。

《××省×矿种(组)潜力评价成果图说明书》编写格式及要求见本章附件 4。

五、省级潜在矿产资源调查成果编制

(一)战略布局与规划研究

以突出重点、兼顾一般、突出当前、考虑长远为原则,使用新思想、新理论、新方法和新手段,综合研究省内各类矿产资源情况;分析各类功能区(生态红线区)与预测区的重叠情况;通过梳理、核实各类主体功能区内资源潜力,全面掌握各类保护区、生态红线范围可能占用的资源潜力情况,评价重叠矿产资源的重要性,进行比较效益分析。

1. 编制省级矿产勘查工作部署图

将所有矿种的潜力评价成果综合在一起,以最新版的地理图为底图,编制《××省矿产资源勘查工作部署图》。图面内容包括:成矿区(带)界线、各类功能区边界、综合找矿勘查部署区、规划的综合资源基地。

2. 编写《××省矿产资源勘查工作部署图说明书》

《××省矿产资源勘查工作部署图说明书》编写格式及要求见本章附件5。

(二)编制省级矿产资源潜力动态评价报告

根据调查结果,编制《××省矿产资源潜力动态评价报告》,报告中要对全省潜在矿产资源的调查过程及结果进行说明和评述。报告提纲及要求见本章附件6。

六、提交成果

(一)省级成果

矿产资源潜力评价工作结束后,需要提交的成果除了图件外,还包括图件说明书和附表。
(1)动态更新的资源潜力成果数据表及图层(电子数据)。
(2)《××省×矿种(组)预测成果图》及图件说明书。
(3)《××省矿产资源勘查工作部署图》及图件说明书。
(4)《××省矿产资源潜力动态评价报告》。

(二)全国成果

提交全国潜在矿产资源试点调查报告,如附件1所示。

附件1 矿区(矿产地)查明资源储量调查表及填表说明

一、矿区基本信息							
矿区编号		矿区名称		矿产地编号		矿产地名称	
勘查阶段		矿区拐点坐标		矿区储量计算坐标			
可利用情况		未利用原因		矿床名称		矿床类型	
二、未利用基本信息							
主矿种				共伴生矿产			
累计查明资源储量				保有资源储量			
矿石类型		矿产组合		品位		品质	
压覆性质		压覆区拐点坐标		压覆量		残留	

续附件 1

三、矿山基本信息							
矿山名称		采矿许可证号		采矿权人		矿山编号	
生产状态		主矿种		共伴生矿产			
累计查明资源储量				保有资源储量			
矿石类型		矿产组合		品位		品质	
勘查区块面积		中心点X坐标		中心点Y坐标		矿权拐点坐标	
主要矿体特征		最低标高		最高标高		三维矿体拐点	
储量估算拐点坐标		资源储量计算面积		最低标高		最高标高	
开采方式		剥离系数（剥采比）		矿山生产三级矿量			
矿山勘查增减量				矿山重算增减量		开采消耗量	
采区回采率		选矿回收率		综合回收率			
压覆性质		压覆区拐点坐标		压覆量			
四、需要说明的其他事项							
备注							
技术负责人		审核人		填表日期		公司网站	
填表单位		填表人		联系单位		公司微信公众号	
电子邮箱地址		通信地址（含邮编）					
五、地质资料目录表							
资料名称		提交单位		提交日期		资料来源	
附图名称及数量		附表名称及数量		附件名称及数量		备注	

序号	数据项	填表说明
1	矿区编号	由矿产资源储量登记管理机关统一编号。由9位阿拉伯数字组成，前1、2位为省（市、区）编号，第3、4位为市（地、州）编号，第5、6位为县（市、区）编号，第7至9位为县（市、区）行政区内矿区顺序号。一个矿区有多种矿产，均采用同一个矿区编号。矿区编号为永久编号，给定后不得修改变更
2	矿区名称	填写最近一次提交并已评审通过的矿产资源储量报告中所使用的矿区（井田）名称。名称前一般要冠以县（市、区）名，如五台县天河铝土矿区。如果矿区跨行政区，可不冠以县（市、区）名，但要冠煤田或矿产地名称，如河东煤田北部普查区

续附件1

序号	数据项	填表说明
3	矿产地编号	参考矿区编号给出，前面加"DQR-"（待确认的首字母）
4	矿产地名称	
5	勘查阶段	填写经评审通过的矿产资源储量报告中表述的勘查工作阶段，包括预查、普查、详查或勘探（精查）
6	矿床名称	矿产资源储量报告（或勘查报告）中所确定的矿床的名称
7	矿床类型	矿产资源储量报告（或勘查报告）确定的矿床类型。如果有些矿产的矿床类型划分到亚类，还应填明亚类
8	矿石类型	按储量库中矿石类型填写
9	矿产组合	按单一矿产、主要矿产、共生矿产、伴生矿产填写。其中： A. 单一矿产：指一个矿区内仅一种矿产查明资源储量。 B. 主要（主采）矿产：指同一矿区内有多种矿产已查明资源储量，其中作为主要开采对象的一种矿产。 C. 共生（共采）矿产：指同一矿区内有多种矿产已查明资源储量，其中不属于主要矿产但平均品位达单独开采工业指标要求的矿产。 D. 伴生（副采）矿产：指同一矿区内有多种矿产已查明资源储量，其中平均品位未达到单独开采工业指标要求的矿产
10	品位	入选品位：填写入选矿石的平均品位及单位。 精矿品位：填写经选矿作业后各种精矿产品的平均品位及单位。 尾矿品位：填写经选矿作业后尾矿的平均品位及单位
11	品级	采矿所依据的地质勘查报告中相应矿产的矿石工业类型、品级（牌号）一致
12	可利用情况	指上述勘查阶段工作后，矿区可怎样利用，填写以下6类中的一类。第一类：可供矿山建设设计，并已列入国家或地方建设计划的矿区填写"计划近期利用"；第二类：可供矿山建设设计，而未列入国家或地方建设计划的矿区，但内外部利用条件较好，建议近期利用的矿区，填写"推荐近期利用"；第三类：未达到矿山建设设计要求，但内外部建设条件较好的矿区，只因矿床复杂或矿床规模太小，可供边探边采，填写"可供边探边采"；第四类：尚未达到矿山建设设计要求，但值得进一步工作的矿区，填写"可供进一步工作"；第五类：已达到可供矿山建设设计要求，但由于内外部条件差等原因，近期难以利用的矿区，填写"近期难以利用"；第六类：未达到矿山建设设计要求，但由于内外部条件差等原因，近期不宜进一步工作，填写"近期不宜进一步工作"
13	规划状况	参考储量库中"规划情况"填写

续附件1

序号	数据项	填表说明
14	未利用原因	对于可利用情况属于第五类"近期难以利用"和第六类"近期不宜进一步工作"的矿区，须填写原因，具体分类如下：A. 交通困难；B. 缺水；C. 缺电；D. 矿石品位低或有害组分高；E. 矿石选冶难；F. 矿体(矿层)埋藏深；G. 矿石综合利用未解决；H. 污染环境；I. 建设项目压矿；J. 自然保护区、旅游区或后来成为军事禁区；K. 矿体规模小而分散；L. 水文地质、工程地质条件复杂；M. 地质构造复杂；N. 农田覆盖，不宜露采；O. 政府因素(如规划为禁采、储备)及其他。在上述15个原因中，按主次程度，选择1~3个原因填写，例如"近期难以利用(交通困难、缺电)"
15	矿山编号	按储量库中矿山编号填写
16	生产状态	说明矿山生产、停办(停产)及其原因(政策性关闭、亏损、闭坑)
17	资源储量类别	按未利用、占用、压覆、残留等状态填写
18	资源储量类型	填写矿产资源储量各类型所对应的编码。固体矿产资源储量分为储量、基础储量、资源量三大类共16种类型
19	主要矿体特征	选择一个最有代表性的主要矿体(矿层)，依次填写其名称(或编号)、形态及长度、宽度(延深)、厚度等规模指标，并填写其倾向、倾角、最小及最大埋深和该主要矿体(矿层)的资源储量占全矿区资源储量的百分比(%)。主要矿体(层)的长度、宽度(延深)、厚度及倾向、倾角，可填写平均值
20	勘查区块面积、最低标高、最高标高	填写勘查许可证划定的勘查区块各拐点圈定范围的水平投影面积(精确到$0.1km^2$)及最低、最高地面海拔高度(单位为m)
21	储量估算拐点坐标	填写矿区储量计算图形的边界拐点坐标值(X,Y)；各边界拐点按顺时针方向编号(如1、2、3、…)，依次排列。如果该图形由两个或两个以上独立几何图形组成，应对各独立几何图形依次进行标识(如Ⅰ、Ⅱ、Ⅲ，或铁矿)，并将各几何图形的边界拐点坐标按顺时针单独进行编号排列。 对于矿区储量计算范围坐标，可以是一个多边形，也可以是几个多边形。多边形允许存在多个挖空区，"0,0"表示主多边形，"-1,0"表示挖空区。一般情况下，矿区储量计算范围坐标是一个主多边形，可能包含几个挖空区。矿区储量计算范围坐标在数据库中的存储格式为："多边形个数，点数，$X1,Y1,…,Xn,Yn,0,0,0$，点数，$X1,Y1,…,Xm,Ym,-1,0,0$"
22	中心点坐标	填写矿区中心点的经纬度坐标或大地直角坐标。经纬度按度、分、秒填写，经度7位，纬度6位；大地直角坐标统一按高斯3°带坐标填写，X填7位，Y填8位(前两位为带号)，精确到m
23	资源储量计算面积、最低标高、最高标高	填写计算资源储量的各矿体水平投影的叠合面积(叠合部分只计算一次，精确到$0.1km^2$)及矿体最大埋深、最小埋深的海拔高度(单位为m)

续附件1

序号	数据项	填表说明
24	开采方式	指从地表或地下采出矿石的方法,分为露天、地下、露天-地下(联合开采)3种
25	剥离系数(剥采比)	指矿床露天开采时,剥离的废石(上覆岩层、层间夹石)量与采出矿石量的比值,即平均每采1t(或1m³)矿石所需要剥离的废石量(t或m³)
26	矿山生产三级矿量	按开拓矿量、采准矿量、备采矿量分别填写
27	矿山增减量	包括勘查增减量、重算增减量
28	累计查明	指填报单元内,历次地质勘查工作及生产探矿所查明的资源储量总和。每年因地质勘查、重算及其他原因而引起资源储量有增减时,累计查明资源储量也应做相应的增减。但不扣除地质勘查工作后的开采量、损失量。累计查明资源储量等于上年末累计查明资源储量数字加上当年度因地质勘查、重算及其他原因增减的数量而得出的数值。与各栏的平衡关系为:年末累计查明资源储量＝上年末累计查明资源储量＋勘查增减＋重算增减
29	年末保有	指填报单元内,对应矿产各资源储量类型的矿石量及金属量。是由年初资源储量数值,减去当年度的开采量、损失量(储量除外),加上因地质勘查增减、重算增减的数量,而得出的数值。与各栏的平衡关系为:年末保有资源储量＝年初保有资源储量－开采量－损失量＋勘查增减＋重算增减
30	开采消耗量	矿山开采消耗的资源储量
31	采区回采率	采区回采率
32	选矿回收率	是指矿产的选矿产品(一般为精矿)中所含被回收有用成分的重量占给矿中该有用成分重量的百分数
33	综合回收率	体系综合回收率或综合利用率
34	压覆性质	说明压覆类型是公路、铁路、人工水库还是基础设施等
35	压覆区拐点坐标	体系压覆范围的平面拐点坐标
36	压覆量	填写压覆的查明资源储量

附件2 《矿区(矿产地)查明资源储量调查说明书》编写提纲

1. 概况

说明矿区编号、矿区的行政管辖、位置(位于县城方位、直距)和交通情况。矿区内包含的有效采矿权和探矿权名称及边界拐点号、坐标、采矿标高、面积(采用表的形式,坐标包括经纬坐标和对应直角坐标)。

简述本次调查工作情况,包括收集数据库和资料情况、工作时间、经过和投入工作、完成各项工作量,取得的主要成果(全矿区资源储量)等。说明工作单位、勘查资质证书号、项目负责人、参与项目的技术人员等。

插入附表1　地质资料目录表。

2. 矿区地质简况

简述矿床特征、矿体(矿层)特征、矿石质量、矿石类型和品级、矿床共(伴)生矿产等基本地质特征。

3. 调查结果

(1)查明资源储量。

说明矿区原登记上表的查明资源储量状况,重点是勘查程度、矿床类型、矿体数量、矿种类型及各矿体查明资源储量。插入附表2。

(2)占用资源储量。

如果矿区有有效矿业权,则说明有效采矿权占用的资源储量,重点是矿山编号、保有资源储量、开采深度等。插入附表3。

(3)压覆资源储量。

如果有压覆,则说明压覆类型、压覆主体、压覆范围拐点坐标、压覆资源储量等。插入附表4。

(4)未利用资源储量。

矿区如有未利用资源储量,则说明其类型(未利用、闭坑残留、政策性关闭等)、数量、质量、结构、埋深等,并对其可利用性进行简要说明。

4. 存在问题

附件3　《××省(区、市)查明矿产资源试点报告》编写提纲

××省(区、市)查明矿产资源试点报告

1. 概况

说明试点任务来源、试点矿种、试点工作部署、试点结果等。

2. 试点工作内容

3. 试点工作流程

简述试点工作的组织、具体做法。

4. 试点结果

5. 试点工作总结及建议

从调查所需人力、经费和时间、技术要求的可操作性、数据收集的渠道、调查汇总方式、成果表达展示方式等方面发现问题,总结经验,提出建议。

第七章 矿产资源国情调查

附件4 《××省×矿种(组)潜力评价成果图说明书》编写提纲

××省×矿种(组)潜力评价成果图说明书

一、任务来源、编图范围、主要编图人员

二、区域成矿规律(简述)

(一)区域地质演化与构造分区
(二)与×矿种(组)成矿有关的地层、构造、岩浆岩,区域成矿期次,成因类型等
(三)与×矿种(组)成矿有关的地球物理、地球化学、遥感、重砂特征

三、潜力评价

(一)找矿要素
(二)成矿规律分析及预测

四、××省×矿种成矿远景分析及规划部署建议

附件5 《××省矿产资源勘查工作部署图说明书》编写提纲

××省矿产资源勘查工作部署图说明书

一、概述

编图范围、主要编图人员。

二、省矿产资源特征

省范围内主要矿种、主要类型、分布及产出特征。

三、综合勘查部署建议

部署原则。
找矿勘查工作部署区概况(列表)。
资源基地建议及概略的建设方案。

附件6 《××省矿产资源潜力动态评价报告》编写提纲

××省矿产资源潜力动态评价报告

一、概况

任务来源、调查依据(资料情况)等。

二、矿产资源状况

包括原有查明资源及预测资源潜力的数量、质量、分布等。

三、资源潜力动态变化情况

(1)潜在资源量(334)？的调查结果、分布情况等。

(2)对于《全国重要矿产资源潜力评价》中已评价的矿种，要明确新增查明资源量及预测资源潜力的数量、质量、分布等的变化情况。明确矿种(组)的预测区(位置)及潜在资源量的变化情况，并对变化原因做简要说明，就该变化对区域地质、经济、环境的潜在影响做概要分析。

(3)省内选择开展资源潜力评价的矿种，写明选择依据、预测的结果及概略的可利用性评价。

四、战略布局与规划研究

结合省内经济发展和生态发展需求，通过综合研究，研编省级矿产资源统筹开发利用和节约保护方案，提出省内矿产资源勘查部署工作建议以及未来资源基地规划建议。

参考文献

陈忠新，2019. 查明矿产资源调查重点与难点分析[J]. 世界有色金属(8)：253,256.

郭敏，赵军伟，赵恒勤，2020. 珍惜矿产资源 科学规划开发路线图：谈矿业产业发展规划的作用、意义及编制[N]. 中国矿业报，2020-04-22(10).

李平. 矿产资源"双循环"需要行稳致远[N]. 中国矿业报，2021-01-14(1).

沈凌，2003. 中国矿产资源的特点及可持续发展战略[J]. 科技进步与对策(13)：45-46.

杨木壮，林媚珍，等，2014. 国土资源管理学[M]. 北京：科学出版社.

赵腊平. 中国共产党与矿业的不解之缘[N]. 中国矿业报，2021-10-21(002). DOI：10.28106/n.cnki.nckyb.2021.002003.

中华人民共和国自然资源部，2020. 中国矿产资源报告(2020)[M]. 北京：地质出版社.

中华人民共和国中央人民政府网. 加强矿产资源合理利用和保护管理，为科学发展提供稳定安全资源保障[EB/OL]. http://www.gov.cn/ldhd/2007-02/15/content_527975.htm.

中华人民共和国国务院. 中华人民共和国矿产资源法实施细则〔1994〕152号[EB/OL]. [1994-03-26]. http://www.gov.cn/zhengce/2020-12/26/content_5575072.htm.

第八章 海洋资源调查

第一节 海洋资源含义、类型及特征

一、海洋资源含义及其类型

(一)海洋资源的含义

海洋资源通常有广义和狭义两种说法。广义的海洋资源指凡是与海洋有关的物质、能量和空间都属于海洋资源的范畴,如海底地热、海底隧道、海滨浴场以及海水中的各种资源。狭义的海洋资源是指来源、形成和存在方式都直接与海水相关的物质和能量,如海水中生长的动植物,海水里存在的各种化学元素,海水运动所具有的能量,海底埋藏的各种液态和固态的矿产等。一般来说,海洋资源是指在海洋内外营力作用下形成并分布在海洋区域内的,在现今和可预见的将来,可供人类开发利用并产生经济价值,以提高人类当前和将来福利的物质、能量和空间等(杨木壮等,2014)。

(二)海洋资源类型

海洋资源种类繁多,依其自然属性首先分为海洋物质资源、海洋空间资源和海洋能源三大类,而后再按其他属性进一步细分为若干类(表8-1)。

二、海洋资源的特征

(一)海洋资源分布广、数量大

世界上85%的鱼类资源来自海洋,95%的钻石、90%的金红石、90%的金刚石、80%的独居石、75%的锡石均来自滨海砂矿。海水中含有地球上已知100多种元素的80多种;海水中的黄金总量相当于陆地储量的170多倍,银相当于陆地储量的7000多倍。目前世界海洋油气探明可采储量约为1 802.53亿t油当量,占全球含油气盆地总储量的35.8%(江文荣等,2010)。

(二)海洋资源开发潜力大

海洋给人类提供的食物相当于陆地全部农产品的1000倍,但目前对海洋生物的利用还不到1%。海洋潮汐能的蕴藏量约为27亿kW,波浪能约为(10~100)亿kW,海流能约为50

亿 kW,盐度差能约为 26 亿 kW。这些能量相当于现今地球上全部动、植物生长所需能量的 1000 多倍,但目前仅开发了其中的一小部分。

表 8-1　海洋资源分类及其利用举例

分类			利用说明
海洋物质资源	海洋非生物资源	海水本身资源	海水养殖、海水淡化利用
		海水中溶解物质资源	晒盐,提取卤元素、钾、镁、铀、锂、氘等
		海底矿产资源	石油、天然气、煤、天然气水合物、滨海砂矿、海底多金属结核结壳、海底热液矿床等
	海洋生物资源	海洋植物资源	海带、紫菜、红树林等
		海洋动物资源	鱼类、海龟、海鸟、海兽、贝类、甲壳类、头足类及海参、海蜇等
海洋空间资源		海岸与海岛空间资源	港口、海滩、潮滩、湿地等
		海面/洋面空间资源	海运通道、海上建筑、海上旅游和体育运动
		海洋水层空间资源	潜艇和其他民用水下交通工具运行空间
		海底空间资源	海底隧道、海底通信线缆、海底运输管道、海底倾废场所等
海洋能源		海洋潮汐能	通过技术手段可转换为电能,是不会枯竭的无污染能源
		海洋波浪能	
		潮流/海流能	
		海水温差能	
		海水盐度差能	

(三)海洋资源的有限性和脆弱性

一方面,海洋资源虽然数量巨大,但有些资源亦属于不可再生资源,如油气资源和海底矿产。随着陆地矿产资源的日益减少,滨海砂矿也会随之减少。另一方面,近海生态脆弱,海域赤潮发生日趋频繁,海洋生态系统迫切需要得到保护。

第二节　海洋生物资源调查

一、海洋生物资源类型

(一)游泳动物

游泳动物是指具有发达的运动器官,在水层中能克服水流阻力自由游动的动物。包括鱼类、哺乳动物(如鲸、海豚、海豹)、爬行动物(如海蛇、海龟)、软体动物(如乌贼、章鱼)和一些大型虾类(如对虾、龙虾)等。

（二）底栖生物

底栖生物是指栖息在海洋基底表面或沉积物中的生物。包括底栖植物（几乎全部大型藻类和红树等种子植物），底栖动物（海绵、腔肠、环节、线形、软体、甲壳、棘皮、脊椎等门类均有底栖种）。依个体大小分为大型底栖生物和小型底栖生物，凡被孔径为 0.5mm 套筛网目所阻留的生物，称为大型底栖生物；凡能通过孔径为 0.5mm 套筛网目，而被孔径为 0.042mm 套筛网目所阻留的生物，称为小型底栖生物。

（三）浮游生物

浮游生物是指缺乏发达的运动器官，没有或仅有微弱的运动能力，悬浮在水层中，常随水流移动的生物。包括浮游植物和浮游动物两大类。浮游植物种类较为简单，大多是单细胞植物，其中硅藻最多，还有甲藻、绿藻、蓝藻、金藻等。浮游动物种类繁多，结构复杂，包括无脊椎动物的大部分门类，如原生动物、腔肠动物（各类水母）、轮虫动物、甲壳动物、腹足类软体动物（翼足类和异足类）、毛颚动物、低等脊索动物（浮游有尾类和海樽类），以及各类动物的浮性卵和浮游幼体等。其中以甲壳动物，尤其是桡足类最为重要。还有一类浮游单细胞生物兼有植物和动物的基本特征（具能动的鞭毛，兼备自养和异养的能力），植物学家把它列为甲藻门鞭毛藻类，动物学家把它归入原生动物门鞭毛虫纲。

（四）鱼类浮游生物

鱼类浮游生物是指漂浮或悬浮在水体中的鱼卵、仔鱼、幼鱼等动物。

（五）潮间带生物

潮间带生物是指生活在潮间带底表的植物，以及生活在潮间带底表与底内的动物。

二、调查技术方法

（一）游泳动物调查

1. 调查对象

调查对象主要包括浅海、港湾等水域的海洋鱼类、虾类、蟹类、头足类等。

2. 调查要求

（1）调查时间及频次。通常应该每月（至少每季度）调查 1 次，如有特殊情况可酌情调整调查次数。一般以 5 月、8 月、11 月和 2 月代表春季、夏季、秋季和冬季。

（2）工具与器材。GPS 定位仪、望远镜、数码相机、地图、浮游生物网、网口流量计、各种网具、样品瓶、深水温度计，以及个人用品等。

（3）样区设置。根据调查对象群体的不同生活阶段（产卵、索饵、越冬）确定调查时间和调查范围。定点调查站位通常应采用网格状均匀点法，按经纬度布站，也可选择不同的主要渔场、不同的资源密度分布区或不同等深线分布区设置断面定点站位。在保证安全的条件下要选顺风、顺流且航距最短的经济航线。

(4)采样。

①水生生物调查现场采样时,应避开调查船的排污口。

②使用专业规定的网具或采样器,严格操作程序,注意网具或采样器工作状态,遇异常情况应立即采取有效措施或重新采样。

③放网的位置要综合拖速、拖向、流向、风向和风速等多种因素,在距离标准站位位置2~4海里(1海里=1.852km)时放网,经1h拖网正好达到标准站位置或附近。

④拖网时尽可能保持拖网方向朝着标准站位,维持正常的拖网速度。

⑤起网时要准确记录船位,且把每站渔获要素记录在表中。

(5)定点站位每站拖网时间为1h,拖网速度应根据调查对象和船的性能综合考虑,调查中小型底层鱼类以2~3kn为宜,调查游泳能力强的大型底层鱼类(鳕鱼等)和中上层鱼类以3~4kn为宜。

3. 调查内容

(1)种类组成。

(2)数量分布。

(3)生物学特点:包括栖息环境、产卵场、年龄、生长等。

(4)种群结构:包括性比、性成熟年龄、种群年龄组成等。

(5)受威胁现状:包括水环境污染、栖息地破坏、滥捕等。

(6)分布特征:时空变化等。

(7)资源量。

4. 调查方法

(1)捕捞法。利用合适的网具在雨季和旱季分别对选择的水域进行捕捞,调查记录鱼类的种类和数量并采样分析。在雨季和旱季分别对选择的水域的主流、缓流、急流、支流等各种典型的栖息环境,利用合适的网具进行捕捞,调查记录鱼类的种类和数量并采样分析。

(2)访问与市场调查法。通过对农户、当地科技人员、相关专家等知情人进行访问或座谈等形式填写设计好的访谈表来掌握物种的相关信息。因时间、季节等因素的限制,调查者可以通过与水产部门、渔民及相关管理人员进行座谈,获得相应资料。查明一些物种的地方名、分布、数量及在当地被利用的情况等。

5. 标本收集与鉴定

调查过程中要注意收集标本及其他相关资料,保留作为凭证,以备核查。

渔获物样品分析必须鉴定到种,记录各种类的名称、重量、尾数、样品中最小及最大体长和最小、最大体重等。

6. 调查结果整理与分析

1)种类组成分析

分析统计鱼类、虾类、蟹类、头足类的种类组成,分析各类游泳动物的高级分类阶元多样性。

2)特有性分析

分析不同海区、不同生境的代表性种类的组成和时空分布特点。

3)资源分析

(1)种类(中文名、拉丁名)。

(2)数量。

(3)长度范围。

(4)体重范围。

(5)栖息环境(觅食水域、产卵场等)。

(6)食性。

(7)种群结构(包括性比、性成熟年龄、种群年龄组成等)。

(8)渔获量。

(二)底栖生物调查

1. 调查对象

调查对象主要包括浅海、港湾等水域的海洋底栖生物物种。

2. 调查要求

(1)调查时间及频次。通常应该每月(至少每季度)调查1次,如有特殊情况可酌情调整调查次数。一般以5月、8月、11月和2月代表春季、夏季、秋季和冬季。

(2)工具与器材。GPS定位仪、望远镜、数码相机、地图、网口流量计、各种网具、底质采样器、漩涡分选装置、离心、干燥、冷藏和烘干设备、样品瓶、深水温度计、沉淀器,以及个人用品等。

(3)采样。使用专业规定的网具或采样器,严格操作程序,注意网具或采样器工作状态,遇异常情况应立即采取有效措施或重新采样。

①采泥样。使用合适规格的采泥器,按要求取样和处理,进行鉴定、计数及室内分析。每站所取样品个数取决于采泥器规格,采用面积为 $0.05m^2$ 的采泥器,每站采5个平行样品;采用 $0.1m^2$ 的采泥器,每站采2~4个平行样品;采用 $0.25m^2$ 的采泥器,每站采1个或2个平行样品。采集的样品用漩涡分选装置淘洗,然后通过3层不同孔径的套筛(上层2.0mm,中层1.0mm,下层0.5mm),保留套筛上的生物及残渣。

②拖网采样。使用专业规定的网具采样,记录、收集样品,带回室内进行鉴定、记录、分析。底栖生物拖网绳长一般为水深的3倍,近岸浅水区为水深3倍以上,拖网时间为15min;水深1000m以上的深海,拖网绳长为水深的1.5~2.0倍,拖网时间为30min~1h。

③取芯样。对于小型底栖生物,用有机玻璃管从取样器中采芯样(再采样),进行鉴定、记录、分析,也可潜水取样。小型底栖生物从取样器取芯样,必须是未受扰动的采泥样品。每站按工作需要取芯样2~4个。芯样长度为10cm,采样位置必须离开取样器边缘至少2cm,也可潜水取样。

3. 调查内容

(1)种类组成及多样性。

(2)数量分布。

(3)栖息密度。

(4)生物量。

(5)优势类群的种类组成、群落结构。

4. 调查方法

(1)底质采样法。根据水体深度及取样性质,选用合适规格的采泥器采取泥样,经淘洗后,分装、固定后带回室内鉴定、分析。

(2)拖网法。航向稳定后,根据水体深度确定拖网绳长和拖网时间,进行取样,按类别、个体大小、柔软脆弱和坚硬带刺者分别装瓶,妥善固定后带回室内鉴定、计数、测定生物量等。

(3)采芯样法。对于小型底栖生物,用有机玻璃管从取样器中采芯样。

5. 标本收集与鉴定

在调查过程中注意收集标本,并记录相关信息,保留作为凭证,以备核查。

采泥样品用中性甲醛或者乙醇固定,返航后及时处理采泥和拖网样品,按照分类系统编号,进行种类鉴定、计数、生物量测定。标本鉴定要请分类学家协助完成。

6. 调查结果整理与分析

(1)种类组成及多样性。

(2)栖息密度。

(3)优势种类。

(4)生物量。

(三)浮游生物调查

1. 调查对象

调查对象主要包括浅海、港湾等水域的海洋浮游生物物种。

2. 调查要求

(1)调查时间及频次。通常应该每月(至少每季度)调查1次,如有特殊情况可酌情调整调查次数。一般以5月、8月、11月和2月代表春季、夏季、秋季和冬季。

(2)工具与器材。GPS定位仪、望远镜、数码相机、地图、浮游生物网、采水器、网口流量计、各种网具、样品瓶、深水温度计、沉淀器,以及个人用品等。

(3)采样。使用专业规定的网具或采样器,严格操作程序,应避开调查船的排污口,同时注意网具或采样器工作状态,遇异常情况应立即采取有效措施或重新采样。

①浮游生物拖网。使用专业规定的网具采样,记录、收集样品,带回室内进行鉴定、记录、分析。水深大于200m的海区拖网深度为200m,水深不足200m的海区从底至表拖曳;水深大于50m的每3h采样一次,共采9次;水深大于50m而采样深度在500m以浅的每4h采样一次,共采7次,亦可视情况而定;采集深度大于500m的采集间隔时间和采集次数视具体情况而定。

②浮游生物采水样。根据调查对象及要求,选用合适规格的采水器,采水样对其进行处理、分析。浮游植物采水样时,水深大于200m的海区,每次采水不少于1000cm^3;水深小于200m的海区不少于500cm^3;发生富营养化或赤潮海区视具体情况而定,一般每次采水100cm^3;浮游动物采水样时,采水量依据动物的密度确定,一般调查控制在1~50dm^3之间。在浮游动物丰富的内湾和发生动物性赤潮的水域,采水量为100cm^3。

③海上采样一般只采单样,落网速度为0.5m/s,起网速度为0.5~0.8m/s。现场调查时,

垂直拖网(尤其是起网过程中)不得停顿,钢丝绳倾角不得大于45°。

3. 调查内容

(1)种类组成。

(2)数量分布(时间、空间分布)。

4. 调查方法

(1)采水样法。本方法主要是针对微、小型生物的调查。依据调查对象、水体深度和具体情况,选择合适容积的采水器,取水样进行种类鉴定、个体计数和分析。

(2)拖网采样法。根据调查内容、站数、层次,确定采样数量,选用适当规格的网具,收集、固定样品进行种类鉴定、个体计数和室内分析。

5. 标本采集与鉴定

在调查过程中注意收集标本,并记录相关信息,保留作为凭证,以备核查。

各类样品需设置总编号,且要加入标签。水采浮游植物样品用沉降计数法或浓缩计数法鉴定与计数,网采浮游植物用浓缩计数法鉴定与计数。浮游动物测定其生物量。

标本鉴定要请分类学家协助完成。

6. 调查结果整理与分析

(1)种类组成。

(2)数量分布特点(时间和空间分布)。

(四)鱼类浮游生物调查

1. 调查对象

调查对象主要包括浅海、港湾等水域的海洋鱼类浮游生物物种。

2. 调查要求

(1)调查时间及频次。通常应该每年调查2~4次,如有特殊情况可酌情调整调查次数。一般以5月、8月、11月和2月代表春季、夏季、秋季和冬季。

(2)工具与器材。GPS定位仪、数码相机、海拔表、地形图、地图、手持罗盘、浅水Ⅰ型或大型浮游生物网浮游网、网底管、绳子、样品瓶等。

(3)采样。使用专业规定的网具或采样器,严格操作程序,应避开调查船的排污口,同时注意网具或采样器工作状态,遇异常情况应立即采取有效措施或重新采样。

(4)鱼类浮游生物拖网。定性样品一般在海水表层(0~3m)进行水平拖网,拖网时间为10~15min,船速控制在1~2kn。

定量样品由海底至海面垂直或倾斜拖网。落网速度为0.5m/s,起网速度为0.5~0.8m/s。也可以用定性采样的方法进行,但网口需要系流量计。

3. 调查内容

(1)种类组成。

(2)数量(栖息密度、生物量或现存量)。

4. 调查方法

采用拖网采样法。采取水平拖网或斜拖的方式。

5. 标本采集与鉴定

在调查过程中注意收集标本及其他相关资料。各类样品需要设置总编号，且要加入标签。妥善保存，保留作为凭证，以备核查。鱼卵鉴定到种比较困难的种类应当鉴定到属或科。

6. 调查结果整理与分析

(1)种类组成。

(2)数量。

(3)生物量。

(4)分布特点(时间和空间分布)。

(五)潮间带生物调查

1. 调查对象

调查对象主要包括浅海、港湾等水域的海洋潮间带生物物种。

2. 调查要求

(1)调查时间及频次。通常应该每年调查2~4次，如有特殊情况可酌情调整调查次数。一般以5月、8月、11月和2月代表春季、夏季、秋季和冬季。

(2)工具与器材。GPS定位仪、望远镜、数码相机、地图、底质采样器、漩涡分选装置、离心、干燥、冷藏和烘干设备、样品瓶、沉淀器，以及个人用品等。

(3)采样。使用专业规定的网具或采样器，严格执行操作程序，注意网具或采样器工作状态，遇异常情况应立即采取有效措施或重新采样。

(4)采样点及强度。

①应选择具有代表性的、滩面底质类型相对均匀、潮带较完整、无人为破坏或人为扰动较小且相对稳定的调查地点或断面。

②在调查海区，选择不同生境(如泥滩、泥沙滩、沙滩和岩石岸)的潮间带断面(不少于3条断面)，每条断面不少于5个站(通常在高潮区布设2个站、中潮区布设3个站、低潮区布设1个站或2个站)。

③通常按一年4个季度进行调查，潮间带生物采样必须在大潮期间进行或在大潮期间进行低潮取样，小潮期间再进行高、中潮区的取样。

④硬相(岩石岸)生物取样，用25cm×25cm(在生物密集区，采用10cm×10cm)的定量框取2个样方；软相(泥滩、泥沙滩、沙滩)生物取样，用25cm×25cm×30cm的定量框取4~8个样方。同时进行定性取样与观察。定性取样在高潮区、中潮区和低潮区至少分别取1个样品。

3. 调查内容

(1)种类组成。

(2)数量(栖息密度、生物量或现存量)。

(3)水平分布和垂直分布。

4. 调查方法

底质采样法。在选定的底质相对均匀、潮带较完整的潮滩区选择调查地点或断面，根据潮区性质、生境和调查目的在合适的时间设定一定数量的样方，用采样器或定量框取样进行调查分析。

5. 标本采集与鉴定

在调查过程中注意收集标本及其他相关资料。在实验室内对样品进行记录,并对样品进行分离登记,并鉴定、称重、妥善保存,保留作为凭证,以备核查。

6. 调查结果整理与分析

(1)种类组成。

(2)栖息密度。

(3)生物量。

(4)空间分布特点。

第三节 海洋空间资源调查

一、海洋空间资源类型

(一)海岸线、滩涂资源

海岸线是处于水域、陆域结合地带的一种特殊资源。在地理学中,海岸线被定义为"陆地沿海的外围线,亦即海水面与陆地接触的分界线,其位置随潮水的涨落而变动,也因海陆分布的变化而变化"(赵梦等,2015)。海岸线包括自然岸线、人工岸线和河口岸线。其中,自然岸线包括砂砾质岸线、淤泥质岸线、基岩岸线、红土岸线等类型,人工岸线包括海堤、防潮闸、码头、船坞、道路及其他类型人工岸线。海岸线分类与说明参见表 8-2。

表 8-2 海岸线分类与说明

分类			说明
自然岸线	基岩岸线	原生基岩岸线	由海陆相互作用形成的海岸线,包括原生砂砾质岸线、淤泥质岸线、基岩岸线、红土岸线,以及自然恢复或整治修复后具有自然岸滩形态特征和生态功能的海岸线(生态功能的恢复或修复主要是指物种多样性的恢复或修复)
		自然恢复的基岩岸线	
		整治修复的基岩岸线	
	砂砾质岸线	原生砂砾质岸线	
		自然恢复的砂砾质岸线	
		整治修复的砂砾质岸线	
	淤泥质岸线	原生淤泥质岸线	
		自然恢复的淤泥质岸线	
		整治修复的淤泥质岸线	
	红土岸线		

续表 8-2

分类		说明
人工岸线	海堤	由永久性人工构筑物组成的岸线
	码头	
	船坞	
	防潮闸	
	道路	
	其他类型人工岸线	
河口岸线	河口岸线	入海河口两岸在水域的连续线

海洋滩涂系指大潮时，高潮线以下，低潮线以上，亦海亦陆的特殊地带。我国海洋滩涂总面积 217.04 万 hm^2，是开发海洋、发展海洋产业的一笔宝贵财富。滩涂不仅是一种重要的土地资源和空间资源，而且本身也蕴藏着各种矿产、生物及其他海洋资源。滩涂资源用途很广，主要有以下 5 个方面：

(1)可以开辟盐田，是发展盐化工原料基地的好场所。我国有盐场 50 多个，盐田总面积 33.7 万 hm^2，年产量达 2000 万 t，是世界第一产盐大国，其中 80% 为海盐。

(2)围海造地，增加耕地面积。我国沿海地区人口稠密，耕地稀少的矛盾尤为突出。中华人民共和国成立以来，在辽河口、渤海湾、苏北、杭州湾、珠江口等地进行了大量围垦，总面积达 1000 万亩以上。这些地方现已成为重要的粮棉生产基地及热带水果生产基地。

(3)发展滩涂水产养殖业。我国水产养殖面积已达 16.4 万 hm^2，主要养殖对象有扇贝、牡蛎、蚶、蛤等贝类及海带等。

(4)填筑滩涂，解决沿海城市、交通及工业用地问题。这是改革开放以来，解决沿海城市和经济开发区非农业用地问题的重要途径。如上海金山化工总厂，占地 10 多平方千米，有 2/3 建在滩涂上，节省了大量征地费用，还有浙江秦山核电站、上海浦东新机场、杭州与舟山新机场，以及数以万计的大、中、小企业，也在围涂的"新大陆"上兴建起来。

(5)海涂是发展海洋旅游业的重要场所，无论是沙质海滩，还是泥质滩涂，都可发展具有特色的滨海旅游业。

(二)海洋交通运输资源

《全国海洋功能区划(2011—2020 年)》规定，港口航运区是指适于开发利用港口航运资源，可供港口、航道和锚地建设的海域。

1. 港口用海

港口用海是指供船舶停靠、进行装卸作业、避风和调动等使用的海域，包括港口码头(含开敞式的货运和客运码头)、引桥、平台、港池(含开敞式码头前沿船舶靠泊和回旋水域)、堤坝及堆场等所使用的海域。其中：

(1)填成土地后用于建设堆场、顺岸码头、大型突堤码头及其他港口设施等的海域，用海方式为建设填海造地。

(2)采用非透水方式构筑的不形成围填海事实或有效岸线的码头、堤坝等所使用的海域，用海方式为非透水构筑物。

(3)采用透水方式构筑的码头、引桥、平台及潜堤等所使用的海域，用海方式为透水构筑物。

(4)有防浪设施圈围的港池、开敞式码头的港池(船舶靠泊和回旋水域)等所使用的海域，用海方式为港池、蓄水等。

2. 航道用海

航道用海是指交通部门划定的供船只航行使用的海域(含灯桩、立标及浮式航标灯等海上航行标志所使用的海域)，不包括渔港航道所使用的海域。用海方式为专用航道、锚地及其他开放式。

3. 锚地用海

锚地用海是指船舶候潮、待泊、联检、避风及进行水上过驳作业等使用的海域，用海方式为专用航道、锚地及其他开放式。

二、调查技术方法

(一)海岸带资源调查

1. 调查对象

调查对象主要包括大陆海岸线、海岛海岸线和河口岸线。

2. 调查内容

(1)海岸线类型、位置、属性、长度。

(2)自然岸线保有量(长度)、自然岸线保有率(百分比)。

3. 调查基准

(1)大地坐标：采用 2000 国家大地坐标系(CGCS2000)。

(2)地图投影：采用高斯-克吕格投影。

(3)高程基准：采用 1985 国家高程基准。

(4)深度基准：采用理论最低潮面。

(5)时间基准：××××年 12 月 31 日。

4. 调查比例尺

海岸线调查基本比例尺为 1∶5000。

5. 调查工作底图

采用最新的大比例尺地形图(比例尺不小于 1∶1 万)和高分辨率遥感正射影像图(分辨率优于 1m)，作为海岸线调查工作底图。

6. 调查方法与技术要求

调查方式采用现场调查与遥感调查相结合的方式进行海岸线调查。对人工岸线和砂砾质岸线等人行易通达的岸段进行现场调查,对基岩岸线等人行不易通达的岸段进行高分辨率遥感调查。

1)现场调查方法

(1)调查路线与观测点布设。

海岸线现场调查路线与观测点布设要求如下:

①调查路线沿海岸线布设,观测点选取海岸线拐点、类型分界点、遥感解译验证点等特征点。

②对于直线型海岸线,测点间最大间距不超过200m;对于弧线型海岸线,测点间距应控制在能体现其弧线形态的最小距离内。

③对于折线型海岸线,测点的布设应能体现折线形态;在变化复杂及有特殊现象的岸段,如特殊地貌类型处、海岸侵蚀区、潮间带湿地类型分界点、人为因素对海岸线有特殊影响处等,应加密观测点。

(2)观测内容与记录。沿海岸线进行观测和特征点位置测量,填写大陆海岸线和海岛岸线调查登记表,记录各观测点的岸线位置、类型、属性等,人工岸线应标明岸线的性质、构筑物特征(如海堤的结构、防御等级等),对观测点典型地貌地物应进行数码摄像。

2)遥感调查方法

(1)遥感影像收集。收集亚米级高分辨率航空或卫星遥感影像,成像时间与现场调查基本同期(1年内);遥感影像的总云量不应超过10%,且影像接边处、海岸线区域不得有云;影像清晰,信息丰富,无明显噪声、斑点和坏线;影像格式为标准产品格式或其他能为通用遥感图像处理软件读取的数据格式。

(2)遥感影像处理。遥感影像处理主要包括几何校正处理和影像融合处理,按照《1∶5000 1∶10 000地形图航空摄影测量内业规范》(GB/T 13990—2012)和《国家基本比例尺地图1∶5000 1∶10 000正射影像地图》(GB/T 33182—2016)的相关规定执行。

(3)海岸线信息提取。根据基础资料和其他能收集到的数据资料,结合现场调查数据,建立海岸线遥感影像解译标志库;采用人机交互法,通过遥感影像色调、纹理、尺度和形态等图像特征,提取海岸线信息,包括海岸线位置、类型、属性等。

(4)主要技术指标要求。海岸线调查的主要技术指标如下:

①现场调查海岸线特征点,平面位置中误差不大于1.0m。

②遥感调查海岸线特征点,平面位置中误差应按《国家基本比例尺地图1∶5000 1∶10 000正射影像地图》(GB/T 33182—2016)的要求执行。

③现场数码影像应有坐标位置信息,像素不小于800万,能够反映观测点及周边的地貌地物等特征。

④市、县(市、区)行政区海岸线分界点的调查数据由双方调查人员进行现场比对,确保一致。

7. 海岸线统计分析

1)资料整编

对现场调查记录和遥感解译数据进行整编,形成大陆海岸线和海岛海岸线特征点整编记录表,编制矢量数据集。

2)专题图件

依据海岸线特征点整编记录表,运用地理信息系统软件,绘制海岸线类型分布图,具体要求如下:

(1)比例尺为1∶5000,采用标准分幅,分幅和编号按照《国家基本比例尺地形图分幅和编号》(GB/T 13989—2012)的规定执行。

(2)图件的图式图例按照《国家基本比例尺地图图式 第2部分:1∶5000 1∶10 000 地形图图式》(GB/T 20257.2—2017)和《海洋要素图式图例及符号》(GB/T 32067—2015)的相关规定执行。

3)量算统计

根据1∶5000海岸线类型分布专题图,分别按照各级行政区划单元(省、市、县)进行量算统计,填写相关统计报表;海岸线长度量算单位采用米(m),保留1位小数;海岛面积量算单位采用平方米(m^2),保留2位小数;百分比统计到0.01%。

4)调查统计报告

根据调查工作要求,以县级行政区为最小单元,分别编写大陆海岸线调查统计报告和海岛海岸线调查统计报告,具体内容要求如下。

(1)引言:调查任务的来源、目的,调查区范围和调查内容,调查工作的组织实施,完成的调查工作量和主要成果等。

(2)调查区域概况:调查区域的社会经济和自然环境状况。

(3)调查统计方法与技术:调查方法与技术,室内资料的收集、分析和处理方法,专题图件制作和量算、统计分析方法等。

(4)海岸线现状的统计分析:调查区海岸线类型、长度、分布;调查区大陆海岸线类型、长度、分布;自然岸线类型、长度与分布;自然岸线保有量与自然岸线保有率;调查区海岛类型、数量与面积分布,海岛海岸线的类型、长度与分布,海岛自然岸线保有量与自然岸线保有率。

(5)海岸线变化与围填海状况的分析:与上一期的海岸线调查统计结果进行对比,介绍调查区海岸线变化、海岛数量与面积变化及原因,分析围填海状况。

(6)结论与建议:归纳总结调查统计结果,并对海岸线、海岛的开发、保护与管理提出对策与建议。

(二)港口、航道、锚地资源调查

1. 实地调访

通过对码头、航道单位、当地科技人员、相关专家等知情人进行访问或座谈等形式,填写设计好的访谈表来掌握相关信息,收集港口航道锚地的地理位置,港口航道锚地的性质、归属、港口的吞吐量,航道水深等内容,并进行现场拍照。

2. 资料收集

主要收集各港口资源的工程类型与设计标准、港口规模、地理分布、自然、运营历史沿革等,航道锚地资源的航道水深、航道宽度等(刘阿成等,2007)。

第四节 海洋油气及大洋矿产资源调查

一、海洋油气及大洋矿产资源概况

(一)海洋油气资源概况

我国管辖海域辽阔,发育 26 个大中型沉积盆地。其中,近海盆地 10 个,部分近海盆地油气探明储量可观,许多重点盆地勘探潜力巨大,开发前景广阔(江其勤和周小进,2013)。中国近海水深小于 200m 的大陆架面积有 100 多万平方千米,其中含油气远景的沉积盆地有 7 个:渤海、南黄海、东海、台湾、珠江口、莺歌海和北部湾盆地,总面积约 70 万 km^2,并相继在渤海、北部湾、莺歌海和珠江口等地获得工业油流。根据《2019 年中国海洋经济统计公报》,我国海洋油气增储上产态势良好,其中海洋原油生产增速由负转正,扭转了 2016 年以来产量连续下滑的态势,实现产量 4916 万 t;海洋天然气产量持续增长,达到 162 亿 m^3。海洋油气业全年实现增加值达 1541 亿元。

(二)大洋矿产资源概况

1991 年中国作为在国际海底管理局登记的第 5 个先驱投资者,在太平洋上获得 15 万 km^2 的多金属结核资源开辟区,在辽东半岛、山东半岛、广东和台湾沿岸有丰富的海滨砂矿,主要有金、钛铁矿、磁铁矿、锆石、独居石和金红石等。据目前的勘查成果,区内的多金属结核资源量可满足年产量大于 3000 万 t,开采 20 年的需要。当技术储备到一定阶段时,大洋矿产资源利用将成为一种现实,大洋多金属结核将可能成为现实的工业原料。根据《2019 年中国海洋经济统计公报》,我国海洋矿业发展平稳,海砂、海底金矿开采有序推进,全年实现增加值 194 亿元。

21 世纪是海洋世纪,我国虽然是海洋大国,但还不是海洋强国。与发达海洋国家相比,我国海洋科技总体水平还有较大差距。《国家中长期科学和技术发展规划纲要(2006—2020 年)》已把海洋科技发展提到了新的历史高度,海洋生态与环境保护、海洋资源高效开发利用、大型海洋工程技术与装备等成为重点发展领域的优先主题(杨木壮等,2014)。

二、调查技术方法

(一)海洋油气资源调查

1. 海洋油气勘探阶段划分

海上勘探阶段划分为初步勘探阶段和进一步勘探阶段。
(1)初步勘探阶段包括盆地评价、区块评价与圈闭评价、发现油气藏。
①盆地评价阶段:部署 40~80km 稀测网的地震测量,结合重磁资料进行区域性大地构造分析,深入研究盆地结构,建立盆地构造样式和沉积模式,进行盆地的类比分析,评价盆地的含油气远景,计算盆地的远景资源量,作出是否继续勘探的评价。

②区块评价与圈闭评价阶段:通过地震的加密和高精度的非地震物探,进行勘探区块的划分与评价。主要以区块为对象,进行圈闭分类排队,计算圈闭的资源量并进行风险分析,再通过地震精查,作出新一轮的评价后,实施圈闭初步钻探工作,发现油气田,初步评价储量的商业价值。

(2)进一步勘探阶段,主要通过进一步的钻探工作,扩大含油气面积,并计算油气田的探明储量(庞雄奇,2006)。

2. 海洋油气地质调查

海洋油气地质调查主要是搞清海岸、岛屿和浅滩的地质情况,如在南里海,海底泥火山活动频繁,诸多岛屿、浅滩等由于泥火山喷发而形成。海洋油气地质调查包括以下内容。

(1)潜水地质观察:潜入海底观察海底露头,采集岩石样品,测量地层产状等要素。

(2)海洋航空地质观测:这种工作方法只能在岩性分异良好,基岩直接出露于海底的浅海地区进行,海水的水深一般在 $10 \sim 12m$ 之间。航空摄影的质量受海水透明度、海浪、海面反射光强度等因素的影响。在高质量的航空照片上,可以清晰地确定地层分界线、地层的一些产状要素、断裂、构造、泥火山、气苗等情况。

(3)海洋地貌调查:进行海洋地貌调查的目的是阐明所要研究海域的新构造运动的状况、不同类型海底地貌的成因、海底地貌与新构造运动之间的关系、海底地貌对下一步海洋钻探的影响等问题。

(4)海洋地质制图:进行海洋地质制图工作的主要目的就是编制所要勘探的海区的地质图。

3. 海洋非地震物探方法

(1)海洋地球化学勘探:在海洋环境中应用油气化学勘探技术寻找油气富集区块。在目前的海上油气地球化学勘探中,海底沉积物的地球化学分析已成为不可缺少的组成部分,有时甚至仅靠海底沉积物的地球化学研究来进行地下油气预测。近年,国内外一些石油公司在众多海域进行了大量的油气化探研究,预测区几乎遍及世界各大洲大陆边缘的近海区域。研究内容包括海水溶解烃、游离烃及海底沉积物存留烃,还对海面油膜进行了航空测量。

(2)海洋磁法勘探:在海洋条件下,除了航空磁测外,利用挂在船体尾部水中的核子旋进磁力仪,进行磁力测量工作。为了消除金属船体对磁力仪测量精度的干扰,在海上进行磁力测量工作时,核子旋进磁力仪的传感器距船尾的距离应大于船体长度的 $3 \sim 5$ 倍。为了避免波浪的影响,传感器一般放置于海面下 $2 \sim 3m$ 的深度。为了保持这个深度,对船速要加以控制。为了达到更精确的测量,亦可把磁力仪沉放到海底进行海洋磁力精确测量。

(3)海洋电法勘探:斯伦贝谢公司开发的海洋可控源电磁法的发射偶极由两个电极组成,发射源发射一系列具有任意周期的方波信号,发射源相对于海底的高度,一般在 $10 \sim 50m$ 之间,并由回声探测仪连续监测。定深器和水平电极的深度由测船上的拖缆长度控制。每个海底电磁采集接收系统一般有 $4 \sim 6$ 个道,接收电磁场 $4 \sim 6$ 个分量。

(4)海洋重力勘探:海洋重力仪可分为两大类,即海底重力仪和走航式船舷重力仪。海底重力仪只适用于大陆架浅海区,实际工作水深在 $70 \sim 80m$ 之间。它是在船体上用遥控或遥测方法做海底重力定点测量,其测量精度较高,在水深不超过 $50m$ 时,观测速度较快。海洋油气勘探过程中广泛应用的船舷重力仪是20世纪50年代末发展起来的一项技术。船舷重力仪可在任何海域工作,航行中连续观测,效率很高。随着传感器陀螺平台的不断完善、导航定位系统的日益改进,船舷重力仪的测量精度也有了大幅度的提高。

4. 海洋地震勘探方法

海洋地震勘探是目前在海洋油气勘探过程中应用最广泛的方法之一。在海洋油气勘探的初期,地震震源主要使用的是炸药震源,炸药由于其不安全性和对鱼类资源的巨大破坏性而逐渐被淘汰。现今普遍采用的是非炸药震源,应用最广的是气枪震源和电火花震源。目前三维地震是海洋油气勘探的主要手段。

(1) 滩海与浅海地震。滩海与浅海地区由于地表的特殊性,激发方式在小于3m水深时使用陆上井中激发方式,而在大于3m水深时一般需要采用气枪作为激发震源。接收方式在小于1.5m水深时需要使用防水的沼泽检波器,而大于1.5m水深时需要使用压电检波器(水听器)。滩海与浅海地区施工需要进行二次定位,以确定每个震源点和检波器的实际坐标方位,还需要掌握潮涨、潮落的时间,以合理安排激发震源和接收检波器及施工时间。

(2) 海洋区地震。

海洋拖缆地震:海洋地震勘探在水深大于3m时,采用地震工作船施工,激发系统采用多枪气枪激发,接收系统采用压电检波器,按不同需要固定在海上拖缆上,工作船引导拖缆按测线方向前进,形成边行驶、边激发、边接收的工作方法。海洋地震勘探需要精确的实时卫星定位系统,随时记录激发点和接收点的准确位置,包括海水流向造成的拖缆不同偏移方位。因此海洋地震勘探与陆地相比,其方法和装备都要复杂得多。

海上拖缆地震模式主要应用在采集二维、三维以及四维地震数据上,由于其数据采集的高效性,该模式被广泛使用,且不受水深的限制,在浅水水域和深水水域都可以进行地震数据采集。

海底地震:海上多波多分量地震勘探技术早期称为海底地震记录法。为了找到一种方法以获得与陆地多分量勘探相同的信息,海上多分量已经成为一些石油公司和承包商的目标。最初是挪威国家石油公司于20世纪80年代开发的技术专利,它利用置于海底的4分量检波器(压力检波器及3分量速度检波器),通过数据传输电缆,将由海水中激发、海底接收的纵波和转换波等传输到海面接收船的记录仪上。

Q-seabed被誉为下一代多波海底地震采集技术,多波地震技术可以应用在许多地震及复杂地质构造中,它可以兼顾经验与技术两方面因素,从大量的多波数据中获得最有效的数据,提高地震精度。Q-seabed技术提供高质量的多波数据服务(潘继平,2007)。

海洋四维地震:由于海底电缆技术的进步以及海底电缆技术采集得到广泛的支持,海上四维地震技术发展迅速。目前世界上油田的平均采收率只有35%左右,大部分为死油区。四维地震信息经测井和开发信息标定后,可识别出泄油模式和死油区的位置。据美国西方地球物理公司估计,在可以利用思维的地区,四维地震技术通常可使油田剩余可采储量的10%变为可采储量,而由此增加的费用不到1%。四维地震技术可使发现石油的概率提高到65%~75%。在世界上包括北海、东南亚和墨西哥湾等地区开展了四维地震勘探工作。海底四维地震可以检测油藏变化(江怀友等,2008)。

(二)大洋矿产资源调查

1. 目标任务

根据已有资料并投入一定工作量发现勘探目标,进而圈定矿化区,进行资源潜力评估(勘探目标)及估算推断的(矿化区)资源量。大致查明矿石选冶加工试验与开采技术条件,为一般勘探提供依据,并圈定一般勘探工作区。

2. 矿产地质勘查工作内容

1)地质勘查研究

(1)区域地质研究:进行资源调查区的区域地层、断裂、火山活动等地质构造特征与区域地形地貌特征初步研究;研究资源调查区表层沉积物及浅层沉积物类型、矿物及地球化学成分、沉积年代、沉积结构、沉积事件和沉积环境等的基本特征。

(2)矿产地质研究:开展矿产资源类型、产出状态、分布范围、丰度和品位、覆盖率、结构构造、矿物化学及矿石特征的初步研究;初步探讨成矿和分布规律,对资源调查区内有成矿条件的区域进行远景评价研究。

2)环境调查研究

初步研究资源调查区表层沉积物类型及其分布特征、资源调查区海洋水文及气象特征。

3)矿产资源质量研究

对不同类型矿石的矿物种类、脉石矿物种类、结构构造、化学成分、主要成矿元素、伴生有用元素和脉石元素的含量,以及矿石的自然类型等进行初步研究;对不同类型矿石的矿石品位和矿石自然类型进行初步研究,了解其他有用、有益及有害组分的含量和分布,以便确定能否为工业所利用。

4)矿产资源选冶和加工技术条件研究

与已发现的矿产资源进行类比研究,着重加工技术方法和方向的探索,进行物质组成的研究,同时做出矿石是否可选冶的预测,对矿石应做可选性试验。

5)矿床开采技术条件研究

收集区域水文气象资料,研究资源调查区内发现有矿产分布的海区及邻近区域的工程地质及环境地质条件,对采矿方法进行探索性研究。

大致查明资源调查区内的水文气象与环境地质条件、矿产类型与分布规律、表层沉积物类型与分布特征、底质工程力学性质。

6)矿床综合评价研究

在查明矿产主要有用金属元素的同时,对其他具有工业价值的伴生稀有元素也应进行综合研究评价,在整体勘查中运用综合指标圈定矿体,并在经济评价中综合进行经济评估。

3. 大洋矿产资源调查要求

(1)全面收集资源调查区地质、矿产和地球物理资料,通过研究对资源调查区成矿潜力作出评价。

(2)进行比例尺为1∶100万~1∶50万地质填图,应初步查明资源调查区沉积物类型及分布、地形及构造特征。

(3)利用声学、光学等地球物理探测技术,初步了解矿产的类型、覆盖率、丰度等分布规律,大致了解矿产的资源远景。

(4)运用箱式采样方法进行矿产、沉积物采样。大致查明矿产资源分布及其质量特征,进行面积采样,以圈定找矿远景区,必要时应对其中的富集区进一步加密勘查网度采样,并适当布置 AUV 探测、海底视像等地球物理测线调查,以进一步确认远景区的资源前景。

(5)除布设矿产箱式采样外,还应适当布设重力活塞、拖网等采样站位进行沉积物和矿产取样,以获得沉积物年代和一定数量的矿产。应充分利用站位调查进行走航测深和重力探测,获得必要的地形地貌和地球物理场资料。

(6)进行一定数量的 CTD 测量和分层水采样及一定数量(控制在总站位的 5% 以内)的沉积物柱状取样,获得海水、沉积物及生物等相关的环境资料。

(7)初步查明矿石物质组成、矿石结构构造、矿石品位、矿石化学特征及矿石丰度覆盖率等,运用矿产资源量估算方法,依采样的勘查网密度估算推断资源量。

(8)对找矿远景区中的富集区进行多波束全覆盖测深调查,获得更精确的地形地貌资料,为矿产开采不利条件因素研究奠定基础。

(9)研究矿产分布规律,加强与已知相似矿床的对比,加强对矿产分布规律的认识。

第五节 海洋能源资源调查

一、海洋能源资源类型

能源安全和温室气体减排是全球经济发展面临的重要问题,世界各国都在制定新的能源替代战略。海洋可再生能源是有利于环保清洁的新能源,也是地球上尚未充分开发利用的重要领域,因此,世界主要海洋国家已将海洋可再生能源开发利用作为本国新兴产业发展的重点。

我国的海洋可再生能源总量极其丰富,但是海洋可再生能源的强度也比常规能源低,且各种海洋可再生能源的能量又随海域、时间变化各有其统计规律,给海洋可再生能源的开发利用带来了困难。研制海洋可再生能源资源调查指南,规范海洋可再生能源资源调查方法,是大规模开发利用海洋可再生能源,查清我国海洋可再生能源资源蕴藏量和时空分布变化规律,摸清我国海洋可再生能源开发利用条件的重要技术保障。

海洋可再生能源资源指的是海洋中所蕴藏的可再生的自然资源,主要包括潮汐能、波浪能和海流能。

潮汐能:潮位涨落所蕴含的势能。

波浪能:海洋表面波浪所具有的动能和势能。

海流能:海流是指海水大规模相对稳定的流动,包括周期性的潮流和非周期性的海流。海流能则是指海水流动所具有的动能。

二、调查技术方法

(一)海洋能源资源调查总则

1. 确定调查区域

明确调查区域的位置和范围,给出区域代表性点的经纬度。

2. 数据资料收集

(1)收集海洋能源资源调查评估区域附近与该海洋能源资源评估有关的资料。

①海洋能要素原始观测资料：包括海洋站观测资料、浮标站观测资料、潜标观测资料、相关海洋重大专项调查资料等各类手段的观测资料。

②海洋要素观测资料整理分析成果：包括数据集、再分析产品、图集、报告等。

③相关遥感资料。

④调查区域的水文、气象和地质特征：包括气象要素、波浪、潮汐、海流、海冰、海底地形地质、地貌等。

⑤调查区域气候灾害、地质灾害等：包括台风、地震、滑坡、洪水、泥石流等。

⑥当地社会经济发展现状及能源需求状况等。

(2)所收集到的资料应具备以下特点。

①合法性：数据产出单位、人员资质、方法与程序以及仪器设备具备合法化要求。

②溯源性：数据资料能溯源到社会公用计量标准，不能直接溯源的，与经典测量方法、传统仪器设备进行现场比对。

③准确性：选用测量准确度满足海洋能源调查评估要求的数据，具体要求见各个分部分。

④时效性：注意要避免因当地人文活动、自然环境改变、海洋要素的改变导致资料的失准或失效。

⑤可比性：数据与时、空相邻数据相对接，相关要素的数据相协调，不同方法的测量结果相一致。

3. 海洋能源资源现场调查

1)调查要素

按照各部分(潮汐能资源调查、波浪能资源调查、海流能资源调查)执行。

2)调查方式

依据海洋能源调查评估任务的要求与客观条件的允许程度，海洋能源现场调查方式可选择下列一种或多种。

(1)大面观测：在调查区域中布设的若干观测点上，即测即走。

(2)断面观测：在调查区域一水平直线上设计多个观测点，由这些观测点的垂线所构成的面称为断面，在此断面之站点上进行的海洋观测。

(3)连续观测：在调查区域有代表性的测点上，连续进行 25h 以上的海洋观测。

(4)走航观测：根据调查区域预先设计的航线使用单船或多船携带走航传感器采集观测要素数据。

(5)遥感遥测：采用卫星遥感，地波雷达、X 波段雷达等采集数据。

3)测站布设原则及观测间隔选取

测站的布设和观测间隔的选取符合以下原则：

(1)布设的测站在观测区域具有代表性，使所测得的海洋能源要素数据能够反映该要素的分布特征和变化规律。

(2)测站的位置、数量及数据采集按各分部分要求进行。

(3)相邻两测站的站距，不大于所研究海洋过程空间尺度的一半；在所研究海洋过程的时间尺度内，每一测站的观测次数按照各分部分要求进行。

4)现场调查人员要求

海洋能源资源现场调查人员符合《海洋调查规范 第1部分:总则》(GB/T 12763.1—2007)第7章的规定。

5)现场调查仪器设备要求

(1)满足《海洋调查规范 第1部分:总则》(GB/T 12763.1—2007)第8章和《海洋调查规范 第2部分:海洋水文观测》(GB/T 12763.2—2007)中4.5的规定。

(2)要使用最小分辨率与已知的场址海洋能源资源随时波动范围一致的数字数据采集系统来收集测量数据和存储预处理数据,任何安装的远程数据采集系统都要对每一个信号进行端对端检查。

(3)需要论证数据采集系统产生的不确定度相对于传感器产生的不确定度是可以忽略不计的。

(4)可能的情况下,使调查仪器设备观测更多的数据以便反复核对,确保单个传感器故障时数据集不被忽略和丢弃。

4. 数据质量控制

所获得资料满足数据资料收集的规定,并按照下列方法进行判断:

(1)站位基础信息一致性检验:核查数据资料基础信息的准确性。

(2)经验值域一致性检验:某一区域海洋能源参数都有其对应的经验值域范围,通过值域检验该参数是否超过值域上下限。

(3)参数值时间分布检验:海洋能源参数在不同观测时间上,存在一定值域关系,根据海洋能源参数历年同一观测时段的变化、月份均值变化、季度均值变化及年度均值变化等判断该参数的合理性。

(4)参数值空间分布检验:海洋能源参数在空间上有较强的分布规律,判断同一时间海洋能源数据在某海域空间分布上的合理性。

(5)异常值的统计检验:按照《海洋监测规范 第2部分:数据处理与分析质量控制》(GB 17378.2—2007)中5.2的规定进行。

5. 海洋能源资源调查报告

海洋能源资源调查报告宜包括:

(1)前言:任务来源、背景、目的、意义、资源调查的范围和目标。

(2)研究区域的环境概况:调查评估区域的水文、气象、地质特征,调查评估区域气候灾害、地质灾害等,当地社会经济发展现状及能源需求状况等。

(3)历史资料收集情况:资料来源、数据的准确度等。

(4)现场调查情况:调查日期、时间、海区、站位、调查内容、调查方法、仪器设备、调查船只、调查人员、调查过程及调查结果等。

(5)数值模拟和数据融合同化。

(6)结论与建议:以海洋能源资源调查结果为依据,提出海洋能源资源开发的建议。

(二)潮汐能资源调查

1. 确定调查区域

根据潮汐能调查的目的和要求,通过收集区域地形资料、查阅有关文献及报告,在初步了解相关海湾概况的基础上,按技术可开发装机容量在 500kW 以上潮汐能的站点确定潮汐能调查及其评估的区域。

2. 调查内容

1)调查要素

主要调查要素为潮位(含潮高及对应的潮时)、海湾地形。

2)技术指标

主要观测要素的观测单位和测量准确度如下。

(1)潮高:单位为厘米(cm),测量的准确度为±5cm。

(2)潮时:单位为分(min),测量的准确度为±1min。

(3)测站数目:依据潮汐电站库区范围大小,设置测站数目,一般情况下设置 1 个。

(4)测量时长:不小于 1 年。

(5)地形:重点区域的比例尺不低于 1∶1 万,非重点区域的比例尺不低于 1∶5 万。

3. 调查方法

1)历史数据收集

收集的历史资料包括:10 年以上潮位观测数据;海湾地形资料,地形数据范围包括库区水下地形及其延伸至最高潮位以上 3m 或最高潮位海岸线水平向陆地延伸 200m。

其具体要求按《海洋调查规范 第 1 部分:总则》(GB/T 12763.1—2007)的有关规定执行。

2)现场调查

(1)调查仪器。

潮位观测可选用声学式水位计、压力式水位计、浮子式水位计等,仪器的安装步骤和要求参照《海洋调查规范 第 2 部分:海洋水文观测》(GB/T 12763.2—2007)中的 9.2.2 的规定执行。

地形测量仪器按照《水利水电工程测量规范》(SL 197—2013)的规定执行。

调查仪器设备具体要求按《海洋调查规范 第 1 部分:总则》(GB/T 12763.1—2007)的有关规定执行。

(2)调查方式。

潮位观测一般选用定点连续观测方式,其要求为:①调查区域附近已设有潮位观测站,但距坝址尚有一定距离,需在坝址处设立临时潮位站做短期观测,观测时间不少于 1 个月,其观测时次和方法按《海洋观测规范 第 2 部分:海滨观测》(GB/T 14914.2—2019)的规定执行;②调查区域缺少潮汐资料的,在坝址处设立专用潮位站进行观测时间不少于 1 年的连续观测,其观测时次和方法按《海洋观测规范 第 2 部分:海滨观测》(GB/T 14914.2—2019)的规定执行。

(3)站位的选择和布设。

针对潮汐能资源可能相对富集的海湾或区域进行。调查区域附近设有潮位观测站时,可直接引用已有观测资料。在潮汐能坝址的上下游或沿海岸的两侧有潮位观测站时,可利用这些观测成果,采用内插或外推的方法计算调查区域的潮位特征值。若附近只有 1 处潮位站,且与调查区域有一定距离,宜在调查区域内设立临时潮位站做短期(至少连续 1 个月)观测,利用短期站与附近长期站的相关关系，推算调查区域的潮位特征值。附近区域无潮位观测站或其位置不能满足本次调查要求时，在坝址附近设临时潮位站，设站要求如下：①坝址附近至少设1个站位，其他站位根据区域地貌特征和海域水文条件确定；②观测站设在海底平坦、底质坚实、海浪直接作用较小、最低潮时仍能保持1m以上水深的地方；③观测站不宜在永久军事和交通设施或已围垦和淤塞的港湾区域设置；④临时潮位站能引用水准点的宜进行联测；⑤测站基面引用1985国家高程基准，若沿用习惯基准面，则应注明基面名称和其与1985国家高程基准之间的关系。

(4)调查数据收集和处理。

检查调查获得的原始数据，包括获得机构调查人员、调查程序、符号、代码、有效数字、单位制、比对结果、数据有效性现场校对与订正、量值溯源、测量不确定度等，并对其完整性和合理性进行判断。

潮高、潮时、地形的数据处理按《海洋调查规范 第1部分：总则》(GB/T 12763.1—2007)、《海洋调查规范 第2部分：海洋水文观测》(GB/T 12763.2—2007)和《水利水电工程测量规范》(SL 197—2013)的有关规定执行，处理后方可使用。

4. 潮汐能资源调查报告

潮汐能资源调查报告应符合《海洋调查规范 第1部分：总则》(GB/T 12763.1—2007)的要求，还应包括以下内容：

(1)了解调查区的综合利用要求，包括海洋功能区划、防洪、发电、景观、环境保护等。

(2)归纳论述调查区潮汐能资源调查成果，包括调查区潮汐特性、平均潮差、地形条件，港湾含沙量等自然条件。

(三)波浪能资源调查

1. 调查内容

1)观测要素

主要观测要素为波浪，辅助调查要素为风、海流和水深。

2)技术指标

(1)观测单位和测量的准确度。

①主要观测要素观测单位和测量的准确度如下。

波高：单位为米(m)。准确度规定为两级：一级为±10%；二级为±15%。

波周期：单位为秒(s)。准确度为±0.5s。

波向：单位为度(°)，正北为0°，顺时针计量。准确度规定为两级：一级为±5°；二级为±10°。

②辅助观测要素观测单位和测量的准确度为：

风速：单位为米每秒(m/s)。当风速不大于5.0m/s时，准确度为±05m/s；当风速大于5.0m/s时，准确度为±5m/s。

风向：单位为度(°)，正北为0°，顺时针计量。准确度规定为两级：一级为±5°；二级为±10°。

流速：单位为厘米每秒(cm/s)。准确度见表8-3。

流向:单位为度(°),正北为 0°,顺时针计量。准确度为±5°。
水深:单位为米(m),准确度为±2%。

表 8-3　流速观测的准确度

流速/(cm·s^{-1})	水深/m	准确度
<100	≤200	±5cm/s
	>200	±3cm/s
≥100	≤200	±5%
	>200	±3%

(2)观测时次。

所有观测要素除特殊要求,每小时观测 1 次,并在整点前完成观测,各要素采集结束时间宜尽量靠近整点。

(3)观测时间长度。

波浪至少在夏季和冬季各连续观测 1 次,每次观测时间不少于 1 个月。海流一般选择符合良好天文条件的周日进行,不少于 3 次连续观测,每次观测时间不少于 25h。

(4)采样时间间隔和记录的时间长度。

波浪测量的采样时间间隔宜小于或等于 0.5s,声学测波仪连续采样时间宜不少于 1024s,重力测波仪连续记录的波数宜不少于 100 个波,记录的时间长度视平均周期的大小而定,一般取 17~20min,将整点前一次记录时间长度内的波高、波周期、波向等波浪要素,作为该整点时刻的波浪要素值。

风测量的采样时间间隔为 3s,连续采样 10min,将整点前 10min 的平均风速和风向,作为该整点的风速和相应风向值。

海流测量的采样时间间隔宜小于或等于 0.5s,通常连续采样 3min,将整点前 3min 的平均值作为该整点的流速,流向一般为瞬时值。否则,在观测记录上说明采样时间间隔和记录的时间长度。

2.调查方法

1)历史数据收集

可收集的历史资料包括:①海洋站和浮标站的波浪、风和海流资料;②相关遥感资料;③相关科学(考察)试验的波浪、风和海流资料;④波浪、风和海流再分析资料。

2)现场调查

(1)调查仪器。

波浪调查宜使用重力测波仪或声学测波仪。

调查仪器设备要求按《海洋调查规范　第 1 部分:总则》(GB/T 12763.1—2007)的有关规定执行。

(2)站位的选择和布设。

站位的选择和布设应符合下列原则:①调查站位能够代表该海域的波浪特征,即测得的波浪要素能够反映该海域波浪的分布特征和变化规律;②调查站位应避开影响波浪的障碍物,布放地点便于维护。

(3)调查资料质量控制和数据处理。

检查调查获得的原始数据,包括获得机构、调查人员、调查程序、符号、代码、有效数字、单位制、比对结果,现场校对与订正量值溯源,测量不确定度等,并对其完整性和合理性进行判断。

波浪、水深、海流和风数据处理按《海洋调查规范 第1部分:总则》(GB/T 12763.1—2007)、《海洋调查规范 第2部分:海洋水文观测》(GB/T 12763.2—2007)、《海洋调查规范 第3部分:海洋气象观测》(GB/T 12763.3—2020)和《海洋调查规范 第7部分:海洋调查资料交换》(GB/T 12763.7—2007)的有关规定执行,处理后方可使用。

3. 波浪能资源调查报告

波浪能资源调查报告应符合《海洋调查规范 第1部分:总则》(GB/T 12763.1—2007)的要求。

(四)海流能资源调查

1. 调查方案的制定

1)确定调查海域区块

(1)根据海流能调查的目的和要求,收集历史有关资料,查阅有关文献及报告。可收集的历史资料和文献报告包括:历史上该区域观测的定点海流资料;该区域ADCP走航资料;与该区域有关的遥感、遥测的表层海流资料;再分析海流资料;用其他手段获得的海流资料;历史文献和研究报告。

(2)在初步了解相关海域的海流能大致分布的基础上,确定海流能调查及其评估海域区块,宜特别关注海流能高值区块。

2)确定调查断面

根据海流能的自然区域分布和海流能调查与评估的要求,合理确定若干调查断面,断面设计与该区域主流向垂直,保证其空间域上的代表性。调查断面宜包括调查区块的海流能高值断面。

3)确定调查站位

根据海流能的自然区域分布和海流能调查与评估的要求合理确定各断面上的调查站位,以保证其在海流能断面空间分布的代表性。调查站位应包括调查区块的海流能高值站位。

站位的选择和布设应符合《海洋调查规范 第2部分:海洋水文观测》(GB/T 12763.2—2007)的规定。

4)制订观测计划

观测计划至少包括以下内容。

(1)观测要素:其中,主要观测要素包括流速和流向,辅助要素包括水深、水温、波浪、风速和风向等。

(2)调查仪器:宜使用当前国内外认可的调查仪器,如直读海流计、安德拉海流计或ADCP等;确定合适的测量方法,以适应海流的时空变化。调查仪器设备要求按《海洋可再生能源资源调查与评估指南 第1部分:总则》(GB/T 34910.1—2017)的有关规定执行。

(3)调查方式可选择船只定点调查锚碇浮标调查、走航调查和岸边高频地波雷达调查等。

(4)调查人员和时间:根据观测工作量确定调查人员,根据调查断面的海流时间分布确定调查时间。

(5)数据处理:海流、水深和温盐度数据的记录和处理,按照《海洋可再生能源资源调查与评估指南 第1部分:总则》(GB/T 34910.1—2017)、《海洋调查规范 第2部分:海洋水文观测》(GB/T 12763.2—2007)和《海洋调查规范 第7部分:海洋调查资料交换》(GB/T 12763.7—2007)的有关规定执行,处理后方可使用。

5)海流数值模拟

海流数值模拟应符合以下要求:

(1)海流数值模拟采用成熟海流数值模式进行。推荐使用三维海流数值模式。模式垂直分层数不少于相应的调查层数,同时评估海域有足够的水平分辨率,能充分、准确反映评估海域海流时空变化规律。

(2)海流数值模拟的开边界条件和风应力等外部条件科学合理,符合评估海域的实际情况。

(3)海流数值模拟前根据实际调查资料,对模式进行检验和必要的参数调整。

2. 技术指标

1)观测单位与测量的准确度

(1)主要观测要素的观测单位与测量的准确度如下。

流速:单位为厘米每秒(cm/s)。准确度见表8-4。

流向:单位为度(°),正北为0°,顺时针计量,正南为180°。准确度见表8-4。

表 8-4 海流观测的准确度

流速/(cm·s^{-1})	水深/m	准确度	
		流速	流向
<100	≤200	±3cm/s	±5°
	>200	±2cm/s	
≥100	≤200	±5%	
	>200	±3%	

(2)辅助观测要素的观测单位与测量的准确度如下。

水深:单位为米(m)。记录取一位小数或准确度为±2%。

水温:单位为摄氏度(℃)。准确度规定为两级:一级为±0.05℃;二级为±0.2℃。

风速:单位为米每秒(m/s)。当风速不大于5.0m/s时,准确度为±0.5m/s;当风速大于5.0m/s时,准确度为±5%。

风向:单位为度(°),正北为0°,顺时针计量。准确度规定为两级:一级为±5°;二级为±10°。

2)观测层次

观测层次见表8-5。

表 8-5　观测层次　　　　　　　　　　　　　　　　　　　　　　单位:m

水深范围	观测层次	底层与临近标准层的最小距离
<50	表层,5,10,15,20,25,30,底层	2
≥50,<100	表层,5,10,15,20,25,30,50,75,底层	5
>100,<200	表层,5,10,15,20,25,30,50,75,100,125,150,底层	10
>200	表层,10,20,30,50,75,100,125,200,300,400,500,600,700,800,1000,1200,1500,2000 2500,3000（水深大于3000m时,每千米加一层）,底层	25

注:1. 表层是指海面下 3m 以内的水层。
　　2. 底层的规定如下:水深不足 50m 时,底层为离底 2m 的水层;水深在 50～200m 范围内时,底层离底的距离为水深的 4%;水深超过 200m 时,底层离底的距离,根据水深测量误差、海浪状况、船只漂移情况和海底地形综合考虑,在保证仪器不触底的原则下尽可能地靠近海底。
　　3. 底层与相邻标准层的距离小于规定的最小距离时,可免测接近底层的标准层。
　　4. 根据海洋能开发规划和发电装置设计的需求,可以适当增加调查层次。

3）观测时次与时长

（1）海流能调查频次和长度,以查明调查海域海流能时空分布特征和满足评估工作为原则。根据海流的日不等、月不等现象及气候变化特征,设置不同观测频次和时长。

（2）定点连续调查的时间长度推荐 15d,观测频次推荐 20min。近岸浅水区域,在潮流涨急（落急）期间测量频次可加密,间隔为 10min;远海深水区域,时间间隔可放宽至 1h;根据季节特征,宜选择季度典型月进行调查。

3. 海流能资源调查报告

海流能资源调查报告应符合总则的要求,还宜包括调查结果分析:包括海流流速、流向时空分布变化规律,水平和垂直分布;潮汐和海流的调和常数;海域流场的数值计算分析;调查期间海上风速风向采样分析等。

第六节　海洋旅游资源调查

一、海洋旅游资源类型

海洋旅游资源是指以海岸带、海岛及海洋各种自然景观、人文景观为依托开展旅游经营、服务活动（海洋观光游览、休闲娱乐、度假住宿、体育运动等活动）的景观。我国海洋旅游资源种类繁多,数量丰富,从沿海到海岛,都有可开辟旅游的景区和景点,从北方的鸭绿江口到南方的贝伦河口长达 18 000 多千米的海岸线,分布有 1500 多个各有特色的滨海旅游景点。此外,近海域分布有大大小小 5000 多个（面积在 500m² 以上）岛屿。目前已开发出包括海岸景点、岛屿景点、奇特景点、生态景点、海底景点、山岳景点及人文景点等类型的 1500 多个滨海旅游景点,滨海沙滩 100 多处。随着人民生活水平的提高,海洋旅游将在沿海经济中占有越来越重要的地位（杨木壮等,2014）。根据《2019 年中国海洋经济统计公报》,全年实现增加值达

18 086亿元,滨海旅游业持续较快增长,发展模式呈现生态化和多元化。

二、调查技术方法

(一)海洋旅游资源调查基本要求

(1)应保证成果质量,强调整个运作过程的科学性、客观性、准确性,做到内容简洁和量化。

(2)应充分利用与海洋旅游资源有关的各种资料和研究成果,完成统计、填表和编写调查文件等工作。调查方式以收集分析转化利用这些资料和研究成果为主,并逐个对海洋旅游资源单体进行现场调查核实,包括访问、实地观察测试、记录、绘图、摄影,必要时进行采样和室内分析。

(3)海洋旅游资源调查分为"海洋旅游资源详查"和"海洋旅游资源概查"两个档次,其调查方式和精度要求不同。

(二)海洋旅游资源详查

1. 适合范围和要求

(1)适用于了解和掌握整个区域海洋旅游资源全面情况的海洋旅游资源调查。

(2)应完成全部海洋旅游资源调查程序,包括调查准备、实地调查。

(3)应对全部海洋旅游资源单体进行调查,提交全部"海洋旅游资源单体调查表"。

2. 调查准备

(1)调查组成员应具备与该调查区海洋旅游环境、海洋旅游资源、海洋旅游开发有关的专业知识,一般应吸收海洋旅游、环境保护、地学、生物学、建筑园林、历史文化等方面的专业人员参与。

(2)进行技术培训。

(3)准备实地调查所需的设备,如定位仪器、简易测量仪器、影像设备等。

(4)准备多份"海洋旅游资源单体调查表"。

3. 资料收集范围

(1)与海洋旅游资源单体及其赋存环境有关的各类文字描述资料,包括地方志、乡土教材、海洋旅游区与海洋旅游点介绍、规划与专题报告等。

(2)与海洋旅游资源调查区有关的各类图形资料,重点是反映海洋旅游环境与海洋旅游资源的专题地图。

(3)与海洋旅游资源调查区和海洋旅游资源单体有关的各种照片、影像资料。

4. 实地调查程序和方法

(1)确定调查区内的调查小区和调查线路:

①可将整个调查区分为"调查小区"。调查小区一般按行政区划分(如省级一级的调查区,可将地区一级的行政区划分为调查小区;地区一级的调查区,可将县一级的行政区划分为调查小区;县一级的调查区,可将乡镇一级的行政区划分为调查小区),也可按现有或规划中的海洋旅游区域划分。

②调查线路按实际要求设置,应贯穿调查区内所有调查小区和主要海洋旅游资源单体所

在的地点。

(2) 选定调查对象：

①宜选定下述单体进行重点调查：具有海洋旅游开发前景，有明显经济、社会、文化价值的海洋旅游资源单体；集合型海洋旅游资源单体中具有代表性的部分；代表调查区形象的海洋旅游资源单体。

②对下列海洋旅游资源单体暂时不宜进行调查：品位明显较低，不具有开发利用价值的；与国家现行法律、法规相违背的；开发后有损社会形象的或可能造成环境问题的；影响国计民生的；位于某些特定区域内的。

(3) 填写"海洋旅游资源单体调查表"：应对每一调查单体分别填写一份"海洋旅游资源单体调查表"。

5. 调查报告

整理并分析调查结果，形成调查报告。

(三) 海洋旅游资源概查

1. 适用范围和要求

(1) 适用于了解和掌握特定区域或专门类型的海洋旅游资源调查。

(2) 应对涉及的海洋旅游资源单体进行调查。

2. 调查技术要点

(1) 参照海洋旅游资源详查的要求。

(2) 简化工作程序，如不需要成立调查组，调查人员应由其参与的项目组织协调委派；资料收集限定在专门目的所需要的范围；可不填写或择要填写"海洋旅游资源单体调查表"。

3. 调查报告

整理并分析调查结果，形成调查报告。

参考文献

江怀友，赵文智，闫存章，等，2008. 世界海洋油气资源与勘探模式概述[J]. 海相油气地质，13(3)：5-10.

江文荣，周雯雯，贾怀存，2010. 世界海洋油气资源勘探潜力及利用前景[J]. 天然气地球科学，21(6)：989-995.

江其勤，周小进，2013. 我国海域油气资源富集[J]. 中国石油和化工标准与质量，34(3)：3.

刘阿成，2007. 上海海洋资源综合调查与评价[M]. 上海：同济大学出版社.

潘继平，2007. 国外深水油气资源开发进展与经验[J]. 石油科技论坛，4：35-36.

庞雄奇，2006. 油气田勘探[M]. 北京：石油工业出版社.

杨木壮，林媚珍，等，2014. 国土资源管理学[M]. 北京：科学出版社.

赵梦，岳奇，徐伟，2015. 论海岸线的资源属性和特点[J]. 海洋开发与管理(3)：33-36.